21世纪高等学校计算机
应用技术系列教材

计算机操作系统

第3版

◎ 李少伟 李登实 颜彬 编著

清华大学出版社
北京

内 容 简 介

本书通过典型操作系统的现象引导,有针对性地引出操作系统概述。前6章介绍操作系统的概述、处理机管理、存储管理、作业管理、文件系统和设备管理;第7章介绍操作系统的整体设计;第8章为实验。

本书提供了大量习题供读者练习,并配备了基于Windows和Linux操作系统17个不同层次的实验供读者选用,内容由浅入深,有助于读者消化知识。

本书可作为高等学校计算机工程和应用类专业的教材,也适合计算机相关专业人员用作参考书,计算机工程技术人员阅读本书也会有所受益。

本书封面贴有清华大学出版社防伪标签,无标签者不得销售。
版权所有,侵权必究。举报:010-62782989,beiqinquan@tup.tsinghua.edu.cn。

图书在版编目(CIP)数据

计算机操作系统/李少伟,李登实,颜彬编著. —3版. —北京:清华大学出版社,2023.6(2024.8重印)
21世纪高等学校计算机应用技术系列教材
ISBN 978-7-302-63631-1

Ⅰ. ①计… Ⅱ. ①李… ②李… ③颜… Ⅲ. ①操作系统-高等学校-教材 Ⅳ. ①TP316

中国国家版本馆CIP数据核字(2023)第091440号

责任编辑:陈景辉
封面设计:刘 键
责任校对:焦丽丽
责任印制:宋 林

出版发行:清华大学出版社
  网 址:https://www.tup.com.cn,https://www.wqxuetang.com
  地 址:北京清华大学学研大厦A座 邮 编:100084
  社 总 机:010-83470000 邮 购:010-62786544
  投稿与读者服务:010-62776969,c-service@tup.tsinghua.edu.cn
  质量反馈:010-62772015,zhiliang@tup.tsinghua.edu.cn
  课件下载:https://www.tup.com.cn,010-83470236
印 装 者:三河市龙大印装有限公司
经 销:全国新华书店
开 本:185mm×260mm 印 张:14.25 字 数:350千字
版 次:2007年1月第1版 2023年6月第3版 印 次:2024年8月第3次印刷
印 数:2501~4000
定 价:49.90元

产品编号:101547-01

党的二十大报告强调"必须坚持科技是第一生产力、人才是第一资源、创新是第一动力，深入实施科教兴国战略、人才强国战略、创新驱动发展战略，开辟发展新领域新赛道，不断塑造发展新动能新优势"。

近年来，随着基础软硬件国产化的推进，国产操作系统得到了快速的发展，各行各业对操作系统领域高层次、高技能复合型人才的需求也随之增加。操作系统作为计算机专业的核心课程，其教学目的在于使学生通过学习，掌握操作系统的基本概念、基本原理、设计方法和实现技术，具有初步分析实际操作系统的能力，为今后在相关领域开展工作打下坚实的基础，为未来操作系统的国产化提供支持。

本书主要内容

计算机专业的人才培养模式可以细分为研究型、工程型和应用型。其中，应用型模式培养的是从事计算机系统集成的应用人才。作者针对应用型模式的专业定位和人才培养目标，编写这本教材，期望给广大师生带来一本贴近实际应用，理论和实际融会贯通的教学用书。

全书共分为两大部分，共有 8 章。

第 1 部分理论基础，包括第 1～7 章。第 1 章操作系统概述，包括计算机与操作系统、操作系统的介绍、操作系统的分类、操作系统的观点。第 2 章处理机管理，包括概述、进程及其状态、进程控制、进程同步、进程通信、死锁、实用系统中的进程。第 3 章存储管理，包括实用系统中的存储管理方法、存储管理功能、分区管理、分页管理、分段与段页式管理、常用系统的存储管理方案。第 4 章作业管理，包括用户界面、作业、作业与资源、进程调度与作业调度、作业与任务、进程、程序。第 5 章文件系统，包括 Windows 中的文件、文件和文件系统的基本概念、文件目录管理、文件存储空间管理、文件的操作、文件的共享与安全。第 6 章设备管理，包括概述、设备标识与设备驱动程序、输入输出控制方式、设备分配、设备管理涉及的常用技术、Windows 和 Linux 中的设备管理。第 7 章操作系统的整体设计，包括操作系统的各种模型、分布式操作系统、网络操作系统、Windows 操作系统、Linux 操作系统。

第 2 部分实战演练，包括第 8 章。本章内容包括 vi 编辑器使用、Linux 基本操作命令、Linux 进程基本管理、Windows 基本进程管理、Linux 进程控制、Windows 进程的控制、Linux 进程通信一、Linux 内存基本管理、Windows 内存的基本信息、Linux 环境下几种内存调度算法模拟、Windows 虚拟内存实验、Linux 设备管理、Windows 设备管理、Windows 文件管理、Linux 文件管理、Linux 进程通信二(有名管道进程通信)、shell 及 shell 编程。

本书特色

(1) 本书选择常用的 Windows 和 Linux 两个操作系统作为实例并贯穿始终，便于读者理解和掌握。

（2）原理讲解详尽，图文并茂，所有程序均通过调试，便于读者利用现有的系统开发出计算机系统的强大功能。

配套资源

为便于教与学，本书配有源代码、教学课件、教学大纲、教学计划、期末考试试卷及答案。

（1）获取源代码方式：先刮开并用手机版微信 App 扫描本书封底的文泉云盘防盗码，授权后再扫描下方的二维码，即可获取。

源代码

（2）其他配套资源可以扫描本书封底的"书圈"二维码，关注后回复本书书号，即可下载。

读者对象

本书主要面向广大从事操作系统研究分析的专业人员、高等教育的专任教师、高等学校的在读学生及相关领域的科研人员。

颜彬教授提供了编写思路和大纲目录，李少伟、李登实负责完成各章的编写工作。此外，陶俊和许平协助完成本书的资料收集与整理工作，并对本书的编写工作提供了极大的支持，杨丞和马龙等同学协助调试和实现了书中的部分程序代码。在本书编写过程中，江汉大学人工智能系的同事给予了很多鼓励与帮助，在此一并表示感谢。

在编写本书的过程中，作者参考了诸多相关资料，在此对相关资料的作者表示衷心的感谢。限于个人水平和时间仓促，书中难免存在疏漏之处，欢迎广大读者批评指正。

作　者

2023 年 1 月

第 1 部分 理论基础

第 1 章 操作系统概述 ... 3

- 1.1 计算机与操作系统 ... 3
  - 1.1.1 计算机系统 ... 3
  - 1.1.2 实用操作系统 ... 5
- 1.2 操作系统介绍 ... 8
  - 1.2.1 操作系统的定义 ... 8
  - 1.2.2 操作系统的功能 ... 9
  - 1.2.3 操作系统设计原则 ... 10
  - 1.2.4 操作系统的发展 ... 11
- 1.3 操作系统的分类 ... 14
  - 1.3.1 多道批处理系统 ... 14
  - 1.3.2 分时系统 ... 15
  - 1.3.3 实时系统 ... 17
  - 1.3.4 几种操作系统的比较 ... 18
  - 1.3.5 典型操作系统介绍 ... 19
- 1.4 操作系统的观点 ... 21
  - 1.4.1 资源管理观点 ... 21
  - 1.4.2 用户管理观点 ... 22
  - 1.4.3 进程管理观点 ... 23
- 1.5 科技前沿——EulerOS 与 openEuler 系统 ... 24
- 1.6 本章小结 ... 24
- 习题 ... 25

第 2 章 处理机管理 ... 26

- 2.1 概述 ... 26
  - 2.1.1 多用户 ... 26
  - 2.1.2 程序 ... 26
  - 2.1.3 并发程序 ... 27
  - 2.1.4 Linux 中的描述 ... 28
- 2.2 进程及其状态 ... 29

  2.2.1 进程的定义 ……………………………………………………………… 30
  2.2.2 进程的状态及其转换 …………………………………………………… 30
  2.2.3 进程描述机构和进程实体 ……………………………………………… 32
 2.3 进程控制 ……………………………………………………………………… 36
  2.3.1 原语 ……………………………………………………………………… 36
  2.3.2 进程控制原语 …………………………………………………………… 36
  2.3.3 Linux中的进程控制 …………………………………………………… 39
  2.3.4 Windows中的进程控制 ………………………………………………… 41
 2.4 进程同步 ……………………………………………………………………… 42
  2.4.1 互斥关系 ………………………………………………………………… 43
  2.4.2 同步关系 ………………………………………………………………… 45
  2.4.3 临界区实现方法 ………………………………………………………… 46
  2.4.4 用P、V操作实现互斥与同步 ………………………………………… 48
 2.5 进程通信 ……………………………………………………………………… 55
  2.5.1 消息通信 ………………………………………………………………… 55
  2.5.2 管道文件 ………………………………………………………………… 56
  2.5.3 Windows中的进程通信 ………………………………………………… 57
  2.5.4 Linux中的进程通信 …………………………………………………… 57
 2.6 死锁 …………………………………………………………………………… 58
  2.6.1 死锁的定义 ……………………………………………………………… 59
  2.6.2 死锁发生的必要条件 …………………………………………………… 60
  2.6.3 对抗死锁 ………………………………………………………………… 60
  2.6.4 银行家算法 ……………………………………………………………… 61
 2.7 实用系统中的进程 …………………………………………………………… 62
 2.8 本章小结 ……………………………………………………………………… 63
 习题 ………………………………………………………………………………… 63

第3章 存储管理 ……………………………………………………………………… 66

 3.1 实用系统中的存储管理方法 ………………………………………………… 66
  3.1.1 DOS分区及分段 ………………………………………………………… 66
  3.1.2 Windows 10的存储器 …………………………………………………… 66
  3.1.3 Linux存储管理 ………………………………………………………… 68
 3.2 存储管理功能 ………………………………………………………………… 68
  3.2.1 用户实体与存储空间 …………………………………………………… 68
  3.2.2 存储分配、释放及分配原则 …………………………………………… 70
  3.2.3 装入和地址映射 ………………………………………………………… 70
  3.2.4 虚拟存储器 ……………………………………………………………… 72
  3.2.5 存储保护与共享 ………………………………………………………… 73
  3.2.6 存储区整理 ……………………………………………………………… 74

3.3 分区管理 ··· 74
    3.3.1 单一连续分区 ·· 74
    3.3.2 多重固定分区 ·· 75
    3.3.3 多重动态分区 ·· 76

3.4 分页管理 ··· 79
    3.4.1 静态分页管理 ·· 79
    3.4.2 动态分页管理 ·· 82

3.5 分段与段页式管理 ··· 87
    3.5.1 分段管理 ··· 87
    3.5.2 段页式管理 ·· 90

3.6 常用系统的存储管理方案 ·· 93
    3.6.1 DOS 的存储管理 ·· 93
    3.6.2 Windows 10 的存储管理 ··· 94
    3.6.3 Linux 的存储管理 ·· 94

3.7 科技前沿——华为鸿蒙 ··· 96
3.8 本章小结 ··· 97
习题 ··· 97

第 4 章 作业管理 ·· 100

4.1 用户界面 ··· 100
    4.1.1 作业控制语言 ·· 100
    4.1.2 作业控制命令 ·· 100
    4.1.3 菜单控制 ··· 102
    4.1.4 窗口和图标 ·· 102
    4.1.5 系统调用 ··· 104

4.2 作业 ··· 104
    4.2.1 作业的状态 ·· 105
    4.2.2 作业控制块 ·· 105
    4.2.3 作业调度程序 ·· 105

4.3 作业与资源 ··· 106
    4.3.1 资源管理的目的 ··· 106
    4.3.2 资源分配策略 ·· 107

4.4 进程调度与作业调度 ··· 108
    4.4.1 调度算法设计原则 ·· 108
    4.4.2 作业调度算法 ·· 109
    4.4.3 进程调度算法 ·· 110
    4.4.4 实用系统中的调度算法 ··· 112

4.5 作业与任务、进程、程序 ·· 114
4.6 科技前沿——统信 UOS ··· 115

4.7 本章小结 …… 115
习题 …… 116

第 5 章 文件系统 …… 117

5.1 Windows 中的文件 …… 117
5.1.1 资源管理器 …… 117
5.1.2 记事本 …… 118
5.1.3 文件的不同形态 …… 119

5.2 文件和文件系统的基本概念 …… 119
5.2.1 文件 …… 119
5.2.2 文件系统 …… 122
5.2.3 文件的逻辑结构和存取方法 …… 125
5.2.4 文件的物理结构和存储设备 …… 126
5.2.5 Linux 的文件物理结构 …… 130

5.3 文件目录管理 …… 131
5.3.1 文件控制块 …… 131
5.3.2 Linux 的索引节点 …… 132
5.3.3 一级目录结构 …… 132
5.3.4 二级文件目录 …… 133
5.3.5 树形目录结构 …… 134
5.3.6 基本文件目录和符号文件目录 …… 135
5.3.7 Linux 目录结构的特点 …… 136
5.3.8 Windows 10 文件系统的结构 …… 136

5.4 文件存储空间管理 …… 137
5.4.1 文件系统常用的存储空间管理方法 …… 137
5.4.2 FAT 磁盘格式 …… 138
5.4.3 FAT32 磁盘格式特点 …… 140

5.5 文件的操作 …… 140
5.5.1 有关文件操作的系统调用命令 …… 140
5.5.2 Linux 中的文件系统调用命令及工作过程 …… 143
5.5.3 Windows 中的文件系统 …… 143

5.6 文件的共享与安全 …… 144
5.6.1 文件的共享 …… 144
5.6.2 文件的安全 …… 146
5.6.3 安全控制手段 …… 149
5.6.4 备份 …… 150

5.7 科技前沿——银河麒麟 …… 151
5.8 本章小结 …… 152
习题 …… 152

第 6 章 设备管理 ……………………………………………………………… 154

6.1 概述 …………………………………………………………………… 154
6.1.1 外设的分类 ……………………………………………………… 154
6.1.2 设备管理的功能 ………………………………………………… 156
6.2 设备标识与设备驱动程序 …………………………………………… 159
6.2.1 逻辑设备与物理设备 …………………………………………… 159
6.2.2 实用系统中的逻辑设备和物理设备 …………………………… 160
6.2.3 设备驱动程序 …………………………………………………… 161
6.3 输入输出控制方式 …………………………………………………… 165
6.3.1 程序控制输入输出方式 ………………………………………… 165
6.3.2 中断输入输出方式 ……………………………………………… 166
6.3.3 直接存储器访问方式 …………………………………………… 166
6.3.4 通道方式 ………………………………………………………… 169
6.3.5 Windows 中的数据传输控制方式 ……………………………… 170
6.4 设备分配 ……………………………………………………………… 173
6.4.1 设备分配中的数据结构 ………………………………………… 173
6.4.2 设备分配思想 …………………………………………………… 174
6.4.3 Spooling 技术 …………………………………………………… 177
6.5 设备管理涉及的常用技术 …………………………………………… 178
6.5.1 中断技术 ………………………………………………………… 179
6.5.2 缓冲技术 ………………………………………………………… 181
6.6 Windows 和 Linux 中的设备管理 …………………………………… 184
6.6.1 Windows 的设备管理 …………………………………………… 184
6.6.2 Linux 的设备管理 ……………………………………………… 186
6.7 科技前沿——龙芯 …………………………………………………… 186
6.8 本章小结 ……………………………………………………………… 187
习题 ……………………………………………………………………… 187

第 7 章 操作系统的整体设计 ……………………………………………… 189

7.1 操作系统的各种模型 ………………………………………………… 189
7.1.1 网状结构与层次结构 …………………………………………… 189
7.1.2 面向过程与面向对象 …………………………………………… 191
7.2 分布式操作系统 ……………………………………………………… 194
7.2.1 分布式系统定义 ………………………………………………… 194
7.2.2 分布式操作系统的设计目标 …………………………………… 195
7.3 网络操作系统 ………………………………………………………… 196
7.3.1 什么是网络 ……………………………………………………… 196
7.3.2 网络的结构 ……………………………………………………… 196

		7.3.3 网络操作系统概述 ································· 198
7.4	Windows 操作系统 ································· 198	
	7.4.1	网络构成 ································· 199
	7.4.2	Windows 结构 ································· 199
	7.4.3	Windows 管理职能 ································· 200
	7.4.4	Windows Server 的安全与监视 ································· 204
7.5	Linux 操作系统 ································· 206	
	7.5.1	Linux 体系结构 ································· 206
	7.5.2	Linux 模块化加载 ································· 207
	7.5.3	内核数据结构 ································· 208
	7.5.4	设备驱动 ································· 209
	7.5.5	文件系统 ································· 210
	7.5.6	Linux 特性 ································· 212
7.6	科技前沿——麒麟芯片 ································· 213	

第 2 部分 实 战 演 练

第 8 章 实验 ································· 217

参考文献 ································· 218

第 1 部分　理论基础

第1章　操作系统概述
第2章　处理机管理
第3章　存储管理
第4章　作业管理
第5章　文件系统
第6章　设备管理
第7章　操作系统的整体设计

第 1 章 操作系统概述

如今,大部分的人都能熟练地操作计算机。本章将通过了解目前主流操作系统的使用,逐步引入操作系统的概念;让读者知道操作系统能做什么(除基本功能外)?有哪些表现形式?目前存在哪些分析角度和观点?通过对本章的学习,可以了解常用的操作系统的名称,了解操作系统的发展,掌握操作系统的定义、操作系统的分类方法、操作系统的功能与作用。

1.1 计算机与操作系统

人们购买计算机时,关注的只是计算机的硬件配置和价格,想当然地认为显示器上花花绿绿的表现是计算机的必然行为。其实不然,除了必要的硬件,还有硬盘上存放的大量的软件,其中最重要的是计算机操作系统。

1.1.1 计算机系统

一个基本的计算机系统如图 1.1 所示。

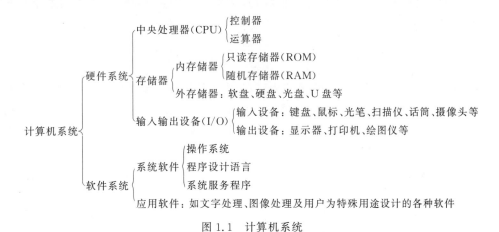

图 1.1 计算机系统

计算机系统分为硬件系统和软件系统。

1. 硬件系统

(1) 中央处理器(Central Processing Unit,CPU)作为计算系统的运算和控制核心,是信息处理、程序运行的最终执行单元,主要包括控制器和运算器这两个部分。

① 控制器。其基本功能是从内存储器中取出指令和执行指令，即控制器按程序计数器指出的指令地址从内存储器中取出该指令进行译码，然后根据该指令功能向有关部件发出控制命令，执行该指令。另外，控制器在工作过程中，还要接收各部件反馈回来的信息。

② 运算器。其主要功能是对二进制数进行加、减、乘、除等算术运算和与、或、非等基本逻辑运算，实现计算及逻辑判断。运算器在控制器的控制下实现其功能，运算结果由控制器指挥送到内存储器中。

(2) 存储器。其具有记忆功能，用来保存信息，如数据、指令和运算结果等。存储器可分为内存储器和外存储器。

① 内存储器又称为主存储器（简称内存），它用来存放当前运行程序的指令和数据，并直接与 CPU 交换信息。

② 外存储器又称为辅助存储器（简称外存或辅存），它存储容量大、价格低，但存储速度较慢，一般用来存放大量暂时不用的程序、数据和中间结果。需要时，可成批地与内存储器进行信息交换。外存只能与内存交换信息，不能被计算机系统的其他部件直接访问。常用的外存有软盘、硬盘、光盘、U盘等。

(3) 输入输出(I/O, Input/Output)设备。用户通过输入设备将程序和数据输入计算机，而输出设备将计算机处理的结果（如数字、字母、符号和图形）显示或打印出来。常用的输入设备有键盘、鼠标、扫描仪等。常用的输出设备有显示器、打印机、绘图仪等。

2. 软件系统

存储器存放程序，CPU 执行程序，输入设备导入程序，输出设备显示程序运行结果，而计算机软件系统就是由这些程序构成的，根据程序运行目的的不同，软件系统可分为如下各个部分。

(1) 系统软件：系统软件是指能够控制和协调计算机及外部设备，并且支持应用软件开发和运行的系统，是无须用户干预的各种程序的集合。其主要功能是调度、监控和维护计算机系统；负责管理计算机系统中各种独立的硬件，使得它们可以协调工作。

① 操作系统(Operation System)是一个管理计算机系统资源、控制程序运行的系统软件。

② 程序设计语言也称为计算机语言程序，是人与计算机交流信息的一种语言。人们在利用计算机处理信息时，必须事先把处理问题的方法、步骤以计算机可以识别和执行的指令形式表示出来，也就是设计程序。这种支持编写计算机程序的语言程序有汇编程序和编译程序等。

③ 系统服务程序主要指一些为系统提供服务的工具或支撑软件，如系统诊断软件、测试软件、维护软件等。

(2) 应用软件主要是针对专门的应用而开发的软件，用户可根据自己的不同需要，安装、使用不同类型的应用软件，如办公自动化软件、网络软件、多媒体软件、图像软件、游戏软件等。

构成了一个完整的计算机系统后，用户便可以很好地使用计算机了。计算机系统中所有部分将有序和协调地处理用户指定的任务，那么是谁带给大家这种方便和顺畅呢？是操作系统！

1.1.2 实用操作系统

对于个人用户来说，最常见的情况是，打开计算机，等待显示屏上闪烁的文字图像逐渐稳定下来后，可以看到 Windows 10 所展示的任务桌面（见图 1.2）。桌面上有不同的图标，分别代表着不同的功能，还有打开的窗口代表用户正在运行的任务。桌面最下面一行是任务栏，由"Windows 徽标"按钮可以引出各种各样的可执行任务，单击快速启动按钮可立即启动预先设置好的任务（图 1.2 中任务栏上的快速启动按钮有 Edge、Chrome 浏览器等），图标下方的横线代表正在执行且被最小化的任务（当前正在执行的任务有正在打开的文件夹、Chrome 浏览器和 WPS），还有一些系统状态显示，如时间、输入法、声音等。

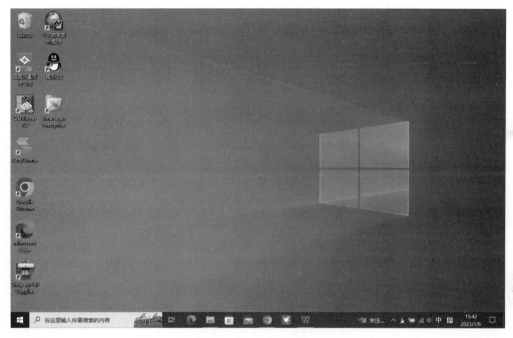

图 1.2　Windows 10 的桌面

如果想实现某种功能，可以通过双击图标或者单击"Windows 徽标"按钮来完成。双击图标会立即执行任务。例如，将鼠标指针放在"我的音乐"图标上双击，就会打开之前存放的美妙音乐并播放。单击"Windows 徽标"按钮可进行菜单选择，通过几级菜单直到找到你需要完成的功能。如果想看看网上有哪些同伴，可以选择"文件夹"→"网络"命令；如果想看看自己的计算机里到底装了什么软件，可以双击"文件夹"中的"本地磁盘"；如果想了解设备的设置情况，可以选择"开始"→"设置"→"控制面板"命令；如果想看看系统运行状况，可以选择"开始"→"控制面板"→"管理工具"→"性能"→"性能监视器"命令（见图 1.3）。

使用 Windows 10 的桌面系统，一切似乎都很方便，只要有一个鼠标，就可以做任何事情了。虽然各种硬件和软件在默默地完成着各自的工作，但这一切并不需要用户去操心，人们会感觉到使用计算机既方便又简单。到底是谁在提供这种方便？谁在背后进行某种操纵呢？这就是操作系统。

下面介绍几种曾经或正在产生影响的操作系统。

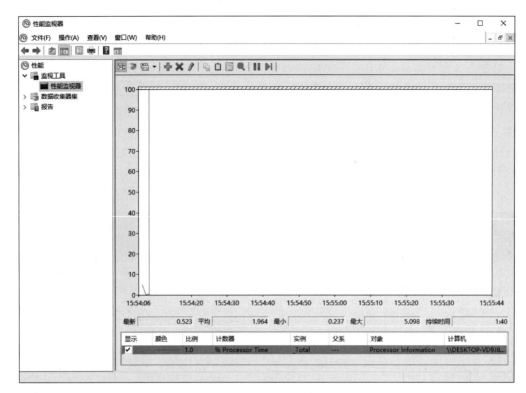

图 1.3　Windows 10 的性能监视器

（1）IBM System/360 操作系统。

1964 年由 IBM 公司推出的希望解决所有问题的通用操作系统。数千名程序员为该操作系统写了数百万行汇编语言代码，却有成千上万处的错误，于是 IBM 公司不断发行新的版本试图更正这些错误，如此往复，直到发现错误的数量大致保持不变。

（2）MULTICS(MULTiplexed Information and Computing Service)操作系统。

1965 年由 MIT、贝尔实验室和通用电气公司开始共同研究，但由于长期研制工作达不到预期目标，贝尔实验室和通用电气公司相继退出，只有 MIT 坚持下来，使之成功运行，成为商业产品，该系统在 20 世纪 90 年代陆续被关闭，2000 年寿终正寝。

（3）UNIX 操作系统。

1969 年由美国电报电话公司的贝尔实验室开发成功，1973 年用 C 语言进行了改写，1978 年的 UNIX 第 7 版可以看作当今 UNIX 的祖先，该版本为 UNIX 走进商界奠定了基础。目前 UNIX 已不是指一个具体的操作系统，许多公司和大学都推出了自己的 UNIX 系统，如 AT&T 公司的 SVR，SUN 公司的 Solaris，加州大学 Berkeley 分校的 UNIX BSD，DEC 公司的 Digital UNIX，HP 公司的 HP UX，SGI 公司的 Irix，CMU 公司的 Mach，SCO 公司的 SCO UNIX Ware，IBM 公司的 AIX 等。UNIX 用 C 语言编写，具有可移植性，是一个良好的、通用的、多用户、多任务、分时的操作系统。其运行时的安全性、可靠性以及强大的计算能力赢得广大用户的信赖。

（4）MS DOS 操作系统。

随着 IBM 在 1981 年推出个人计算机，便诞生了 DOS(Disk Operating System)操作系统。和它的名字一样，其特点在于优良的文件系统，是一个单用户单任务的操作系统。MS

DOS 操作系统开销小，运行效率高，适用于微型机，但无法发挥硬件能力，缺乏对数据库、网络通信的支持，没有通用的应用程序接口，用户界面不友好，最后一个版本 6.22 在 1994 年推出后便不再后续。

(5) macOS。

macOS 是由美国 Apple 公司 1984 年推出，运行在 Macintosh 计算机上的操作系统。macOS 是全图形化界面和操作方式的鼻祖，因拥有全新的窗口系统、强有力的多媒体开发工具和操作简便的网络结构而广受欢迎。正是 macOS 先进的图形界面操作系统技术造就了一批忠实的追随者。

(6) Windows 操作系统。

1985 年 Windows 1.0 正式上市。Windows 操作系统发展至今，已成为普及最广的多任务操作系统。即插即用和电源管理、新的图形界面、更加高级的多媒体支持以及不断更新的版本和功能预示着其强大的发展后劲。本书选择 Windows 作为讲解实例便是基于这些考虑。

(7) Linux 操作系统。

由芬兰科学家 Linus Torvalds 于 1991 年编写完成的一个操作系统内核，当时他还是芬兰赫尔辛基大学计算机系的学生，在学习操作系统课程中，自己动手编写了一个操作系统原型，并把这个系统放在 Internet 上，允许自由下载，许多人对这个系统进行改进、扩充、完善，使 Linux 由最初一个人写的原型变化成在 Internet 上由无数志同道合的程序高手参与的一场运动。Linux 继承了 UNIX 的优点，并有了许多更好的改进：其开放的源代码有利于发展各种操作系统；它符合 UNIX 的 POSIX 标准；各种应用程序可方便地移植。它是本书将要讲解的另一个操作系统实例。

(8) 其他操作系统。

应用于各种特殊领域的操作系统有很多，如嵌入式智能设备的 Android 系统、iPhone 专用操作系统 iOS，以及 Embedded Linux 系统等。

下面来谈一谈 Linux。许多计算机用户可以通过该系统连接在一起，共享计算机的资源，还能够进行相互交流与协作。例如，用户之间可以相互发信息(见图 1.4)：一方要向另一方发送信息，只要使用指令 write username，然后加上要发送的内容就能将信息传给接收方。

```
[stu05@lxsrv stu]$
Message from stu06@lxsrv on pts/20 at 10:19 ...
Every time you try you best !
[stu05@lxsrv stu]$ write stu06
Thank you.
[stu05@lxsrv stu]$
```

图 1.4 Linux 的用户之间相互发信息

如果要将信息发给所有人，还可以采用广播的方式(见图 1.5)，只要在指令 wall 的后面加上要发的信息，就能使所有登录主机的用户看到发送的信息。

Linux 还可以实现许多其他的功能。它可以通过监视系统来了解每个用户的工作，还可以通过管理系统来确定给用户的权利，甚至可以控制用户行为等。这种监视、管理和控制是谁来实现的呢？还是操作系统，只不过这时的操作系统称为多用户操作系统或网络操作

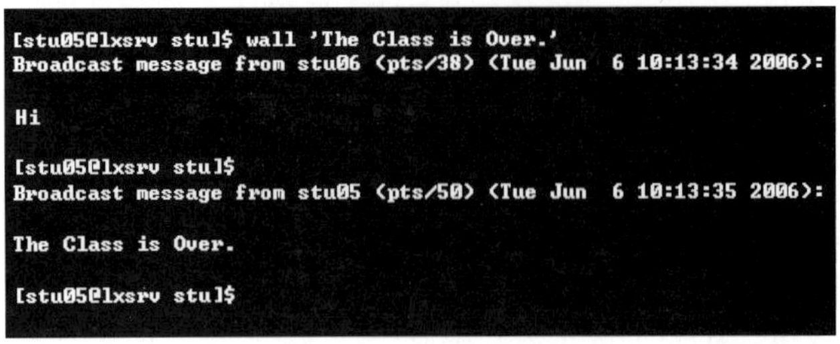

图 1.5　Linux 中的广播

系统。

　　计算机操作系统是一个幕后管理和控制系统，它管理着计算机上的所有资源，包括硬件、软件、数据；提供某种方法让用户方便地使用计算机；对计算机及用户的行为进行控制。如果买回来的计算机不带有操作系统，就好像人没有大脑一样是无法指挥各个部件工作的。因此，操作系统是计算机软件中最核心的部分，没有它，普通用户基本上无法使用计算机。那么，操作系统到底应该具有哪些能力才能满足设计人员及用户的需要呢？这是下面要讨论的问题。

1.2　操作系统介绍

1.2.1　操作系统的定义

　　对操作系统有了初步的印象以后，下面从它的特点出发来阐述其确切的定义。

　　(1) 操作系统是程序的集合。从形式上讲，操作系统只不过是存放在计算机中的程序。这些程序一部分存放在内存中，另一部分存放在硬盘上，中央处理器在适当的时候调用这些程序，以实现所需要的功能。

　　(2) 操作系统管理和控制系统资源。计算机的硬件、软件、数据等都需要操作系统的管理。操作系统通过许多的数据结构对系统的信息进行记录，根据不同的系统要求，对系统数据进行修改，达到对资源进行控制的目的。

　　(3) 操作系统提供了方便用户使用计算机的用户界面。在介绍操作系统时，用户只需要通过鼠标单击相应的图标就可以完成其想要做的事情。桌面以及其上的图标就是操作系统提供给用户使用的界面，有了这种用户界面，对计算机的操作就比较容易了。用户界面又称为操作系统的前台表现形式，Windows 10 采用的是窗口和图标，DOS 采用的是命令，Linux 既采用命令形式也配备有窗口形式。不管是何种形式的用户界面，其目的只有一个，那就是方便用户对计算机的使用。操作系统的发展方向是简单、直观、方便使用。

　　(4) 操作系统优化系统功能。由于系统中配备了大量的硬件、软件，因而它们可以实现各种各样的功能，这些功能之间必然免不了发生冲突，导致系统性能的下降。操作系统要使计算机的资源得到最大限度的利用，使系统处于良好的运行状态，还要采用最优的实现功能的方式。

　　(5) 操作系统协调计算机的各种动作。计算机的运行实际上是各种硬件的同时动作，是许多动态过程的组合，通过操作系统的介入，使各种动作和动态过程达到完美的配合和协调,以最终对用户提出的要求反馈满意的结果。如果没有操作系统的协调和指挥,计算机就会处于瘫痪状态,更谈不上完成用户所提出的任务。

因此可以定义操作系统为:对计算机系统资源进行直接控制和管理,协调计算机的各种动作,为用户提供便于操作的人机界面,存在于计算机软件系统最底层核心位置的程序的集合。

1.2.2 操作系统的功能

可以根据计算机系统资源的分类来对操作系统的功能进行划分。一般来说,计算机系统资源包括硬件和软件两大部分,硬件指处理机、存储器、标准输入输出设备和其他外围设备;软件指各种文件和数据、各种类型的程序。由于操作系统是对计算机系统进行管理、控制、协调的程序的集合,下面按这些程序所要管理的资源来确定操作系统的功能,共分为 8 个部分。

1. 处理机管理

处理机是计算机中的核心资源,所有程序的运行都要靠它来实现。如何协调不同程序之间的运行关系,如何及时反映不同用户的不同要求,如何让众多用户能够公平地得到计算机的资源等都是处理机管理要关心的问题。具体地说,处理机管理要做如下事情:对处理机的时间进行分配,对不同程序的运行进行记录和调度,实现用户和程序之间的相互联系,解决不同程序在运行时相互发生的冲突。处理机管理是操作系统最核心的部分,它的管理方法决定了整个系统的运行能力和质量,代表着操作系统设计者的设计观念。

2. 存储器管理

存储器用来存放用户的程序和数据,存储器越大,存放的数据越多。硬件制造者不断地扩大存储器的容量,还是无法跟上用户对存储器容量的需求,再说存储器容量也不可能无限制地增长,但用户需求的增长是无限的。在众多用户或者程序共用一个存储器时,自然而然会带来许多管理上的要求,这就是存储器管理要做的。存储器管理要进行如下工作:以最合适的方案为不同的用户和不同的任务划分出分离的存储器区域,保障各存储器区域不受别的程序的干扰;在主存储器区域不够大的情况下,使用硬盘等其他辅助存储器来替代主存储器的空间,自行对存储器空间进行整理等。

3. 作业管理

当用户开始与计算机打交道时,第一个接触的就是作业管理部分,用户通过作业管理所提供的界面对计算机进行操作。因此作业管理担负着两方面的工作:①向计算机通知用户的到来,对用户要求计算机完成的任务进行记录和安排;②向用户提供操作计算机的界面和对应的提示信息,接受用户输入的程序、数据及要求,同时将计算机运行的结果反馈给用户。更具体地说,作业管理要提供安全的用户登录方法、方便的用户使用界面、直观的用户信息记录形式、公平的作业调度策略等。

4. 信息管理

计算机中存放、处理、流动的都是信息。信息有不同的表现形式,可以是数据项、记录、文件、文件的集合等;有不同的存储方式,可以连续存放,也可以分开存放;还有不同的存储位置，可以存放在主存储器上，也可以存放在辅助存储器上，甚至可以存放在某些设备上。不同用户的不同信息共存于有限的媒体上，如何对这些文件进行分类，如何保障不同信息之间的安全，如何将各种信息与用户相联系，如何使信息不同的逻辑结构与辅助存储器上的存储结构相对应，这些都是信息管理要做的事情。

5．设备管理

计算机主机连接着许多设备，有专门用于输入输出数据的设备，也有用于存储数据的设备，还有用于某些特殊要求的设备。而这些设备又来自不同的生产厂家，型号更是五花八门，如果没有设备管理，用户一定会不知所措。设备管理的任务就是：为用户提供设备的独立性，使用户不管是通过程序还是命令来操作设备时都不需要了解设备的具体参数和工作方式，用户只需要简单地使用一个设备名就可以了；在幕后实现对设备的具体操作，设备管理在接到用户的要求以后，将用户提供的设备名与具体的物理设备进行连接，再将用户要处理的数据送到物理设备上；对各种设备信息的记录、修改；对设备行为进行控制。

除了以上管理任务外，操作系统还必须实现一些标准的技术处理。

6．标准输入输出

用户通过键盘输入对计算机的要求和需要处理的数据，计算机通过显示器向用户反馈信息并输出运行结果，这似乎是天经地义的事。其实不然，如果不指定键盘为标准输入设备及显示器为标准输出设备，则无法直接通过这两种设备进行输入输出的。当系统开始运行的时候，操作系统已指定了标准的输入输出设备，因此，用户使用的时候感觉很方便。如果想用其他的设备来作为标准输入输出设备也是可以的，因为操作系统提供了这种功能。它帮助用户将指定设备的名称与具体的设备进行连接，然后自动地从标准输入设备上读取信息，再将结果输出到标准输出设备上。

7．中断处理

在系统运行过程中可能会发生各种各样的异常情况，如硬件故障、电源故障、软件本身的错误，以及程序设计者所设定的意外事件。这些异常一旦发生都会影响系统的运行，因此操作系统必须对这些异常先有所准备，这就是中断处理的任务。中断处理功能针对可预见的异常配备好了中断处理程序及调用路径，当中断发生时暂停正在运行的程序而转去处理中断处理程序，它可对当前程序的现场进行保护，并执行中断处理程序，在返回当前程序之前进行现场恢复直到当前程序再次运行。

8．错误处理

当用户程序在运行过程中发生错误的时候，操作系统的错误处理功能既要保证错误不影响整个系统的运行，又要向用户提示发现错误的信息。因此，常常发生这样的情况：显示器上给出了发生错误的类型及名称，并提示用户如何进行改正，错误改正后用户程序又可以顺利运行。错误处理功能首先将可能出现的错误进行分类，并配备对应的错误处理程序，一旦错误发生，它就自动实现自己的纠错功能。错误处理一方面找出问题所在，另一方面又自动保障系统的安全，正是有了错误处理功能，系统才表现出一定的坚固性。

1.2.3 操作系统设计原则

对于操作系统设计者来说，操作系统是架构在底层硬件上的软件系统，因此，硬件的原始功能是靠操作系统来实现的,在实现的过程中,就必须考虑各种硬件的使用效率。而对于用户来说,操作系统是使用计算机的手段,这种手段必须能够满足用户的需求,要求清晰、明确、快速地对用户的动作做出反应,特别是在多用户使用同一个计算机系统的情况下,系统对用户的反应能力显得尤为重要。以上都是操作系统的设计者设计时应该考虑的问题。

操作系统的设计原则如下。

(1) 尽可能高的系统效率。这里指的效率包括处理机时间的最大利用、存储器空间的合理安排、输入输出设备的均衡使用。

(2) 尽可能大的系统吞吐能力。在多用户情况下,虽然许多用户同时使用计算机,但每个用户并不考虑别人的工作状况,每个用户都可能进行大量的数据传输,这对于系统的负荷能力是一种考验,因此,系统吞吐量是操作系统设计的一个质量标志。吞吐量的好坏直接影响系统的稳定性,大的吞吐量使系统能流畅地工作,小的吞吐量可导致系统在高负载下瘫痪。

(3) 尽可能快的系统响应时间。响应时间指系统对用户的输入做出反应的时间。通常情况是,用户数目越多,需要的响应时间越快,并且对每个用户来说响应时间应该是平均的,因此系统必须提供一个用户能够承受的系统响应时间的下限。

以上是操作系统设计原则的三个方面,它们都能够满足当然最好,但这三个方面是相互矛盾的。一般情况下,要想获得高的系统利用率就应该尽量避免用户的参与,因此,响应时间就不可能很快;要想获得最佳的用户效果,难免牺牲对系统资源的利用率。这使操作系统设计者处于进退两难的境地。目前,还没有哪个操作系统能同时完全做到上面设计原则的三个方面,任何一个系统都具有倾向性,只有在以某个设计原则为主的情况下,兼顾另外的设计原则。那么到底以哪个设计原则为主呢?这要看计算机系统的使用目的,在操作系统的发展过程中,这些设计原则交替起着主导作用。

1.2.4 操作系统的发展

操作系统是随着计算机的发展而发展的,从早期的无操作系统的计算机发展到今天,操作系统已经成为计算机的灵魂,离开了操作系统计算机将无法运行。

1. 计算机系统发展初期

世界上第一台计算机 ENIAC 于 1946 年问世,它的依据是 John von Neumann 描述的计算机概念,其主要的部件有运算器、存储器、控制器、输入输出设备和与之相关的操作员(见图 1.6)。

操作员通过控制台的各种开关来指挥各个部件的运行,它通知输入设备接收用户准备好的装有程序和数据的输入卡片,将输入的程序和数据安排到存储器的某个具体位置,通知运算器运行程序并处理数据,通知输出设备将输出结果打印成纸带。如果发现系统在运行过程中有什么问题,则操作员可通过控制台的开关对各种参数进行设置,将系统调整为正常状态。

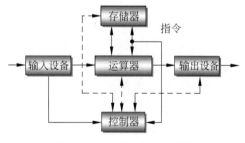

图 1.6 von Neumann 结构

这个时期的操作员是非常专业的,由他们才能实现对计算机系统的控制。因此,操作员的能力和反应速度直接影响到计算机的工作效率。但不管多么高级的操作员,其手动速度永远无法和机器速度相比,因此机器的运行速度必然受到人工速度的极大制约。又因为早期的计算机硬件价格非常昂贵,人们希望计算机尽可能多地处于运行状态,以及处理器运行尽可能饱满,这样才不会造成资源的浪费。解决办法是尽可能地减少人的干预,让计算机来做更多的事情,这导致了早期的批处理系统的产生。

为了减少人的参与,操作员对要送到计算机上运行的程序进行组织,通常是按程序的执行步骤进行分类的。凡是运行步骤大致相同的程序组织成为一批,由操作员通过输入机输入磁带机,再将磁带机连接到计算机主机上准备运行,余下的控制工作交由称为监督程序的程序来控制完成。完成后操作员将存有输出结果的磁带机取下,再连接到输出设备上逐一地输出不同程序的输出结果,最后交给用户。这时的计算机系统称为脱机批处理系统(见图 1.7),输入输出设备与主机之间不再有直接的联系,主机只与磁带机打交道。

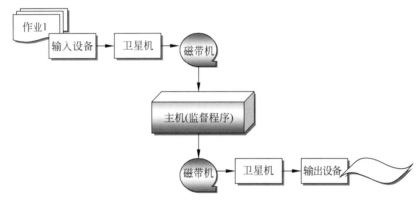

图 1.7　脱机批处理系统

操作员的一部分工作被监督程序替代。监督程序模拟操作员的工作:将磁带机上的程序调入存储器,安排程序运行,将运行结果输出到磁带机上,然后安排下一个程序的运行,如此周而复始直到这一批程序全部处理完毕。例如,有一个用高级语言编写的程序需要运行,监督程序将磁带机上的源代码调入主存储器,再调用编译程序对源代码进行编译形成目标代码,然后安排目标代码运行,直到产生结果,最后将结果送到存放结果的磁带机上。当一个程序运行完毕以后,监督程序又将下一段源代码调入主存储器,然后重复上面的过程,直到运行完毕磁带机上所有的程序。整个过程都是由监督程序来控制的。监督程序是事实上的管理者,管理者的出现意味着操作系统有了产生的基础。

因为监督程序的参与,人的干预减少到最低,计算机主机只与输入输出设备打交道,由人引起的计算机资源的等待得到了避免。可是新的问题又出现了,由于输入输出设备是纯机械设备或者机械加磁设备,而计算机主机是电子器件,计算机主机还是不可避免地要等待输入输出设备的运行,主机的利用率不可能很高,如何解决电子速度与机械速度严重不匹配的问题呢?采用的办法不是提高输入输出设备的速度,而是让计算机主机同时连接多台机械设备,以增加主机的工作量。多道批处理系统由此而产生。

2. 多道批处理系统

同样按批次来组织用户作业,但主存储器中存放着不止一批的作业,处理机在调用一批作业运行时,如发现输入输出所产生的等待,监督程序就引导处理机去执行另外的程序,这样就使处理机总是处于工作状态。图 1.8 描述了多道批处理系统的处理机时间分配:程序 A 首先获得处理机,运行了一段时间后,它需要完成输入输出工作,这时监督程序运行,一方面安排程序 A 进行输入输出处理,另一方面安排程序 B 到处理机上去运行;当程序 B 运行一段时间后,也需要完成输入输出工作时,又由监督程序来安排程序 B 进行输入输出处理,帮助程序 A 结束输入输出工作,安排程序 A 再到处理机上运行。所以从处理机的时间轴上可以看到,程序 A 和程序 B 是交替运行的,如果在这个时间内只有一个程序运行,处理机将有一半时间在等待输入输出设备完成工作。当然,监督程序也要占用一定的处理机时间,但它与程序运行所需要的处理机时间相比是微不足道的。

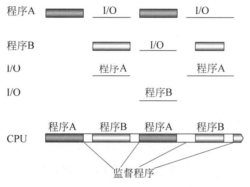

图 1.8 多道批处理系统 CPU 时间分配

这时的监督程序变得更为复杂,它不但要管理某一批程序的运行与中断,还要对不同批次的程序进行处理机时间的分配。从理论上讲,存储器上存放的程序批次越多,处理机的利用率就越高。如果存储器上存放的程序足够多,则处理机的利用率可以达到 100%。这样看来,多道批处理系统可以使计算机资源的利用率达到最大。

为了提高计算机的利用率,多道批处理系统不允许用户的干预。用户无法干预但并不等于用户不想干预,也许在程序刚被送入主存储器,用户就希望重新修改;也许在程序刚开始运行时,用户就发现了错误;也许在程序的运行过程中,用户希望参与自己的选择意见。总之,用户希望干预计算机的运行,这就给管理程序提出了更高的要求:既要尽可能地提高主机的利用率,又要使用户能够方便地干预程序的运行。于是用户与主机之间不再通过磁带机相互隔开,而是通过输入输出设备直接相连,新一轮的联机系统出现了。

3. 联机多道程序系统

联机多道程序系统在现实生活中到处可见,典型的形式如图 1.9 所示,每个用户从自己的终端上和计算机进行交互,存储器上的不同区域中保存着不同用户的程序,处理机按一定的规则对不同用户的程序进行反应,共享的输入输出设备按用户的要求在忙碌着,这显然是一幅很美的画面。联机多道程序系统靠程序来控制计算机设备和用户终端,它要面对多个用户,要进行处理机时间的安排,进行内存空间的划分,安排用户分享能够共享的输入输出设备,协调用户在运行程序时发生的各种冲突等,这种程序有一个新的名字,称为操作系统。

图 1.9 联机多道系统工作图

1.3 操作系统的分类

根据操作系统设计原则的倾向性,可以将操作系统分成三大类:多道批处理系统、分时系统、实时系统。

1.3.1 多道批处理系统

多道批处理系统按用户作业的类型不同分成若干批次,将不同批次的作业都存放于存储器中,每一批次作业顺序处理。如果需要输入输出,就调用另一批次的作业运行,从而实现资源的充分利用。下面是一些具体的概念。

1. 单道程序

单道程序是指在主存储器中只存放着一批程序(或者一个程序),当 CPU 运行该程序发生某种条件等待时,CPU 暂停当前程序的运行,在等待的条件被满足以前,CPU 将一直处于闲置状态。

2. 多道程序

多道程序是指在主存储器中存放着不止一批的程序(或者多个程序),当 CPU 运行某一个程序发生条件等待时,可以转向执行另外的程序。因此,多道程序方案可以减少 CPU 的闲置时间。从操作系统方面来说,管理多道程序比管理单道程序更为复杂。

在单道程序环境下,操作系统不需要考虑对处理机、存储器、输入输出设备的分配,它的主要工作是在适当的时候将需要执行的程序从辅助存储器调到主存储器中,安排编译(或汇编)、链接及目标代码的运行,接收输入信息及传送输出信息,管理工作相对简单。

但多道程序环境就不是这样。由于内存中存放了大量的程序,并且多道程序分享着CPU 的时间,因此,多道系统就必须考虑 CPU 时间的分配、主存储器空间的分配、安全及共享、输入输出设备中断系统的实现等。

3. 作业

作业是用户交给计算机执行的具有独立功能的任务。例如,图 1.10 就是作业的组织与运行。在用户要求计算机执行任务时,首先用一种表达方式将任务进行描述,内容包括作业的名称、作业的执行步骤、作业所涉及的程序与数据等。作业的执行步骤往往代表着一个具体的子功能,它被称为作业步。作业步的执行顺序是:前一个作业步的输出是后一个作业步的输入,后一个作业步必须在前一个作业步执行完毕后执行。作业的描述方法有多种,可以通过专用的作业控制语言、高级语言、键盘命令等来对作业进行说明。

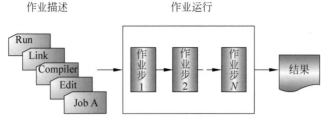

图 1.10 作业的组织与运行

4. 批处理

批处理是指将作业组织成批,并一次将该批作业的所有描述信息和作业内容输入计算机,计算机将按照作业和作业步进入的先后顺序依次自动执行,在一个批次范围内用户不得对程序的运行进行任何干预。

批处理系统是一个脱机处理系统,由于没有用户的介入,它围绕着提高系统的效率而开展工作。具体方法将涉及处理机时间的分配、存储器空间的划分、设备运行效率及均衡性以及计算机各部件之间速度的匹配。批处理系统适用于专门承接运算业务的计算中心,可帮助用户完成大型工程运算等工作。

由于批处理系统采用的是脱机工作方式,基本不用考虑用户的联机要求;又由于系统的设计目标是尽可能提高系统的运行性能和效率,从作业委托到作业完成之间的时间可能比较长。这也是批处理系统不足的地方。

如果用户希望参与控制和选择程序的运行,批处理系统就不是一个好的方案。事实上计算机系统不再是专门人员的特殊装备,随着计算机硬件和软件的发展,它已逐渐成为普通用户的日常工具。

1.3.2 分时系统

除了多道批处理以外,对于普通用户来说,更多的是希望参与计算机资源的使用,大大小小的团体和组织也需要利用计算机来相互沟通,分时系统正是满足这种需要的系统。

1. 分时

分时是指将具有运行能力的资源的时间划分成很小的片段,称为时间片,这些时间片按照一定的规则被分配给需要它的程序,或者说是若干程序以时间片的方式共享资源的运行时间。一般涉及分时概念的计算机部件有处理机、输入输出设备等。

2. 时间片

时间片是程序一次运行的最小时间单元。在划分时间片的时候,要根据系统的总体设计框架来考虑。例如,对于 CPU 时间片的划分,要考虑用户的响应时间、系统一次容纳的用户数目、CPU 的指令周期时间、中断处理时间、程序运行现场的保护和恢复时间等。通常来说,在一个时间片内,至少应该能够完成一次输入输出中断处理、现场的保护和恢复过程,以及一个程序原子过程(原子过程在运行期间不可中断)的一次执行。

用户要求的响应时间越短,系统一次容纳的用户数目越多,时间片就必然越短。例如,用户要求的响应时间为 Δt,系统可容纳的最大用户数目为 M,则处理机时间片至多为 $\Delta t/M$。对于输入输出设备的时间片的划分,要考虑设备的使用性质,如果是共享设备,时间片的划分类似于 CPU 的情况;如果是独享设备,就没有必要划分时间片,处理方法和批处理系统一样。

3. 响应时间

响应时间分为用户响应时间和系统响应时间,系统响应时间是计算机对用户的输入做出的反应时间,用户响应时间是指单个用户所感受到的系统对他的响应时间。用户的眼睛存在着视觉暂留现象,他只能接受分秒及以上的视觉变化,快的用户响应时间在此范围内也就可以了。系统响应时间的计算要考虑用户的数目,用户数目越多,响应时间必须越快,否则就难以保证每一个用户都有可接受的响应时间。响应时间可以和时间片联合起来考虑,一般情况是:时间片越短,响应时间越快。

4. 多用户

分时系统是多用户同时使用的操作系统,用户通过不同的终端同时连接到主机,主机分时地对用户终端程序进行反应,要求产生的结果是:每一个用户都感觉自己独立地使用着计算机,用户的行为并不会相互影响。

5. 分时系统安全性

为了保证系统及各个用户程序的安全,系统必须采取一定的安全措施,并且必须能够区分不同的用户,分别完成不同用户的作业。最常见的安全方法是用户登录方式,登录及处理过程如图 1.11 所示。

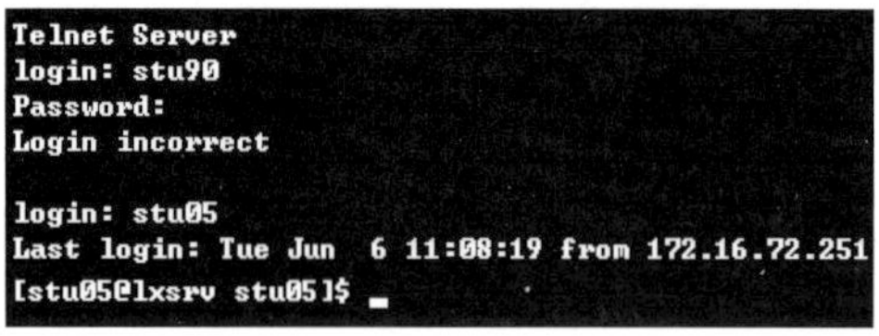

当用户登录系统时,必须提供用户名和用户密码。操作系统将从输入端获取的用户名和用户密码与系统库存的用户信息进行比较,

图 1.11 用户登录过程

只有在用户输入正确时才能够正常登录,否则用户将被拒绝对系统的使用。登录后操作系统将用户按其所属权限及类型引导至用户可以操作的目录下,以此来限定用户的工作区域。

6. 分时系统的特征

虽然分时系统是多用户系统,但对于每一个用户来说,并不会感觉到单用户机与多用户机的区别,各自都似乎使用着自己独立的计算机。因此分时系统必须具备如下特点。

(1) 多路性。

系统同时支持多路终端的连接。支持多路性的内部机制是处理机分时和共享设备分时,从微观上看,不同用户分享着处理机时间的不同片段,宏观上用户却感觉多路同时享用着计算机系统。

(2) 独立性。

多用户各自独立地使用计算机,相互之间并无影响。实现独立性主要依赖于存储器的安全保护,由于不同用户占有存储器上的不同区域,就要求不同区域中的用户程序在执行时不可相互干扰或者破坏,这可以通过一定的存储器保护机制来实现。

(3) 及时性。

每个用户终端都及时地得到系统的反应。及时性是指用户可以忍受的用户响应时间，它与处理机的指令周期和时间片的划分有关。但需要提醒的是：及时性并不要求系统响应时间越快越好，因为过短的时间片只会导致系统开销的提高，并且响应时间低于一定的时间范围就失去了实际的意义。

(4) 交互性。

用户可以通过终端直接与计算机进行对话。用户可以通过系统提供的界面从键盘向主机提出自己的要求、输入程序和数据、命令计算机运行，主机通过终端显示对用户的要求逐一进行反应，输出提示信息、帮助信息和运行结果等。良好的交互性意味着友好的交互界面、准确的提示信息、必要的帮助引导。

7. 设计目标及用途

由于分时系统的对象是多用户，因而设计时要充分考虑到满足用户的需求，用户最大的要求是联机交互和及时响应，这就是分时系统的设计目标。分时系统可用于任何团体、机构和实体，当看到众多的计算机工作终端和各种各样的普通用户在共用一个主机时，分时系统已经在后台忙得不亦乐乎了。

虽然分时系统具有及时性，但其响应时间只是在一个平常用户认可的范围内。可是有许多特殊的领域对计算机的响应要求更为严格，这已经超出了分时系统的服务范围，需要选择新的系统来对计算机进行管理。

1.3.3 实时系统

实时系统是为了满足特殊用户的需要，在响应时间上有着特殊要求，利用中断驱动、执行专门的处理程序，具有高可靠性的系统。这类系统广泛应用于军事、工业控制、金融证券、交通及运输等领域。

以证券交易系统为例，当一次交易行为发生，主机必须在极短的时间内进行反应，然后将交易结果输出到显示终端上。如果主机的反应时间有所拖延，将导致显示终端上的数据与正在发生的数据不一致，这会影响所有交易者的正确决策，也就必然影响到随之而来的所有交易行为的正确性。另外，这种系统不允许错误的发生，如果某一个数据的处理发生错误，也将使整个系统的正确性得不到保障。

在军事上，实时系统的立即响应和高可靠性表现得更为突出，例如，有一种红外制导导弹，它需要对导弹发出的红外光的反射光进行分辨，来确定导弹紧跟着的运行轨迹。如果分辨并做出决定的时间太长，飞速运行的导弹可能早已偏离正确的轨迹，这种后果是不堪设想的。

下面是与实时系统相关的一些概念。

1. 专门系统

实时系统一般来说都是定制系统，它针对某一个特殊的需要，由设计者设计相应的硬件并配合编制出对应的管理系统。实时系统在各领域之间不能通用，甚至同一领域内由于用途的细微差别也不可能照搬同一个实时系统。因此，系统的设计费用无法均摊，专门系统比普通的分时系统价格要高得多。

2. 立即响应

立即响应要求从事件发生到计算机做出反应之间的时间非常短,这种短不在于人的感觉而在于机器时钟的度量,通常在微秒数量级范围。不同的系统,其反应时间的要求也不同,这种反应时间必须保证被控制设备能够做出正确的动作,任何时间延迟都会导致系统的错误。

3. 事件驱动

实时系统是针对某一种特殊需要而设计的,因此它为每一种可能发生的情况都编制好了对应的处理程序,这些程序被称为事件处理程序或者中断处理程序,并且在系统启动时就被存放在主存储器上。只有当事件发生了,事件处理程序才会被运行,因此说事件处理程序是靠事件来驱动的。在事件没有发生的情况下,实时系统一般处于等待状态。

4. 高可靠性

由于实时系统发生错误所导致的结果都非常严重,因此不能允许实时系统产生失误,这就需要保证系统每一个部件的正确和稳定运行。保证系统高可靠性的方法可以有以下几种。

(1) 多存储器系统或者存储器镜像系统。

可将同样的数据重复保存在不同的存储位置上,以保证存储的数据在意外情况发生时还能够被恢复。

(2) 多处理机系统。

可采用主处理机和后备处理机处理同样的事件,如果主处理机发生意外,则启用后备处理机的处理结果。

(3) 多主机系统。

多套处理机及存储器组合,以此来避免任何意外所导致的不安全性。

以上形式都属于多机系统,通常情况是一台在前台运行,其他的在后台运行或等待,一旦前台系统出现故障,立即用后台的系统进行替代,以保证系统的连续正常工作。

1.3.4 几种操作系统的比较

以上三种典型的操作系统因为各自的设计目标不同,在性能上无法区分谁优谁劣,但在计算机的运行参数上来进行比较,可以加深大家对这些系统的认识。表 1.1 对上面三种系统进行了比较。

表 1.1 各种操作系统比较

属 性	多道批处理系统	分时系统	实时系统
CPU 时间分配	作业运行时独占时间段	分时	事件发生时立即分配
内存	同时存放多批作业	同时存放多道程序	存放预置的事件处理程序
响应时间	运行期间不响应	及时响应	立即响应
特殊要求	极大的资源利用率	公平面向多用户	高可靠性
面向用户群	委托用户	普通用户	定向用户

1.3.5 典型操作系统介绍

在操作系统的发展过程中,各种各样的系统不断出现,这里介绍几种具有代表性的操作系统。

1. UNIX 操作系统

这是一个到目前为止寿命最长的系统,它是在小型机上运行的、面向多用户的分时系统。它具有良好的安全性能,文件管理和设备管理独具特色,系统程序之间调用关系灵活,具有良好的可移植性,系统规模比较小。因为 UNIX 的这些特点,它被广泛应用于各种领域,其设计理念被许多其他系统的设计者所采用,经过改装、包装或者变形,形成了许多能在不同机型上运行的类似的系统。UNIX 系统体系结构如图 1.12 所示。

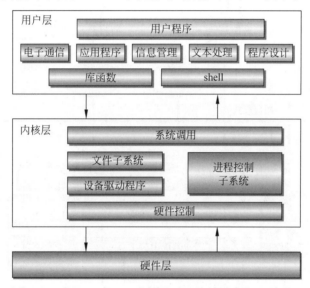

图 1.12 UNIX 系统体系结构

2. Linux 操作系统

它是一个很成功的 UNIX 的改装系统,用于在个人计算机上运行。Linux 最大的特点是其源代码完全公开,是一个免费的操作系统,因此,任何人都可以对该系统进行修改或添加功能,使其适应自己的需要。任何能在 UNIX 上运行的软件都能在 Linux 上运行,它具有 UNIX 的很多优点,同时在用户界面方面有很大的改善。由于它主要是为个人机设计的,所以对硬件的要求不高,几乎可用于所有 386 以上的 PC。由于可以从许多地方获得免费 Linux,开始是个人实验者采用它,继而是公司企业采用它,现在在许多实体中,它开始占据主导位置或者与其他系统并存。本书选用 Linux 作为多用户系统的代表。

3. DOS 操作系统

DOS 是一个个人机系统,其文件系统采用了 UNIX 的文件结构,并曾经被广泛用于各种 PC 上。但由于它是通过键盘命令方式进行操作,因而用户需要熟记所有的命令代码及格式,普通用户要使用它还需经过一定的培训。正是由于这些缺陷使 DOS 逐渐被窗口操作系统所替代,虽然其磁盘格式依然被其他系统所兼容,但是似乎它已经走到了生命的尽头。

4．Windows 操作系统

这个系统的生命力极强，设计者在人机界面方面做了许多工作，漂亮的图标、同时打开的多个窗口、鼠标随意移动和单击以及与 Internet 网络便捷的连接方式都使用户爱不释手。可以说 Windows 操作系统是一个面向"傻瓜"用户的系统，用户不需要经过任何培训就能够直接使用它，它的发展方向也是开发更亲切易用的界面，增加更多的用户功能，对用户的行为更宽容。其实，其内部的设计与其他操作系统并没有什么两样，它包含了用于个人机的多任务分时操作系统 Windows 和用于网络的网络操作系统 Windows Server。本书选择 Windows 10 作为代表，是因为它是对前期 Windows 各个单功能版的归纳与综合，因此对于各种操作系统都具有代表性，同时也代表了操作系统从单一到通用的螺旋回归。Windows 操作系统的体系结构如图 1.13 所示。

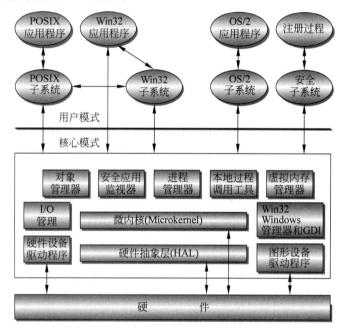

图 1.13　Windows 操作系统的体系结构

5．网络操作系统

曾经流行了一段时间的 Novell 操作系统，由于它采用了对 DOS 的仿真，用户一度非常欢迎。但就像 DOS 比不过 Windows 图形界面一样，Novell 也逐渐消失，取而代之的是 Windows NT 和 Linux。Windows NT 采用和其他 Windows 操作系统一样的图形界面，网络功能方面与其他网络操作系统相差不多，后来被 Windows Server 2000 替代，至本书出版时最新版本是 Windows Server 2022。Linux 也是一个网络操作系统，除了具有多用户多任务的能力外，用该系统来构建网络非常容易。其实网络操作系统只是在普通操作系统的基础上增加了通信和共享功能，这种通信受协议的制约，而协议是大家共同遵守的规则。为了能够通信，人们必须遵守公认的标准，这就是为什么各种网络操作系统的通信部分大同小异的原因。

另外，多媒体操作系统、分布式操作系统和目前其他正处于研究的系统，其基础部分都是一样的，变化的部分在于共享、通信、界面、设备管理等。

讨论到这里，要提出一个问题：用户处在计算机系统的什么位置？用户和操作系统有什么关系？不同的用户有不同的回答，关键看用户打算成为什么级别的计算机工作人员。图1.14为计算机系统的层次模型，通过各层之间的依赖关系用户将发现自己与操作系统的联系。

图1.14 用户与操作系统

从图1.14可以看到，普通用户使用操作系统界面，根据图标或命令的提示使用应用软件，如游戏、管理程序、各种多媒体程序等；一般程序爱好者用高级语言编写应用程序，在操作系统界面平台上通过高级语言和操作系统核心间接联系；高级程序员设计大型支持软件，使用操作系统提供的系统调用和计算机硬件及其他系统资源打交道；设计操作系统的人面临最大的挑战，他需要了解计算机系统的所有知识，用低级和中级语言直接控制计算机的所有部分。目前流行的各大操作系统，都与硬件制造者、通用系统开发者和在世界上占垄断地位的计算机公司密切相关，那里聚集着大量优秀的计算机软硬件人才，大家熟知的各种实用操作系统都来自他们之手。

即使用户选择站在计算机系统的最外层，作为计算机的专业人员，对操作系统的使用必然不同于一般普通用户。可以借助操作系统来对计算机系统的参数进行设置，使系统达到最优的运行状态；也可以查看系统的内部机制，实现对计算机最基础部分的干预；还可以对系统进行允许范围内的调整，来满足某些特殊需要。这些都不是普通用户能够做到的，而又是普通用户要求开发者来做的，这就是学习操作系统的理由。只有了解了操作系统的基本原理，才能够理解操作系统的功能，从而使计算机成为有效的工具。

1.4 操作系统的观点

操作系统存在于计算机系统中，但不同的人却看到它不同的表现形态。对于系统设计人员来说，他考虑的是如何使计算机各个部件正确动作，以实现各种系统功能；对于用户来说，他要求系统提供最方便的使用方法，至于计算机内部如何运作却没有必要了解；对于专门研究程序和数据运动的人员来说，看到的是系统的动态特征。这些不同的观点代表着操作系统的不同侧面，只有将各个侧面综合起来，才能完整地说明操作系统。下面对不同的观点进行说明。

1.4.1 资源管理观点

资源管理观点是将计算机系统内的所有硬件、软件、数据等看成资源，操作系统的任务就是对这些资源进行分配、释放、相互配合、信息记录和信息修改。资源是静态的，而操作系统是动态的,动态的管理者不断地调整资源的分配与释放,最后实现用户所要求的各种功能。

通过选择"Windows 徽标"→"Windows 系统"→"文件资源管理器"命令,可以看到 Windows 系统中对所有资源的组织与管理(见图 1.15)。桌面和各种硬件、目录、文件、辅助存储器、设备、控制面板等任何用户可能涉及的东西都被看成资源。不管是何种资源,其操作形式都是一样的,只要用鼠标双击代表这种资源的图标即可。例如,双击"打印机"图标,就可以实现对打印机的安装和设置;双击"任务计划"图标,就可以规划本机将要执行的任务及时间;双击某一个磁盘符号,就可以查看该磁盘上的文件,进一步则可以运行某一个具体的文件。

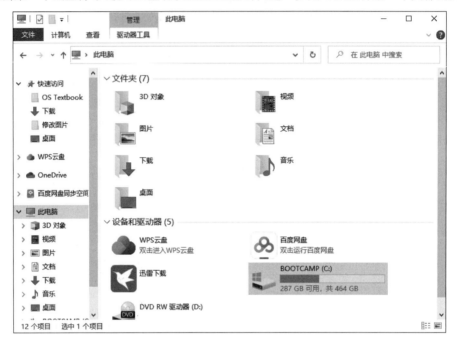

图 1.15　Windows 中的资源管理器

由于资源有不同的种类,资源的打开方式和操作方式也是不同的,因此必须有针对不同资源的展示平台,Windows 将这些展示平台集中在一起(见图 1.16),用户可以自由选择。Microsoft Photo Editor 用于图像编辑;Internet Explorer 用于显示网站页面;大家熟悉的"画图"用于打开并编辑图形。图 1.16 展示了 bmp 类型的文件所对应的操作程序为"照片"。

1.4.2　用户管理观点

用户管理观点将系统中的所有行为都看作是对用户任务的执行,任务是用户提交的需要实现的具体的功能,系统中存在着不同用户的许多任务,操作系统就是要对任务的产生、执行、停止进行安排。在图 1.17 中,有许多用户正在同一个主机上执行他们

图 1.16　Windows 的资源展示平台

的任务，操作系统的工作就是让用户可以直接控制这些任务，用户可以开始新的任务、结束旧的任务，或者将某个后台任务转变成前台任务。

```
[stu05@lxsrv stu]$ w
  9:52am  up  1:36, 59 users,  load average: 0.00, 0.00, 0.00
USER     TTY      FROM              LOGIN@   IDLE   JCPU   PCPU  WHAT
root     vc/1     -                 8:19am  1:27m  0.11s  0.11s  -bash
stu25    pts/0    172.16.72.25      9:51am 51.00s  0.05s  0.05s  vi myfile
stu13    pts/1    172.16.72.126     9:03am  5.00s  0.26s  0.07s  vi gylo
stu03    pts/2    172.16.72.158     9:40am  1:54   0.09s  0.06s  vi zhouyan
stu48    pts/3    172.16.72.150     8:44am  1:07m  0.04s  0.04s  -bash
stu44    pts/4    172.16.72.75      9:35am  5:39   0.03s  0.03s  -bash
stu12    pts/5    172.16.72.18      8:36am  1:09m  0.05s  0.05s  -bash
stu27    pts/6    172.16.72.117     8:32am  1:20m  0.03s  0.03s  -bash
stu32    pts/7    172.16.72.250     8:56am 37:35   0.12s  0.06s  vi chenlong
stu28    pts/8    172.16.72.152     8:32am  1:09m  0.07s  0.03s  vi myfile
stu04    pts/9    172.16.72.103     8:33am  1:58   0.19s  0.11s  vi init.d
stu33    pts/11   172.16.72.33      9:17am  1:27   0.08s  0.03s  vi baby
stu39    pts/10   172.16.72.111     8:36am  1:15m  0.02s  0.02s  -bash
stu22    pts/12   172.16.72.207     9:49am  1.00s  0.08s  0.04s  vi xj
stu02    pts/14   172.16.72.122     8:35am  1:12m  0.08s  0.05s  vi mytext
stu11    pts/13   172.16.72.136     8:35am  1:07m  0.17s  0.08s  vi
stu31    pts/16   172.16.72.105     8:36am  1:09m  0.07s  0.04s  vi
stu38    pts/15   172.16.72.12      8:35am  1:16m  0.02s  0.02s  -bash
stu39    pts/17   172.16.72.245     9:30am  8:07   0.05s  0.05s  -bash
stu12    pts/18   172.16.72.19      8:44am  1:07m  0.01s  0.01s  -bash
stu39    pts/19   172.16.72.187     8:40am  1:11m  0.05s  0.05s  -bash
stu03    pts/20   172.16.72.158     8:36am  1:09m  0.11s  0.08s  vi zhouyan
stu35    pts/21   172.16.72.35      8:51am  4:12   0.11s  0.04s  vi patty
stu36    pts/24   172.16.72.36      9:51am  4.00s  0.05s  0.05s  -bash
stu01    pts/25   172.16.72.120     9:46am 55.00s  0.04s  0.04s  -bash
stu21    pts/26   172.16.72.166     9:02am  4.00s  0.15s  0.04s  vi myfile
stu48    pts/23   172.16.72.144     9:48am  1.00s  0.10s  0.07s  vi myfiles
stu47    pts/22   172.16.72.47      9:50am  6.00s  0.08s  0.04s  vi girl
stu18    pts/28   172.16.72.11      9:45am  1.00s  0.06s  0.06s  vi lcx22
stu38    pts/29   172.16.72.45      8:39am  1:13m  0.04s  0.04s  -bash
stu24    pts/27   172.16.72.1       9:45am  2.00s  0.10s  0.06s  vi machao
stu38    pts/30   172.16.72.98      9:37am  2.00s  0.04s  0.04s  -bash
stu09    pts/31   172.16.72.9       8:40am  1.00s  0.73s  0.03s  vi zwj
stu15    pts/32   172.16.72.101     9:41am  4.00s  0.11s  0.06s  vi tl
```

图 1.17　Linux 中用户及其任务

图中 LOGIN 代表每个用户进入系统的时间，JCPU 和 PCPU 代表用户的任务在系统中对 CPU 的使用，WHAT 则指出任务所对应的程序。一台主机要为若干用户服务，操作系统要能够满足所有用户的需要。

1.4.3　进程管理观点

进程管理观点认为系统中存在着大量的动态行为：处理机在执行着程序，存储器上面的页面被不断地换出、换进，设备上数据在流动，用户在不停地命令计算机工作。这一切动态的行为都是以称为进程的形式存在着，操作系统对进程进行管理，管理进程的建立、运行、撤销等。图 1.18 所示的 Windows 任务管理器中，进程作为独立的实体被系统监测。

图中的 PID 为进程在系统中的标识号，“内存”表示进程正占有的内存大小，“映像名称”代表进程正在运行的程序，不同的进程可以对应相同的程序，如 csrss.exe 对应两个进程 PID 452 和 PID 636，并分别对应不同的用户及内存空间，这说明进程不是静态的程序，而是程序运行起来才会存在的一个实体，进程是一个动态的概念。

图 1.18　Windows 的进程

1.5　科技前沿——EulerOS 与 openEuler 系统

　　EulerOS 是基于开源技术的、开放的企业级 Linux 操作系统软件,具备高安全性、高可扩展性、高性能等技术特性,能够满足客户对 IT 基础设施和云计算服务等多业务场景需求。

　　2021 年 9 月 25 日,面向数字基础设施的开源操作系统 EulerOS 全新发布。它以 Linux 稳定系统内核为基础,支持鲲鹏处理器和容器虚拟化技术,是一个面向企业级的通用服务器架构平台,可广泛部署于服务器、云计算、边缘计算、嵌入式等各种形态设备,应用场景覆盖 IT、CT 和 OT,实现统一操作系统支持多设备,即应用一次开发就能覆盖全场景。目前,EulerOS 和鸿蒙之间已经实现了内核技术共享。未来,在鸿蒙和 EulerOS 之间会共享底层技术,使已安装两个操作系统的设备可以连接起来,打通两个操作系统,实现底层互通互联。

　　华为服务器操作系统 EulerOS 在开源后,被命名为 openEuler。openEuler 面向企业级通用服务器架构平台,基于 Linux 稳定系统内核,支持鲲鹏处理器和容器虚拟化技术,特性包括系统高可靠、高安全以及高保障。openEuler 拥有三级智能调度,可将多进程并发时延缩短 60%,实现智能、自动、有规划地调度,从而将 Web 服务器性能提升 137%。

1.6　本章小结

　　本章对实用操作系统进行了介绍。Windows 10 兼顾个人机及网络用户,是一个通用多任务操作系统,同时打开的多任务在不同的窗口中运行,资源管理器将计算机中的所有实体都当作资源管理,用户可以直接控制和操作其提交给计算机的任务,任务管理器即时监测计算机的进程活动。Linux 是一个多用户操作系统,它提供的多用户功能有:用户之间可以用消息的形式进行交流,也可以使用邮件。用户使用计算机通过登录系统被控制和监测。当操作系统完成它的初期发展过程以后,设计者按不同的设计目标将其分为三种基本类型:批处理系统、分时系统和实时系统。这三种系统所要完成的功能都包括处理机管理、存储器管理、作业管理、文件管理、设备管理、标准输入输出设备、中断处理和错误处理。另外,多道程序联机系统在计算机资源的利用、方便用户使用、综合控制与管理上代表着操作系统的发展趋势。

习题

1.1 操作系统在计算机系统中处于什么位置?有何作用?
1.2 说明操作系统与计算机硬件和软件的关系。
1.3 举例说明你熟悉的操作系统并说明其作用。
1.4 操作系统有何特点?定义操作系统并解释之。
1.5 说明操作系统的功能,为什么需要这些功能?
1.6 影响计算机系统性能的主要因素是什么?
1.7 操作系统的设计原则是什么?
1.8 是什么导致了操作系统的产生?
1.9 操作系统有哪些类型?为什么要将操作系统分类?
1.10 为什么要引入多道批处理系统?多道批处理系统有何特点?
1.11 为什么要引入分时系统?分时系统有何特点?
1.12 分时系统的响应时间受哪些因素影响?
1.13 多用户分时系统如何保证系统的交互性?
1.14 为什么要引入实时系统?实时系统有何特点?
1.15 为了让小朋友认识计算机,请你设计一个操作系统,你认为该系统至少应该具有哪些功能?并说明原因。
1.16 为你的手机设计一款操作系统,你认为该系统至少应该具有哪些功能?并说明原因。
1.17 以一个操作系统功能为例,说明操作系统的资源管理观点、用户管理观点和进程管理观点所看到的内容。
1.18 在相同的硬件条件下,为什么一个程序可以在 DOS 和 Windows 上运行却不能在 UNIX 上运行?
1.19 用于证券交易的计算机系统是一个什么样的系统?

处理机管理

当单道程序向多道程序发展,计算机资源利用率得以充分提高的时候,计算机的管理也变得更为复杂。静态程序的概念面临挑战,新的系统需要新的概念及管理模式。本章要讨论多道程序下的处理机状态,涉及并发程序、进程和进程之间的关系等问题。在实用系统中,通过进程监视,可以看到进程的变化。

2.1 概述

在实用操作系统 Windows 和 Linux 中,除了沿用传统的用户、程序概念以外,还引用了描述系统动态行为的任务、进程的概念。通过了解这些概念的变化过程,将发现描述系统的最佳方式。

2.1.1 多用户

多用户是指多个用户同时通过终端连接到计算机主机上,同时要求计算机处理希望实现的功能,同时使用主存储器、辅助存储器、输入输出设备。这里的"同时"是什么意思呢?它是指若干用户在不感知其他用户存在的情况下,在同一个时间范围内独立地使用计算机系统。这是一个宏观的概念,是通过操作系统对各部件微观行为进行恰当的分配安排来实现的。

事实上许多计算机资源是不可能同时使用的,如处理器,它只能按照一定的时间分配规则分配给不同的用户程序。输入输出设备也是一样,它们的共享也只能是时间上的分割。所以,从微观上看,各用户程序并没有同时使用计算机的资源。这种宏观上和微观上的巨大差异,要求操作系统经过特殊处理,通过微观上细致地分配与管理来达到宏观上的效果。

2.1.2 程序

为了描述计算机的行为,传统上是使用程序的概念。程序是适合于计算机处理的一系列的指令,按照一定的逻辑要求被划分成多个相关模块,这些模块必须顺序地执行。这种顺序程序具有以下三个特点。

1. 程序的运行是顺序的

程序严格按照给定的指令序列的顺序执行,也就是说指令 N 必须在指令 $(N-1)$ 执行完毕以后才能执行。如果需要改变执行顺序,也必须是通过程序本身的指令来实现,如使用转移指令、循环指令或者分支指令。

2. 程序运行是封闭的

程序一旦开始运行,就必然独占所有的系统资源,系统状态完全取决于程序本身。因此,程序的运行结果不会受到外界因素的影响。

3. 程序的运行过程可以再现

只要给定相同的初始条件和输入数据,在任何计算机上,在任何时间,以任何速度来运行,程序的执行过程和运行结果都是唯一的,也就是说随时可以再现程序的运行。

由于程序具有以上这三个特点,因而称程序是静态的,而程序概念刚刚产生时期的外部环境,也支持程序的静态特征。批处理系统便是这种环境的典型。

可是,在多用户系统中,每个用户都通过执行他的程序来争夺系统资源,而系统资源是有限的,这就可能产生冲突。例如打印机的使用,假定采用处理机分时,对五个用户的程序进行处理,处理机时间的绝对平均分配是:每个程序被运行一条指令以后将处理机转给下一个程序运行,假定每个程序都需要使用打印机输出结果,每执行一条输出指令都在打印机上打出一个字符。可以设想,在五个程序的执行过程中,从打印机上看到的是没有任何意义的字符串,因为这些字符串中的字符分别属于五个程序的运行结果,它们交织在一起无法表示任何实际意义,这当然不是大家希望看到的情况。如果不是五个程序同时运行,而是运行完一个程序再运行另一个程序,打印机上的结果绝对不会出问题。可见,运行顺序的不同会导致输出结果不同,为什么会这样呢?问题在于没有考虑五个程序同时运行所产生的相互影响,没有考虑同一个资源被共享时相关的程序必须有一种制约关系,而这种影响和关系已经不是静态程序所能描述的。

2.1.3 并发程序

由于多用户系统中存在的是宏观上并行的程序,即并发程序,那么,并发程序具有哪些性质呢?首先,图 2.1 说明了并发程序在逻辑上并行,而在物理上串行。这里的串行是指 CPU 的时间依次逐片地分配给需要执行的程序 A、程序 B 和程序 C,CPU 的时间是被不同的程序分享的。CPU 串行地执行着一定大小的程序片段,这就是物理上的串行。

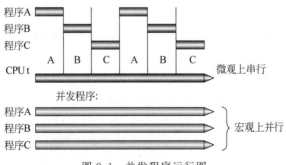

图 2.1 并发程序运行图

可是从宏观上看,在一个时间范围内,每一个程序都获得了运行,因此可以说程序 A、程序 B 和程序 C 似乎以一种稍微慢一些的速度同时在运行,这就是逻辑上的并行。这种微观上串行,而宏观上并行的程序被称为并发程序。并发程序有以下三个特点。

1. 动态性

并发程序的外部环境在不断地发生着变化。如图 2.1 所示的程序 A、B、C 以平等规则分享 CPU 的时间,但实际系统中的程序运行是由联机用户决定的,其运行时间和顺序是不可预测的,这要看当时系统的情况。就是限定只有三个程序来分享 CPU 的时间,其时间安排顺序也可能是不同的,这也要看系统调度的情况。

2. 制约性

由于并发程序共享着系统的资源,而这些资源当时的状态可能影响程序的执行结果。正如打印机的例子,并发程序并不能随意并发。特别是在使用那些必须独占的资源时,如独享输入输出设备、存储器中公用的各种数据结构及变量等,操作系统必须对并发程序的执行进行限制,使这些程序的执行顺序符合结果唯一性的要求。所以程序的并发必然受到某些条件的制约。

3. 并发性

并发程序在逻辑上是并行的,但微观上这些程序是串行的,问题是程序串行的顺序是动态变化的,这种运行顺序不确定性很可能导致运行结果的不确定性。所以程序的并发性要求系统在任何不确定的因素下,都能够产生唯一正确的结果。相对于静态程序运行环境,并发程序的运行环境使系统要承担更多的工作。

至此,已经无法用静态程序的概念来说明并发程序,并发程序的执行和其产生的结果都与时间相关,也就是说它是时间的函数。因此,要描述计算机中程序的运行,传统的概念已不再适用,必须寻找一种新的能够描述计算机中程序的动态性、制约性、并发性等特性的名词来说明计算机中的活动。

2.1.4 Linux 中的描述

下面来看看实用系统中是如何描述程序的运行的。还是以 Linux 为例。

1. 任务

Linux 是一个多任务系统,多任务指的是同时执行多个程序,但程序之间相互无妨碍。程序的并行就是任务的并行,任务作为一个实体具有申请、占有、释放和抢占资源的资格。图 2.2 说明了任务在 Linux 中任务的存在形式。

图 2.2 中的任务具有名称且对应着特定的用户,它具有使用 CPU 时间的资格和不同的状态并存放在存储器中指定的位置,还可以在内存与外存之间交换。例如,任务 ktop,它的内部标识号是 864,属于用户 root,已经使用的 CPU 时间为 14min(0:14),状态为 Run,需要的存储空间为 7912,其中固定存放在内存的部分为 5172。由于任务是动态的,因此图 2.2 的内容随时都可能发生变化。使用按钮 Refresh Now 可以刷新任务所对应的信息。

任务并不是 Linux 中唯一的描述方式,它还采用了进程概念,这也是一个存在实体,具有动态特征。

2. 进程

Linux 提供了查看进程的命令(见图 2.3)。在这里进程(Process)表现为对程序的执

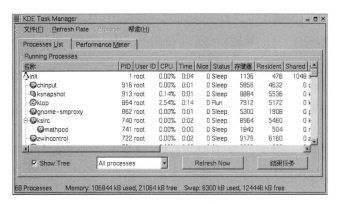

图 2.2　Linux 中任务的存在形式

行,它通过 PID 指出进程的内部标识号,通过 SIZE 指出程序的大小。另外还有一些其他参数,如进程的用户名、优先级、进程的状态、进程的大小、进程所占有的 CPU 的时间、进程所占有的存储器位置、进程所对应的设备等。由于进程是动态的概念,在计算机的显示屏上进程的信息会不断地被刷新。

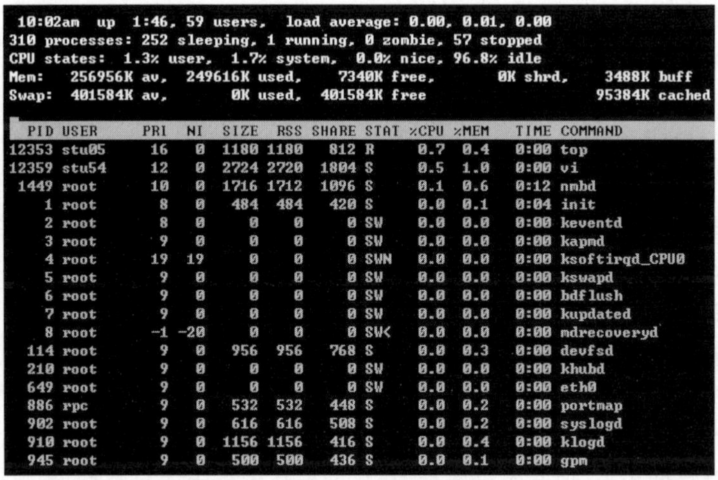

图 2.3　Linux 中的进程

在第 1 章中,曾看到 Linux 中用户之间可以传递消息,这其实就是进程之间的通信,当然进程之间的通信还有许多其他的形式,在后续章节中将讲述。

在 Linux 中,有一种特殊的进程称为终端进程,这是系统为每一个终端机所建立的进程,当用户通过终端访问主机时,系统就是在这个终端进程的控制下运行的。用户通过命令或者其他形式要求计算机完成一定的工作,终端进程就将这些命令生成一些新的子进程让其独立并发地运行,运行完毕后又被终端进程撤销。这么看来,进程之间还有一种隶属关系,除隶属关系外它们又是相互独立的,可以产生,也可以消亡。

2.2　进程及其状态

并发程序的存在是进程产生的直接原因,因此,进程必然具有并发程序的特征,即动态性、制约性、并发性。一般情况它存在于多道程序环境中，是操作系统直接处理的实体。

2.2.1 进程的定义

从 Linux 中可以看到，进程具有它自己的表现形态，但它并不像静态程序那样可以被预先编制，或者存放于某种媒体上。由于随时处于变化之中，因此要捕捉并定义进程，也是一件较伤脑筋的事情。由于人们对这一概念的极大兴趣，导致了进程定义的不确定性。下面是一些教科书中对进程的定义。

- 进程是程序的执行。
- 进程是可调度的实体。
- 进程是逻辑上的一段程序和数据。
- 进程具有动态性与并发性。

比较典型的定义是：进程是并发程序的一次执行过程，进程是一个具有一定独立功能的程序，是关于某个数据集合的一次运行活动。

通过这些定义，可以看出进程的本质。

(1) 进程的存在必然需要程序的存在。由于进程是对程序的运行，因此，程序是进程的一个组成部分。当程序处于静止状态时，它并不对应于任何进程；当程序被处理机执行时，它一定属于某一个或者多个进程。属于进程的程序可以是一个也可以是多个，调用程序的进程也可以是一个或者多个，进程和程序不是一一对应的。

(2) 进程是系统中独立存在的实体。它对应特殊的描述结构并有申请、使用、释放资源的资格。由于系统中存在着多个进程，而资源有限，必然存在着进程对资源的竞争。作为一个独立实体的进程，它既可以被调用，又可以调用别的进程，同时它还存在一种隶属关系，既可以被生成，也可以生成别的进程。

(3) 进程的并发特性通过对资源的竞争来体现，进程的动态特性通过状态来描述。进程的逻辑形态和物理形态不同，逻辑上进程只不过是一系列的说明信息，物理上却占据着系统的各种资源。

(4) 进程和数据相关，但它不是数据，在它的存在过程中要对数据进行处理。若干进程可以处理同一组数据，一个进程也可以处理若干组数据。

2.2.2 进程的状态及其转换

由于进程是动态的，因此它的状态会发生变化。最基本的进程状态如下。

(1) 运行状态。如果 CPU 的时间正好被分配给该进程，也就是说该进程正被 CPU 运行着，那么这个进程就处于运行状态。由于系统里面只有一个 CPU，处于运行状态的进程也就只有一个（如果是多处理机系统，就可能有多个进程处于运行状态，这种情况我们不做讨论）。如果将操作系统的运行也看成进程，则在 CPU 时间轴上的任何时刻，都有一个进程在运行。当进程处于运行态时，它所拥有的程序必然被运行。

(2) 就绪状态。当进程被调入主存储器中，所有的运行条件也都满足，但就是因为调度没有将 CPU 的时间分配给该进程，因此，这时的进程处于就绪状态。处于就绪状态的进程可以有多个，所有能够运行而没有被运行的进程都处于就绪状态。

（3）等待状态。除了因 CPU 的时间不能分配给该进程，还因等待其他的原因或条件，使进程根本不可能被运行，这样的进程处于等待状态。由于造成等待的条件是各种各样的，处于等待状态的进程也按不同的条件处于不同的等待队列之中，数量或多或少。

进程的状态之间可以相互转化（见图 2.4）。

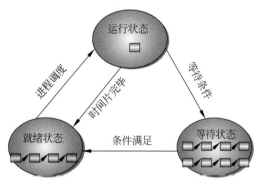

图 2.4 进程状态转化图

处于运行状态的进程在时间片运行完毕时，会变为就绪状态，并被安排进入就绪进程的队列之中；如果处于运行状态的进程还没有使用完分配给它的时间片，由于某种条件（如输入输出的要求、某种信息的等待）不满足，导致该进程必须退出运行状态，进程就变为等待状态，同时被安排进入某个等待队列之中。

处于等待队列之中的进程，如果其等待的条件被满足，它的状态就会变为就绪状态，同时被制造条件的那个进程安排进入就绪队列。处于等待状态的进程不可能直接变为运行状态，进程进入运行状态须遵守一定的规则，而这种规则只适用于就绪进程。

处于就绪状态的进程可以变化为运行状态。当处于运行状态的进程因使用完分配给它的时间片或等待条件而放弃 CPU 的时候，CPU 会转向执行进程调度程序，该程序的任务是按一定的规则从就绪队列中选出一个进程来执行，这一个被选中的进程就变化为运行状态。

除了三种基本状态以外，进程还可以有其他的状态。在 UNIX 中，处于等待状态的进程按等待条件的紧急程度被分为高优先级睡眠和低优先级睡眠，就绪进程也根据它所处的存储位置被安排在不同的就绪队列中，当进程刚被建立还没有被激活时称为创建状态，当进程完成了它的所有任务将被撤销之前，称为死亡状态。由于 UNIX 中进程的状态种类比较多，状态的变化就相对复杂一些。UNIX 状态转换如图 2.5 所示。

UNIX 的进程状态分为九种，用户运行态表示当前运行程序是用户程序，核心运行态表示处理机正在运行系统程序，当处于核心运行态的进程申请某种资源而不能获得时，进程就变为内存睡眠状态。当进程的数据区处于内存时，进程一定处于内存就绪或者内存睡眠状态；当进程的数据区处于外存时，进程则为外存就绪或者外存睡眠状态。用户运行态和核心运行态的转换是通过系统调用或中断的运行及返回来实现的。如果进程正从用户运行态向核心运行态转换时发生进程调度，则它将处于被抢先状态，这表明核心运行态进程只有在返回用户态时才可能被抢占处理机。就绪态转换为运行态是通过调度程序来实现的。进程在内存和外存之间的转移是通过换进、换出程序来实现的。至于创建态和僵死态，分别代表着进程正在被创建及进程已经完成其所有的功能正等待被撤销。

Linux 中的状态已经经过多次简化，Turbo Linux 的状态转换如图 2.6 所示。

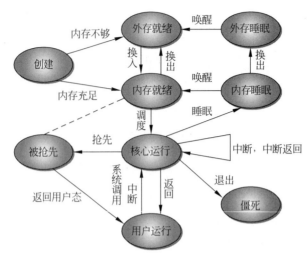

图 2.5　UNIX 进程状态转化图

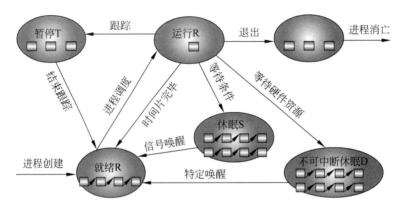

图 2.6　Linux 进程状态转换图

图 2.6 中执行和就绪两种状态通过进程是否占有 CPU 资源来区分，它们同时由 R 代表。等待状态分为可中断的休眠 S 和不可中断的休眠 D 两种，它们都是等待某个事件或某个资源，但处于可中断休眠的进程可以被信号唤醒而进入就绪状态等待调度，而不可中断休眠的进程是因为硬件资源无法满足，不能被信号唤醒，必须等到所等待的资源得到之后由特定的方式唤醒。处于暂停状态的进程用 T 表示，一般都是由运行状态转换而来，等待某种特殊处理。例如，处于调试跟踪的程序，每执行到一个断点，就转入暂停状态，等待新的输入信号。由于某些原因进程被终止，这个进程所拥有的内存、文件等资源全部释放之后，还保存着 PCB 信息，这种占有 PCB 但已经无法运行的进程就处于僵死状态。

2.2.3　进程描述机构和进程实体

1．进程控制块

进程作为一个实体存在，同时也为了区分与别的实体的不同，操作系统需要安排特殊的数据结构来对其进行描述，描述参数包括区分信息、动态信息、资源信息等。下面以 Linux 为例，进程的描述参数如图 2.7 所示。

下面对图 2.7 中部分参数进行说明。

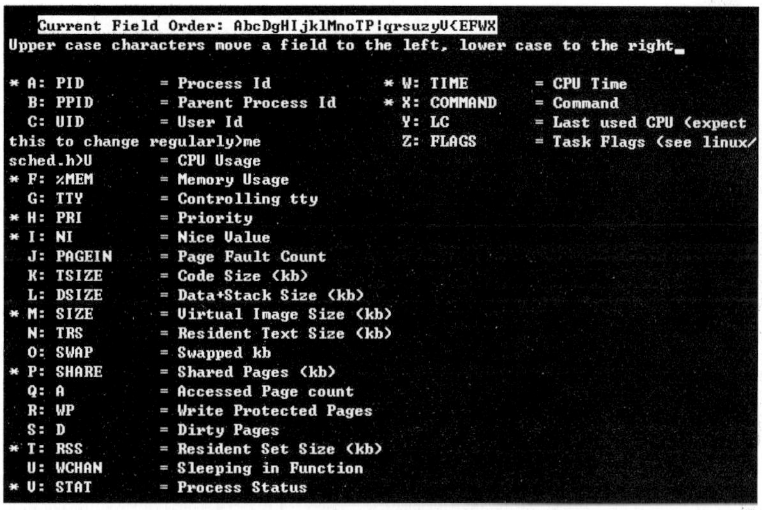

图 2.7　Linux 中的进程描述参数

- PID：进程内部 ID 号。用来让操作系统区分每个进程。
- PPID：进程的父进程的 ID 号。父进程是本进程的创建者。
- UID：用户标识号。进程的所有者通过运行命令导致进程的产生。
- TTY：对本进程有控制能力的设备。通过这一设备可以建立或者撤销本进程。
- PRI：进程运行的优先数。进程的优先数越大，表示进程的优先级越低。
- NI：计算进程优先数时所用的偏移值。
- STAT：进程的状态。
- TIME：进程已经使用的 CPU 时间。
- TSIZE：进程对应代码段大小。
- DSIZE：进程对应数据段和栈段的大小。
- SIZE：进程的虚空间大小，包括进程的程序区、数据区、进程描述区、进程所需要的工作区等所有空间。
- RSS：进程已经驻留在内存的内容的大小。
- COMMAND：导致本进程产生的命令的名称和所在的路径。

在 Windows 10 中，可以通过任务管理器查看进程，其中的信息记录了进程的各种运行参数。图 2.8 为 Windows 中的进程参数。

下面将描述进程的数据结构称为进程控制块（Process Control Block，PCB）。它描述了一个进程和其他进程以及系统资源的关系，记录了进程在各个不同时期所处的状态。

通过对各种实用系统的分析与归纳，PCB 至少含有如下基本信息。

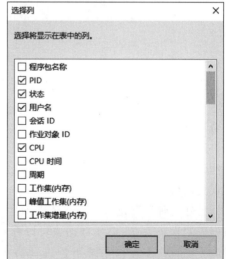

图 2.8　Windows 中的进程参数

- 进程 ID：用来唯一标识每个进程。
- 进程优先级：处于就绪队列的进程被选为运行进程的优先指标。
- 用户名：要求建立该进程的用户。
- 设备名：建立该用户进程的终端进程所处的位置。
- 进程状态：对进程状态的说明。
- 程序指针：进程所对应的程序的内存地址。
- 程序大小：完成该进程功能的程序需要的存储空间数。
- 数据区指针：进程要处理的数据所在的内存地址。
- 数据区大小：进程要处理的数据所占的存储空间数。
- CPU 时间：该进程已经使用的 CPU 时间。
- 等待时间：该进程从上一次放弃 CPU 到目前的时间。
- 家族：建立该进程的进程，即进程的父进程；该进程所建立的子进程。通常情况是：父进程可以多次产生子进程，因此，它可以有多个子进程；子进程又可以产生多个子进程，但子进程只能有一个父进程。
- 资源信息：进程与各种资源的联系信息。

还有许多进程描述参数，在需要的时候再进行说明。

因为 PCB 记录了进程的描述信息和控制信息，能够反映进程的动态特征，是系统感知进程存在的依据，所以 PCB 是进程存在的唯一标志。

2. 进程实体

有了进程控制块（PCB），进程就成了看得见摸得着的东西，将构成进程的基本部分称为进程的实体。进程实体由三部分构成：进程控制块、程序段、数据段。进程实体的三种表现形式如图 2.9 所示。

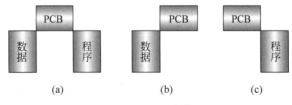

图 2.9 进程实体

这里的程序段是进程需要运行的纯代码段。所谓纯代码段，就是在运行期间不会发生任何变化的程序段。数据段是进程需要处理的数据，数据段的特点是在数据处理过程中可以写入、修改、删除等。

进程的实体中可以不包含程序段（见图 2.9(b)），这是因为进程所需要运行的程序不是纯代码形式的程序，而是在运行过程中会发生变化的程序，这种程序被合并进入数据段，以实现其运行过程中的变化要求。

另外一种情况是进程的实体中不含有数据段（见图 2.9(c)），这是一种极限情况，表示数据段的大小为 0。其实数据也可以存在于程序段，程序段中数据在程序的运行期间只能读取。也有许多操作系统不管进程有无要处理的数据，都分配给它一个对应的数据区，Linux 采用的就是这种方式。

3．PCB 的组织

为了统一管理、控制和调度进程，操作系统往往将进程控制块集中组织，典型的形式有表和队列(见图 2.10)。

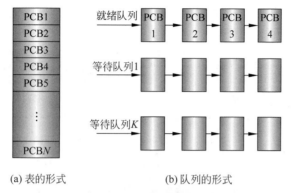

(a) 表的形式　　　　　　(b) 队列的形式

图 2.10　PCB 的组织

(1) PCB 表：系统中专门开辟一个区域依次存放所有进程的 PCB，就构成了 PCB 表。

如果采用表的形式(见图 2.10(a))，所有进程的 PCB 依次存放到 PCB 表中。PCB 表的容量是有限的并固定的，依据系统吞吐能力来确定表中可容纳的 PCB 数目，随着计算机运行速度的提高和内存容量的不断扩大，系统中能容纳的进程数越来越多。

(2) 进程队列：不同状态进程分别组成队列。

采用队列的形式(见图 2.10(b))时，进程的 PCB 可以存放于任何内存位置，只需要在 PCB 的结构中安排一个指针变量，该变量的值是下一个进程 PCB 的起始地址。进程的不同队列代表着进程的不同属性，如就绪进程队列、等待各种条件的队列等。

为了管理进程，Linux 采用多种方式来组织处于各种状态的进程。系统中每创建一个新的进程，就给它分配一个 PCB，PCB 是系统感知、控制进程的静态实体。系统访问 PCB 的频率非常高，因此所有进程的 PCB 都直接存放在物理内存中。Linux 中使用数组 task 来保存所有 PCB 的指针，Linux 通过 task 数组来管理系统中所有的进程。同时，系统中所有的进程还构成一个双向循环队列，整个队列通过进程的 PCB 中的两个指针 next-task 和 prev-task 链接。为了方便进程的调度，系统把所有可运行的进程组织成一个可运行队列，系统通过当前(current)指针来区别就绪态和运行态，每一个 CPU 都有一个当前指针，指向运行态的进程。可运行队列也是一个双向循环队列，队列中指向前后交接点的指针同样存放在 PCB 中，它们是 next-run 和 prev-run。系统的调度函数根据一定的规则，查找整个可运行队列，在其中寻找最值得执行的进程来分配 CPU。

4．进程上下文

操作系统中把进程物理实体和支持进程运行的环境合称为进程上下文，进程上下文包括三个组成部分。

(1) 用户级上下文：由用户程序段、用户数据段(含共享数据块)和用户堆栈组成的进程地址空间。

(2) 系统级上下文：包括静态部分如 PCB 和资源表格，以及动态部分如核心栈、现场信息和控制信息、进程环境块，以及系统堆栈等组成的进程地址空间。

(3)寄存器上下文:由程序状态字寄存器和各类控制寄存器、地址寄存器、通用寄存器组成。

5.进程虚拟空间

将进程的 PCB、用户堆栈、用户私有地址空间、共享地址空间等内容组合在一个具有一定逻辑顺序的空间中,就构成了进程的虚拟空间(见图 2.11)。

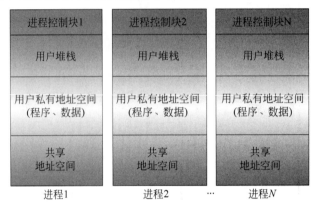

图 2.11 进程虚拟空间

2.3 进程控制

进程从产生到消亡的整个过程都由操作系统来控制的,而操作系统只不过是一系列能够独立运行、具有特定功能的程序。那么操作系统的程序和大家所见的普通意义上的程序有何区别呢?区别在于它拥有某些特权,它是被称为系统调用或者原语的程序。

在操作系统中,和计算机硬件直接打交道的程序被组织在一起,称为操作系统的内核。内核是通过执行各种原语操作来实现各种控制和管理功能的。

2.3.1 原语

原语是执行过程中不可中断的、实现某种独立功能的、可被其他程序调用的程序。操作系统的任务是管理系统所有的资源并对系统中存在的各种实体的行为进行控制,因此操作系统的程序所完成的是系统的核心功能。在程序的运行过程中,如果发生中断,就有可能导致整个系统的错误,因此操作系统中的内核部分的程序都是以原语的形式存在的。在原语的设计上,它有着比普通程序更严格的要求。除操作系统外,原语还可以用于其他的软件系统,承担其中核心部分的工作。

2.3.2 进程控制原语

进程控制原语用来对进程的行为进行控制,最基本的有进程的建立、进程的撤销、进程的等待和进程的唤醒。

1.进程建立

进程建立是实现进程从无到有的过程,调用进程建立的原语者一定是被建立进程的父进程,被建立的进程称为子进程。所有的进程只能由父进程建立,不是自生自灭的。因此运行的系统中必然存在一个进程家谱,称为进程树(见图 2.12)。

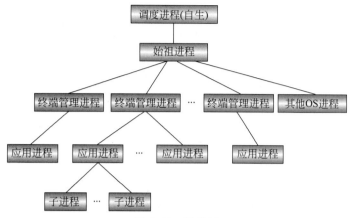

图 2.12 进程树

在系统初启的时候将产生一个核心调度进程,其任务是生成始祖进程并管理 CPU 时间,实现进程就绪态到运行态的选择及转换。始祖进程为每个运行终端创建一个管理进程,终端上的用户通过命令形式启动自己的作业或任务,管理进程即为之建立相应的应用进程。由于任务是可以分解的,每个应用进程还可以建立自己的子进程。

父进程在调用创建原语之前必须已经准备好如下参数:进程标识符、进程优先级以及进程程序的起始地址。进程建立所做的主要工作是:在进程控制块表中获取一个空的记录,填入被建立进程的信息(包括该进程的程序段地址、初始状态(就绪状态)、该进程的数据区域的指针以及该进程的父进程名称等),然后将新建立的进程插入就绪状态的进程队列中。进程的建立并不影响调用者的状态,调用者只是在执行自己的程序时,完成了一个调用命令,接着继续进行后续的工作。进程建立原语如图 2.13 所示。

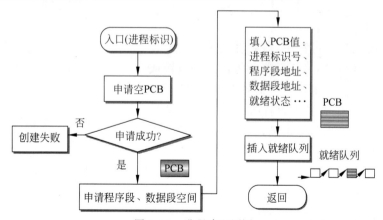

图 2.13 进程建立原语

需要注意的是,进程建立以后并不是立即投入运行,而是进入就绪队列。这是因为被建立进程的父进程并没有安排进程运行的资格。被建立进程的运行靠进程调度来实现。

2. 进程调度

当占有 CPU 的进程运行完分配给它的时间片,或者因为申请某一种条件得不到满足时,就需要放弃 CPU。这时操作系统就要选取新的进程到 CPU 上运行,这正是进程调度原语要完成的工作(见图 2.14)。首先要找到就绪队列的首指针,按照调度算法所规定的选择原则(如优先级法)选中一个进程,将该进程的 PCB 中的状态由就绪状态改变为运行状态,然后使其退出就绪队列,恢复该进程的上下文,该进程便进入运行状态。

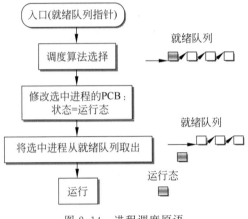

图 2.14 进程调度原语

3. 进程等待

在进程的运行过程中,如果申请某种条件而没有被满足,进程不得不中止当前的运行,进程等待原语就会被激活(见图 2.15)。

首先将当前进程的 PCB 中的状态由运行状态改变为等待状态,再根据等待条件将该进程插入条件所对应的等待队列之中,最后转到进程调度原语。由于没有进程处于运行状态,就需要选择新的进程来运行。

4. 进程唤醒

如果在进程的运行过程中,需要释放某种资源或者使系统的某种条件成立,这意味着等待该种资源或者条件的进程有机会获得所等待的资源或条件,于是该进程就可以从等待状态变为就绪状态。不过这种状态的改变需要其他进程的帮助,具体做法是运行中的进程调用进程唤醒原语(见图 2.16)。

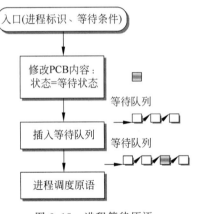

图 2.15 进程等待原语

唤醒原语找到对应条件的等待队列,对该队列中的所有进程逐一完成下列工作:将进程状态从等待状态变为就绪状态,从等待队列中退出,然后插入就绪队列中,直到所有的进程都被处理完毕,然后调用唤醒原语的进程继续执行。

5. 进程撤销

进程的撤销是进程消失的过程,当进程执行完自己所有的功能之后,就需要撤销。进程撤销由两部分构成。首先是被撤销进程撤销自己所建立的子进程,释放自己所拥有的资源,将自己的进程控制块中除了进程标识符以外的所有内容进行清除,然后向父进程发出可以

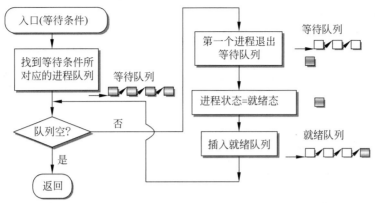

图 2.16　进程唤醒原语

撤销的信息,进入等待撤销的状态。其次是父进程在获知有子进程等待撤销,就调用撤销原语找到该子进程,释放子进程的进程控制块,修改自己的进程控制块中与子进程有关的信息。由于进程的撤销由两部分构成,因此它也是由两个原语来实现的。具体操作如图 2.17 所示。

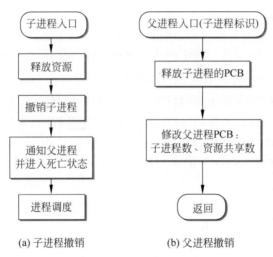

(a) 子进程撤销　　　　(b) 父进程撤销

图 2.17　进程撤销原语

2.3.3　Linux 中的进程控制

Linux 提供了许多系统调用函数,用于对进程进行控制,如 fork()函数,创建一个新进程;wait()函数,进程等待;exit()函数,进程的自我终止;kill()函数,进程删除;getpid()函数,获取进程的 ID;getppid()函数,获取进程的父进程 ID 等。这些原语都可以在 Linux 提供给用户的界面 shell 上运行。另外,在 Linux 中,还有前台进程和后台进程的概念。前台进程指运行时在标准输出设备上能看见其运行结果的进程,一般运行单条命令时,多采用前台方式;后台进程指运行时看不见运行结果的进程。前台进程和后台进程之间可以相互转换。

为了让 Linux 来管理系统中的进程,每个进程的 PCB 用一个 task_struct 数据结构来表示。数组 task 包含指向系统中所有 task_struct 结构的指针。系统中的最大进程数目受数组 task 大小的限制,默认值一般为 512。创建新进程时,Linux 将从系统内存中分配一个 task_struct 结构并将其加入数组 task。当前运行进程的结构用指针 current 来指示。另外,系统中所有进程都用一个双向链表连接起来,而它们的根是 init 进程的 task_struct 数据结构。这个链表被 Linux 核心用来寻找系统中所有进程,它对所有进程控制命令提供了支持。

所有进程部分时间运行于用户模式,部分时间运行于系统模式。如何支持这些模式,底层硬件的实现各不相同,但是存在一种安全机制可以使它们在用户模式和系统模式之间来回切换。用户模式的权限比系统模式的权限小得多。进程通过系统调用切换到系统模式继续执行。此时核心为进程而执行。

系统启动时总是处于核心模式,此时只有一个进程:初始化进程。像所有进程一样,初始化进程也有一个由堆栈、寄存器等表示的机器状态。当系统中有其他进程被创建并运行时,这些信息将被存储在初始化进程的 task_struct 结构中。在系统初始化的最后,初始化进程启动一个核心进程(init),然后保留在 idle 状态。如果没有任何事要做,则调度管理器将运行 idle 进程。idle 进程是唯一不是动态分配 task_struct 的进程,它的 task_struct 在核心构造时静态定义为 init_task。

由于是系统的第一个真正的进程,所以 init 核心进程的标志符为 1。它负责完成系统的一些初始化设置任务,以及执行系统初始化程序,这些初始化程序依赖于具体的系统。系统中所有进程都是从 init 核心进程中派生出来的。

当用户登录到系统时,进程 1 为用户创建一个 shell 进程,用户在 shell 下创建的进程一般都是 shell 的子进程,因此 shell 是该用户所有进程的父进程。当用户注销时,该进程也被撤销。另外,还有一些由系统创建的贯穿某一特定过程的进程。这些进程是为特定的目的而创建的,而且当其目的达到后,它们也不再存在。例如,发送消息的进程,当消息发送完毕,该进程也随之死亡。

可以在 shell 的解释程序界面下用命令的方式执行系统调用,也可以将调用函数用于 C 语言程序中。下面是一个调用实例。

```c
#include <stdio.h>
main()
{
int pid;
while((pid = fork()) == -1);
   if(pid > 0) {
   kill(pid,17);
   wait(0);
   printf("\n Parent process is killed !!\n");
   exit(0);
   }
   else {
   printf("\n The child process is killed by parent !!\n");
   exit(0);
   }
}
```

程序段前面部分调用 wait(0)语句,这是因为父进程必须等待子进程终止后才能终止。

wait()函数常用来控制父进程与子进程的同步。在父进程中调用 wait()函数,则父进程被阻塞,进入等待队列,等待子进程结束。当子进程结束时,会产生一个终止状态字,系统会向父进程发出 SIGCHLD 信号。当接到信号后,父进程提取子进程的终止状态字,从 wait()返回继续执行原程序。

该程序中每个进程退出时都用了 exit(0)语句,这是进程的正常终止。在正常终止时,exit()函数返回进程结束状态。在子进程调用 exit()函数后,子进程的结束状态会返回给系统内核,由内核根据状态字生成终止状态,供父进程在 wait()函数中读取数据。若子进程结束后,父进程还没有读取子进程的终止状态,则系统将子进程的终止状态置为"僵死",并保留子进程的进程控制块等信息,等父进程读取信息后,系统才彻底释放子进程的进程控制块。运行结果如下:

```
The child process is killed by parent !!
Parent process is killed !!
```

2.3.4 Windows 中的进程控制

Windows 提供的系统调用称为应用程序编程接口(API),它是应用程序用来请求和完成计算机操作系统执行的低级服务的一组例程。例如,Windows 中的进程是由 CreateProcess()函数创建的,它实现进程的初始化,建立进程与可执行文件之间的关系,标志进程状态,配置进程的输入输出。由 GetGuiResources()函数实现对进程 GUI 资源的查看,它返回打开的 GUI 对象的数目,也可返回指定进程中打开的 USER 对象的数目。另有进程版本查看 GetProcessVersion()函数,进程优先级提升 SetProcessPriorityBoost()函数等。终止进程有两个函数 ExitProcess()和 TerninateProcess(),前者先完成对进程资源的关闭,再调用后者实现进程本身的终止。

除了进程概念外,Windows 还引入了线程概念。线程是进程中的逻辑小块,它具有挂起自身和被挂起的能力,因此线程的状态是可以变化的。在 Windows 中由微内核来管理线程的执行,微内核创建一种调度,在任意时刻决定由 CPU 运行哪个线程以及线程运行的时间长短,为了使每个线程都执行,微内核将 CPU 的时间划分成小的时间片,当线程获得一个时间片时就得以运行。线程创建由 CreateThread()函数实现,它为线程分配空间,指定线程的起始地址等。线程挂起由 SuspendThread()函数实现,线程恢复由 ResumeThread()函数完成。

进程和线程有区别也有联系,进程是拥有应用程序所有资源的对象。线程是进程中一个独立的执行路径。一个进程至少要有一个线程,这个线程被称为主线程。一个进程拥有的线程数和进程内部的并行性有关,根据需要,一个进程可以创建任意数目的线程,这些线程可以在进程内部并发执行,所有线程参与对 CPU 时间片的竞争,因此一个进程的线程越多,该进程获得的 CPU 时间就越多,进程的运行时间就越快。线程除了参与争夺 CPU 时间以外,并不拥有其他资源,线程运行时共享其对应进程所拥有的资源。从任务管理器中可以看到每一个进程对应的线程数(见图 2.18)。

图 2.18 中每个进程都至少包含一个线程,除此之外,每个进程还对应若干用户对象,这些对象代表进程当前使用的所有软硬资源。

线程的引入对系统的并行和提高效率带来了极大的好处,由于省去了资源申请环节,创

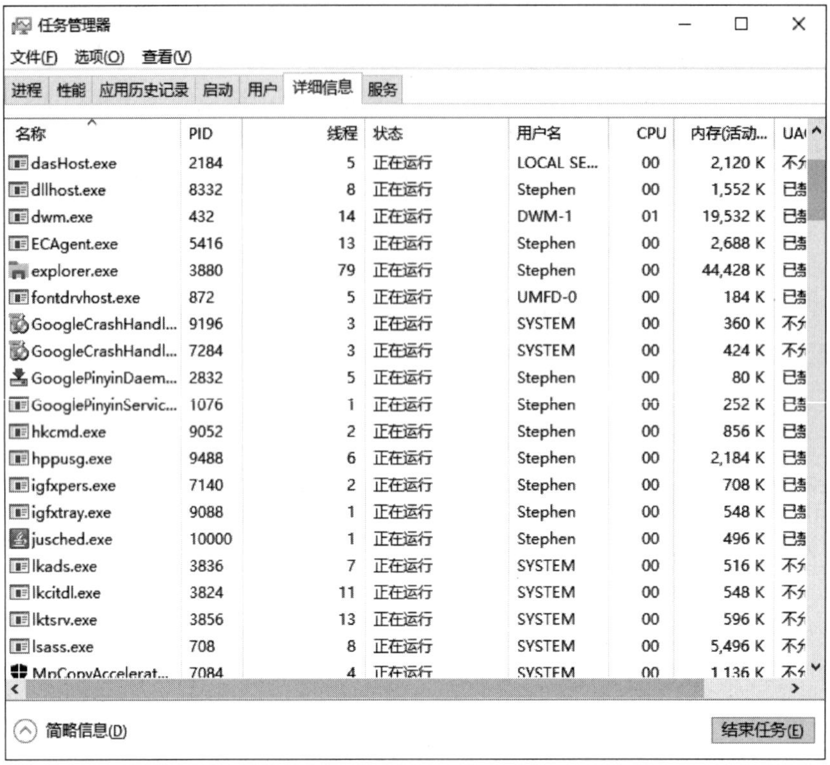

图 2.18　Windows 中的线程和进程

建一个新线程花费时间少。在两个线程切换时,由于线程上下文只包含和 CPU 相关的内容,其花费时间也少。同一进程内的线程共享所有资源,因此它们之间相互通信无须调用内核。

2.4　进程同步

由于进程是并发程序的执行,在进程执行时必然存在着各种形式的关系,有的进程争夺同一种资源,有的进程要相互协作来完成同一个任务,有时由于调度程序的安排,进程之间也会相互影响。不管相互间有何关系,都涉及进程的运行顺序。下面是各种可能的运行顺序(见图 2.19)。

(1) 串行。进程的执行有规定的先后顺序,只有在前一个进程执行完毕以后,才能开始后一个进程的执行。在前后进程的交接点,必须采取某种协调措施来保证指定的执行顺序,如图 2.19(a)所示。

(2) 并行。并行的进程在逻辑上可以同时运行。这样的进程相互之间没有任何关系,各自独立运行,因此在调度顺序上也没有特别的要求,如图 2.19(b)所示。

(3) 串并行。进程之间的关系既有串行也有并行,甚至串行中包含并行或者并行中包含串行,调度时必须在分清串行或者并行关系的基础上采取对应的方法,如图 2.19(c)所示。

(4) 一般。进程的执行顺序既有并行形式也有串行形式,有时甚至无法区分是并行还是串行。对这样的情况,不再强行区分哪些地方是串行哪些地方是并行,而是只考虑进程相互之间的交接点,只要对交接点处理正确,就可以保证正确的执行顺序,如图 2.19(d)所示。

进程相互之间的关系,统称为同步。由谁来实现同步呢?当然是操作系统,因为用户在编制程序的时候只关心自己程序的运行顺序,无法预测动态随机的进程调度顺序。操作系统必须在 CPU 变换运行进程时,采取有效的控制手段来实现进程的运行顺序。对于好的控制手段的寻找始终是操作系统设计者面临的问题,为此,下面将会进行相关的说明。

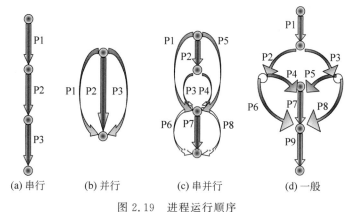

图 2.19　进程运行顺序

2.4.1　互斥关系

在众多进程竞争同一个资源时,资源的类型决定着对资源的分配方式。若干进程可以同时使用共享资源,却不能同时使用独享资源。虽然从理论上讲,采用共享的方法来对独享资源进行分时分配,实现起来是很容易的事,但产生的效果却是不可接受的。就如曾经举过的打印机的例子,采用共享的方法将使打印机输出的结果失去意义。可见,对于某一种特殊的资源,操作系统必须能够识别并采取相应的分配措施。

1. 临界资源

临界资源是一次只能被一个进程使用的资源。显然,独享设备、内存中的公共数据结构、公共变量等都是临界资源。

2. 临界段

临界段是使用临界资源的程序段。进程一旦进入临界段,就必须能够实现对资源的独占使用。

在用户编制程序时,并不确定其所编程序是否是临界段,对临界段的判定是由操作系统来进行的。当操作系统发现某段程序是使用系统所指定的临界资源的程序段时,就将其确定为临界段,然后在临界段的开始和结束处进行处理,使得该进程处于临界段时,其他进程就不可能进入相同的临界段。

3. 互斥

互斥就是若干进程竞争进入临界段时,相互之间所形成的排他性关系。对临界段的实现,表现为对互斥关系的实现。当一个进程处于临界段时,其他的进程必须等待,直到临界段中的进程数为零。

对临界段的设计有如下原则。

(1) 每次至多只允许一个进程处于临界段中。
(2) 对于请求进入临界段的多个进程,在有限时间内只让一个进入。
(3) 进程只应在临界段中停留有限时间。

要实现临界段,就是要寻找某一种手段来实现临界段的三条设计原则。

下面来看一段程序,以此来了解临界段的具体表现。

进程 A 和进程 B 在各自的执行过程中,都需要使用变量 M 作为其中间变量,它们的程序如下。

```
进程 A:
    X = 1;
    Y = 2;
    M = X;
    X = Y;
    Y = M;
    printf("A: X = %d, Y = %d\n", X, Y);
进程 B:
    K = 3;
    L = 4;
    M = K;
    K = L;
    L = M;
    printf("B: K = %d, L = %d\n", K, L);
```

进程 A 和进程 B 原本相互没有关系,它们都是进行数据交换,然后将交换过的数据输出。由于 CPU 的调度是随机的,因此进程 A 和进程 B 的执行顺序可以是多种多样的。

如果按照进程 A→进程 B,或者进程 B→进程 A 的顺序运行,会产生如下结果。

```
A:  X = 2, Y = 1
B:  K = 4, L = 3
```

或者

```
B:  K = 4, L = 3
A:  X = 2, Y = 1
```

如果两个进程交替运行,形式如下。

```
进程 A:   X = 1; Y = 2;
进程 B:   K = 3; L = 4;
进程 A:   M = X; X = Y; Y = M;
进程 B:   M = K; K = L; L = M;
进程 A:   printf("A: X = %d, Y = %d\n", X, Y);
进程 B:   printf("B: K = %d, L = %d\n", K, L);
```

会产生的结果如下。

```
A:  X = 2, Y = 1
B:  K = 4, L = 3
```

在这里要注意,进程 A、B 中的程序段。

```
进程 A:
    M = X;
    X = Y;
    Y = M;
```

进程B:
  M = K;
  K = L;
  L = M;

它们在执行过程中每次都是完整执行的,因此运行结果是正确的。

如果采用一种极端的调度形式,进程 A 和进程 B 完全交替执行,执行顺序如下。

进程 A: X = 1
进程 B: K = 3
进程 A: Y = 2
进程 B: L = 4
进程 A: M = X
进程 B: M = K
进程 A: X = Y
进程 B: K = L
进程 A: Y = M
进程 B: L = M
进程 A: printf("A: X = %d, Y = %d\n", X, Y);
进程 B: printf("B: K = %d, L = %d\n", K, L);

运行的结果如下。

A: X = 2, Y = 3
B: K = 4, L = 3

X 和 Y 中的数据没有完成正常的数据交换,这不是大家希望得到的结果。可见,对于进程 A 和进程 B 中的下面的程序段。

进程A:
  M = X;
  X = Y;
  Y = M;
进程B:
  M = K;
  K = L;
  L = M;

只要保证程序段执行的完整性,就可以获得预期的结果;如果不保障上面程序段连续执行,则运行的结果是不可预测的。上面的两个程序段就是临界段。临界段中程序的执行必须遵守临界段的设计原则。只有在上面两个程序段互斥运行的情况下,才可以保证获得正确的运行结果。

2.4.2 同步关系

下面来看一个例子,进程 A 和进程 B 共用堆栈 S 的情况(见图 2.20),原意是:由进程 A 将数据顺序压入堆栈,再由进程 B 将数据反向弹出堆栈。

进程A:
  PUSH S;
  PUSH S;
  PUSH S;
  PUSH S;
进程B:

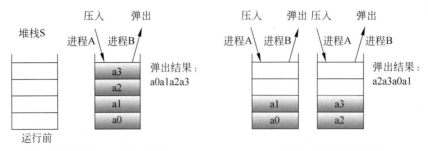

图 2.20　进程 A 和进程 B 共用堆栈

```
POP S;
POP S;
POP S;
POP S;
```

如果进程 A 执行完后,进程 B 执行,则产生的结果正是大家需要的(见图 2.20(a))。

如果进程 A 和进程 B 交替执行。

```
进程A:    PUSH S;
进程A:    PUSH S;
进程B:    POP S;
进程B:    POP S;
进程A:    PUSH S;
进程A:    PUSH S;
进程B:    POP S;
进程B:    POP S;
```

则产生的结果如图 2.20(b)所示,这显然和程序设计者的愿望不符合。

由此可以得到同步关系的定义:同步关系是指进程之间的一种协调配合关系,它表现在进程的执行顺序的规定上。其实,互斥关系也是一种协调关系,从广义上讲它也属于同步关系的范畴。

当关系确定以后,关系的实现就成为主要问题。

2.4.3　临界区实现方法

操作系统的设计者曾经研究出多种实现互斥和同步的方法。对于互斥,可以将这些方法统一描述为:

```
临界区入口手段;
    临界区;
临界区出口手段;
```

临界区本身是无须改变的,关键是设计出有效的出入口方案,来实现临界区原则。

1. 最简单的软件算法

```
int turn = 0;
进程 i:
    ⋮
while (turn != 0) do {}
turn = 1;
```

```
    临界区;
turn = 0;
    ⋮
```

上述算法设置一个变量 turn 表示是否有进程处于临界区,当 turn=0,临界区内无进程,任何想进入临界区的进程通过 while 判断都可以进入临界区;如果 turn=1,临界区内有进程,想进入临界区的进程循环检测,直到有进程退出临界区时让 turn=0 才退出循环,进入临界区。该算法的问题是,当临界区内无进程时,如果正好有两个或两个以上进程同时通过 while 检测时,都会检知临界区内无进程,导致多个进程同时进入临界区。

2. Dekker 算法

```
Enum Boolean { false = 0; true = 1; };
Boolean flag[2] = { false, false }
进程 0:
    ⋮
flag[0] = true;
While (flag[1]) do {
flag[0] = false;
延迟;
flag[0] = true; }
    临界区;
flag[0] = false;
    ⋮
进程 1:
    ⋮
flag[1] = true;
While (flag[0]) do {
flag[1] = false;
延迟;
flag[1] = true;
}
    临界区;
flag[1] = false;
    ⋮
```

每一个进程对应一个 flag 标记,当 flag=1,该进程处于临界区,否则不在临界区。当进程 0 想进入临界区时,发现进程 1 的 flag[1]=true(处在临界区),就不断用 flag[0]=false 表示自己不在临界区,但 flag[0]=false 想进入临界区,如此循环直到进程 1 退出临界区 flag[1]=false。

3. Peterson 算法

```
enter_region( i );
临界区;
leave_region( i );
非临界区;
```

当一个进程想进入临界区时,先调用 enter_region 函数(),判断是否能安全进入,不能的话则等待;当它从临界区退出后,需调用 leave_region 函数(),允许其他进程进入临界区。两个函数的参数均为进程号。

```
#define false 0
```

```
#define true 1
#define N 2                          /*进程的个数*/
int turn;                            /*轮到谁*/
int interested[N];                   /*想进入临界区数组,初始值均为false*/
void enter_region( int process)      /*process = 0 或 1*/
{
int other;                           /*另外一个进程的进程号*/
other = 1 - process;
interested[process] = true;          /*表明本进程感兴趣*/
turn = process;                      /*设置标志位*/
while( turn == process && interested[other] == true);
}
void leave_region( int process)
{
interested[process] = false;         /*本进程已离开临界区*/
}
```

软件解法的问题如下。

(1) 忙等待,即当有进程处于临界区时,想进入临界区的进程不断循环检测,这将浪费大量的 CPU 时间。

(2) 编程复杂,程序不易理解。

4. 硬件指令"测试并设置(TS)"

```
Boolean TS(boolean *lock)
{
boolean old;
old = *lock;
*lock = true;
return old;
}
```

每个临界资源设置一个 lock,初值为 false。实现临界区时:

```
while TS(&lock);
    临界区;
lock = false;
```

用上述方法可以有效地保证进程间互斥,但依然存在"忙等待"问题。

5. 中断屏蔽方法

进入临界区时,使用系统提供的"关中断"指令使进程运行不可中断,当然就不可能有进程再进入临界区,退出临界区时执行"开中断"指令使其他进程得以运行。由于 CPU 在进程间的转换是时钟或其他中断所导致的直接结果,所以关中断后,其他进程不可能获得运行的机会,自然也不可能执行其他程序而进入临界区。本方法实现简单,但其问题也不可忽视,因为关闭中断为特权指令,给用户使用可能导致严重后果,如忘记开中断了,则使系统无法运行。

2.4.4 用 P、V 操作实现互斥与同步

普遍认为具有典型意义的方法是荷兰计算机科学家 Dijkstra 在 1965 年提出的,对信号量进行操作的 P、V 操作原语。

1. P、V 操作原语

（1）信号量。

信号量是一个数据结构，它由两个变量构成：整型变量 V、指针变量 S。

当变量 V 的值为负数时，该值的绝对值代表指针 S 所指向的进程控制块（PCB）的数目，被该指针所指向的进程处于等待状态；当变量 V 的值不为负数时，指针 S 指向空。

信号量还有一个特点，就是它的值只能被 P、V 操作原语进行改变。

（2）P、V 操作。

P、V 操作流程如图 2.21 所示。P、V 操作使信号量具有计数功能，并且能根据信号量值的不同来改变进程的状态。

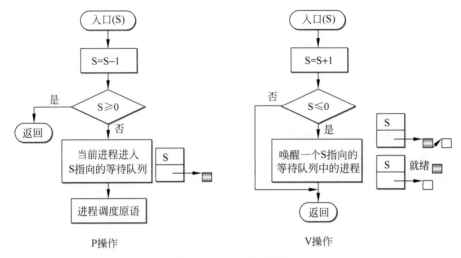

图 2.21　P、V 操作流程

先看 P 操作，首先将 S 的值减 1，然后进行判断：如果 S 的值不为负数，则调用者不做任何事返回，继续运行；如果 S 的值为负数，则调用者将自己进程的运行状态修改为等待状态，该进程插入等待队列，由于这时 CPU 上已经没有进程运行，因此转进程调度原语来选取新的进程进入运行状态。显然，P 操作有可能导致两种结果：当 S 的入口值大于或等于 1 时，当前进程继续运行；当 S 的入口值小于 1 时，当前进程进入等待队列。

再看 V 操作，先将 S 值加 1，然后进行判断：如果 S 的值为正数，则调用者不做任何事情返回，继续进行；如果 S 的值不为正数，则调用者从 S 所指向的等待队列中取下一个进程，将其状态改为就绪状态，再插入就绪队列中，然后调用者返回，继续运行。V 操作也可能导致两种结果：当 S 的入口值大于 −1 时，当前进程继续运行；当 S 的入口值小于或等于 −1 时，当前进程在唤醒一个进程后才能继续运行。

可见使用 P、V 操作，信号量的入口值非常重要，它关系着当前进程是否进入等待状态，或者是否唤醒一个等待进程。

S 的初值在定义信号量时确定，实现进程相互关系的效果取决于信号量的初值及进程调用的 P、V 操作顺序。

2. 用 P、V 操作实现进程的互斥

【例 2-1】　设进程 A 和进程 B，它们都要求进入访问相同临界资源的临界段 CS，下面的

设计就可以满足进程的互斥要求。

```
semaphore S = 1; /* 定义信号量并确定初值 */
进程 A:
    ⋮
    P(S);
    CS1;
    V(S);
    ⋮
进程 B:
    ⋮
    P(S);
    CS2;
    V(S);
    ⋮
```

通过对进程 A 和进程 B 的调度,可以发现不管调度顺序如何,都能够实现在临界段中只有一个进程,进程在等待有限时间后必然有机会进入临界段,处于临界段中的进程只能停留有限时间。具体分析请读者自己进行。显然使用 P、V 操作能够实现临界段的互斥使用。

3. 用 P、V 操作实现进程的同步

【**例 2-2**】 设有进程 A 和进程 B,要求进程 A 的输出结果成为进程 B 的输入信号,也就是说进程 B 必须在进程 A 执行完毕后才能执行(见图 2.22)。实现方法如下:

图 2.22 例 2-2 执行流程

```
semaphore S = 0;
进程 A:
        ⋮
        V(S);
        ⋮
进程 B:
        ⋮
        P(S);
        ⋮
```

如果进程 A 先于进程 B 执行,通过 V 操作将信号量 S 的值改变为 +1,当进程 B 执行时,通过 P 操作将信号量 S 的值改变为 0,进程 B 顺利执行。如果进程 B 先于进程 A 执行,通过 P 操作将信号量 S 的值改变为 −1,同时进程 B 被安排进入信号量指针指向的处于等待状态的进程队列,只有当进程 A 执行时,由 V 操作改变信号量 S 的值,同时唤醒进程 B,使之能够执行。采用 P、V 操作后,不管调度顺序如何,都能保证所要求的进程 A 先于进程 B 的执行。

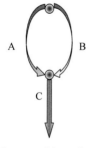

图 2.23 例 2-3 执行流程

【**例 2-3**】 设有进程 A、B、C,要求进程 A、B 先于进程 C 运行(见图 2.23)。实现方法如下:

```
semaphore S1 = 0, S2 = 0;
进程 A:
        ⋮
```

```
        V(S1);
          ⋮
进程 B:
          ⋮
        V(S2);
          ⋮
进程 C:
          ⋮
        P(S1);
        P(S2);
          ⋮
```

4. 用 P、V 操作实现计数

【例 2-4】 设有 M 个进程都要以独享的方式用到某种资源,且一次只申请一个资源,该种资源的数目为 N。实现方法如下:

```
semaphore S = N;
进程 Pi:
          ⋮
        P(S);
        CSi;
        V(S);
          ⋮
```

要理解这一个例子,可以思考如下几个问题。

(1) 如何确定信号量 S 的变化范围?

答案：$N-M \leqslant S \leqslant N$。

(2) 当 S 处于最大值和最小值时意味着什么?

答案：① 如果 $N>M$,当 $S=N-M$ 时,S 代表最少剩下的未使用的资源数,当 $S=N$ 时,S 表示最大可使用的资源数。

② 如果 $N<M$,当 $S=N-M$ 时,$|S|$ 代表进入信号量指针队列的处于等待状态的最大进程数,当 $S=N$ 时,S 表示最大可使用的资源数。

③ 如果 $N=M$,当 $S=N-M=0$ 时,S 代表所有的资源都分配给了所有的进程,当 $S=N$ 时,S 表示最大可使用的资源数。

(3) 当 $N>S>0$ 时,S 有何意义?

答案：S 代表可用的资源数。

5. 用 P、V 操作实现生产者-消费者问题（Producer-Consumer Problem）

问题 1　一个生产者生产数据后写入缓冲区(Buffer),一个消费者从缓冲区读出数据后消费(见图 2.24)。

图 2.24　生产者-消费者问题 1

可以理解为两个同步问题:当 Buffer 为满时生产者进程必须等待消费者进程先执行;当 Buffer 为空时消费者进程必须等待生产者进程先执行。设置信号量 full 代表满 Buffer, empty 代表空 Buffer。

```
semaphore full = 0, empty = 1;
Producer:
while (true) {
    生产数据;
    P(empty);
    写数据到缓冲区;
    V(full);
};
Consumer:
while (true) {
    P(full);
    从缓冲区读数据;
    V(empty);
    消费数据;
};
```

问题 2 一组生产者通过具有 N 个缓冲区的共享缓冲池向一组消费者提供数据(见图 2.25)。其中,i 表示缓冲池中任意第 i 个缓存区。

问题 2 只是在问题 1 的基础上增加了对缓冲池的共享关系,因此需要互斥信号量 mutex 使诸进程对缓冲池实现互斥访问;同样利用 empty 和 full 计数信号量分别表示空缓冲及满缓冲的数量。

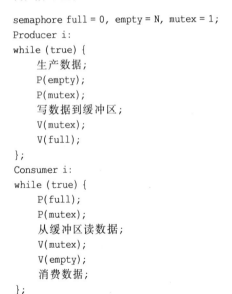

图 2.25 生产者-消费者问题 2

```
semaphore full = 0, empty = N, mutex = 1;
Producer i:
while (true) {
    生产数据;
    P(empty);
    P(mutex);
    写数据到缓冲区;
    V(mutex);
    V(full);
};
Consumer i:
while (true) {
    P(full);
    P(mutex);
    从缓冲区读数据;
    V(mutex);
    V(empty);
    消费数据;
};
```

6. 用 P、V 操作实现读者-写者问题(Readers/Writers Problem)

读者-写者问题可以理解为公告牌,允许多个读者同时执行读操作;不允许读者、写者同时操作;不允许多个写者同时操作。

解法 1 读者优先,只要有一个读者存在,不管有否写者请求,后续读者都可以执行读过程。

```
int readcount = 0;      /*定义读者计数器*/
```

```
semaphore mutex = 1;    /*读者计数器互斥信号量*/
semaphore wsem = 1;     /*写互斥信号量*/
process reader:
{
  P(mutex);
  readcount++;
  if (readcount == 1) P(wsem);
  V(mutex);
  read;
  P(mutex);
  readcount--;
  if (readcount == 0) V(wsem);
  V(mutex)
};
process writer:
{
  P(wsem);
  write;
  V(wsem)
};
```

解法 2 读写平等。修改以上读者写者问题的算法,即,一旦有写者到达,后续的读者必须等待,无论是否有读者在读。增加一个信号量 s,初值为 1,用来使写者请求发生后的读者等待。

```
int readcount = 0;          /*定义读者计数器*/
semaphore mutex = 1;        /*读者计数器互斥信号量*/
semaphore wsem = 1;         /*写互斥信号量*/
semaphore s = 1;            /*读、写互斥信号量*/
process reader:
{P(s);
P(mutex);
readcount++;
if(readcount == 1) P(wsem);
V(mutex);
V(s);
  read;
P(mutex);
readcount--;
if(readcount == 0) V(wsem);
V(mutex);
};
process writer:
{
P(s);
P(wsem);
  write;
V(wsem);
V(s);
};
```

解法 3 写者优先。只要有一个写者请求,读者就要等待,直到所有写者退出。

```
int readcount = 0, writecount = 0;    /*定义读者、写者计数器*/
semaphore x = 1, y = 1;               /*读者、写者计数器互斥信号量*/
```

```
semaphore rsem = 1, wsem = 1;          /*读、写互斥信号量*/
process reader:
{
  P(rsem);
  P(x);
  readcount++;
  if (readcount == 1) P(wsem);
  V(x);
  V(rsem);
  read;
  P(x);
  readcount -- ;
  if (readcount == 0) V(wsem);
  V(x)
};
process writer:
{
  P(y);
  writecount++;
  if (writecount == 1) P(rsem);
  V(y);
  P(wsem);
  write;
  V(wsem)
  P(y);
  writecount -- ;
  if (writecount == 0) V(rsem);
  V(y);
};
```

7. Windows 中的互斥与同步

Windows 中为实现进程的同步提供了几个不同作用的函数，它们是互锁函数、临界段函数、事件函数、互斥体函数和信号量函数。

(1) 互锁函数 Interlock( )用来实现线程间一个长整数的读写，功能有增值长整数 InterlockIncrement( )、减值长整数 InterlockDecrement( )、长整数值交换 InterlockExchangeAdd( )等，互锁功能保证当一个线程正在修改该长整数值时，另一个有同样企图的线程被锁定等待。

(2) 临界段函数 CriticalSection( )也是 Windows 提供的一个对象，对其操作的功能有临界段建立 InitializeCriticalSection( )、进入临界段 EnterCriticalSection( )、获得临界段访问权 TryEnterCriticalSection( )、离开临界段 LeaveCriticalSection( )、清除临界段资源 DeleteCriticalSection( )等。

(3) 事件函数 Event( )允许一个线程对其受信状态进行直接的控制，因此成为一个线程将二进制的状态通知给另外的线程的最简单的工具。对事件的操作有创建事件 CreateEvent( )、创建对已存在的事件的引用 OpenEvent( )、置事件为已接收信号状态 SetEvent( )、置事件为未接收信号状态 ResetEvent( )、等待资源并在获得资源时置事件为已接受信号状态 PulseEvent( )。

(4) 互斥体函数 Mutexes( )的目的是引导对共享资源的访问，拥有单一访问资源的线程创建互斥体，所有想要访问该资源的线程应该在实际执行操作之前获得互斥体，而在访问结束时立即释放互斥体，以便允许下一个等待线程获得互斥体，然后接着运行下去。对互斥体的操作有创建互斥体 CreateMutex()、打开互斥体 OpenMutex()、释放互斥体 ReleaseMutex()等。

（5）信号量函数 Semaphores()用来记录可访问某一资源的最大线程数，对信号量的操作有创建信号量 CreateSemaphore()、打开信号量 OpenSemaphore()、释放信号量 ReleaseSemaphore()等。

2.5 进程通信

要实现进程之间某些相互制约或者配合的关系，其实是在进程之间传递一定的数据变量，如 2.4 节的信号量。如果进程之间需要传递大量的数据，就不适合采用 2.4 节用 P、V 操作处理信号量的形式。进程之间的信息交换称为进程通信，通信方式有消息通信和管道。

2.5.1 消息通信

进程间的数据交换以消息为单位，用户直接利用系统中提供的一组通信命令（原语）进行通信。

消息 msg 通常由消息头和消息正文构成。
- msgsender：消息发送者。
- msgreceiver：消息接收者。
- msgnext：下一个消息的链指针。
- msgsize：整个消息的字节数。
- msgtext：消息正文。

根据通信进程之间的联系方式，又可以将消息通信分为直接通信方式和间接通信方式。

1. 直接通信方式

发送进程使用发送原语直接将消息发送给接收进程，并将它挂在接收进程的消息缓冲队列上，接收进程使用接收原语从消息缓冲队列中取出消息。消息传递由消息发送原语 Send(msgreceiver, msg)和消息接收原语 Receive(msgsender, msg)来完成。整个系统可描述为：

```
semaphore mutex = 1;    /*消息队列互斥信号量*/
semaphore SM = 0;       /*消息队列计数*/
Send(msgreceiver, msg):
    {
        向系统申请一个消息缓冲区;
        P(mutex);
        将发送区消息 msg 送入新申请的消息缓冲区;
        把消息缓冲区 msg 挂入接收进程 msgreceiver 的消息队列;
        V(mutex);
        V(SM);
    }
Receive(msgsender, msg):
    {
```

```
        P(SM);
        P(mutex);
        摘下消息队列中的消息 msg;
        将消息 msg 从缓冲区复制到接收区;
        释放缓冲区;
        V(mutex);
    }
```

2. 间接通信方式

发送进程使用发送原语直接将消息发送到某种中间实体(邮箱)中,接收进程使用接收原语从该中间实体中取出消息。这种方式也称为邮箱通信。

发送进程调用过程 deposit(msgreceiver,msg)将消息发送到邮箱中的空格中,接收进程调用过程 remove(msgsender,msg)将消息 msg 从邮箱中取出。系统如下:

```
semaphore full = 0;      /* 满格计数 */
semaphore empty = N;     /* 空格计数 */
deposit(msgreceiver, msg):
{
    P(empty);
    选择空格 E;
    将消息 msg 放入空格 E 中;
    置 E 格的标志为满;
    V(full);
}
remove(msgsender, msg):
{
    P(full);
    选择满格 F;
    把满格 F 中的消息取出放 msg 中;
    置 F 格标志为空 E;
    V(empty);
}
```

可以认为,邮箱通信就是一个生产者-消费者实例。

2.5.2 管道文件

在两个进程的执行过程中,如果一个进程的输出是另一个进程的输入,可以使用管道文件(见图 2.26)。在 Linux 系统中,使用符号"|"来表示已建立管道文件。

图 2.26 管道文件

(1) 管道文件:这是一个临时文件,输入进程向它写信息,输出进程从它读信息。
(2) 输入进程:从进程 A 的输出区读数据,写入管道文件。
(3) 输出进程:将管道文件的数据读出,写入进程 B 的输入区。

由于输出进程和输入进程共用一个管道文件,进程之间的关系有:互斥关系——输出和输入进程不可能同时读或者写;同步关系——当管道文件为空时,输入进程等待输出进程,当管道文件为满时,输出进程等待输入进程。

2.5.3 Windows 中的进程通信

Windows 10 中提供了两种形式的进程间通信方法,即邮件位(mailslot)与管道(Pipe)。

邮件位是单向机制,一个进程留下消息,等待另一个进程接收。对邮件位的操作有创建邮件位信息 CreateMailslot( )、读取邮件位信息 GetMailslotInfo( )和改变邮件位信息 SetMailslotInfo( ),对于邮件位中的数据,Windows 是通过对文件的操作来实现数据的读写的。管道是数据流,它既可以是单向的,也可以是两个进程间双向的。管道又被分为匿名管道和命名管道。

2.5.4 Linux 中的进程通信

Linux 支持的进程间通信有信号(Signals)、管道(Pipes)、消息队列(Message Queues)、信号灯(Semaphores)和共享内存。

1. 信号

信号属于 Linux 的低级通信,主要用于在进程之间传递控制信号。Linux 用进程的 task_struct 中存放的信息来实现信号机制。支持的信号受限于处理器的字长。32 位字长的处理器可以有 32 种信号。这里需要关注两个信号,即引起进程终止执行的 SIGSTOP 信号和引起进程退出的 SIGKILL 信号。并非系统中所有的进程都可以向其他每一个进程发送信号,只有核心和超级用户可以。普通进程只可以向拥有相同 uid(用户号)和 gid(组用户号)或者在相同进程组的进程发送信号。信号的操作类似于 P、V 操作,使进程之间通过改变状态达到同步的目的。如果信号处理程序设置为默认动作,则核心会处理它。SIGSTOP 信号的默认处理是把当前进程的状态改为 Stopped,然后运行调度程序,选择一个新的进程来运行。

2. 管道

管道是 UNIX 传统的进程通信技术。Linux 管道通信包括无名管道和有名管道两种,通过文件系统来实现。管道也是一种特殊的文件类型,实际上是通过文件系统的高速缓冲实现的。两个进程通过管道进行通信时,两个进程分别进行读和写操作,都指向缓冲区中同样的物理单元,一个进程写入数据,另一个进程从缓冲区中读取数据,从而实现信息传递。管道方式只能按照先进先出方式单向传递信息。管道方式可以用来进行大规模的数据传递。管道是单向的字节流,把一个进程的标准输出和另一个进程的标准输入连接在一起。shell 建立了进程之间的临时管道。当写进程向管道中写的时候,字节复制到了共享的数据页,当从管道中读的时候,字节从共享页中复制出来。Linux 必须同步对于管道的访问,必须保证管道的写和读步调一致。

3. 消息队列

消息队列允许一个或多个进程写消息,一个或多个进程读取消息。Linux 维护了一系列消息队列的 msgque 向量表。当创建消息队列的时候,从系统内存中分配一个新的 msqid_ds 的数据结构并插入向量表中。Msqid_ds 队列也包括两个等待队列:一个用于向消息队列写,另一个用于读。当进程写入消息队列,则消息会从进程的地址空间写到 msg 数据结构,放到消息队列的最后。从队列中读是一个相似的过程。一个读进程可以选择队列中读取第一条消息还是选择特殊类型的消息。如果没有符合条件的消息,读进程会被加到消息队列的读等待进程,然后运行调度程序。当一个新的消息写到队列的时候,这个进程会被唤醒,继续运行。

4. 信号灯

信号灯最简单的形式就是内存中一个位置,它的取值可以由多个进程检验和设置。检验和设置的操作,至少对于关联的每个进程来讲,是不可中断或者说有原子性:只要启动就不能中止。检验和设置操作的结果是信号灯当前值和设置值的和,可以是正或者负。根据测试和设置操作的结果,一个进程可能必须睡眠直到信号灯的值被另一个进程改变。Linux 使用 semid_ds 数据结构表达信号灯数组。信号灯操作多用三个输入描述:信号灯索引、操作数和一组标志。只有操作数加上信号灯的当前值大于 0 或者操作值和信号灯的当前值都是 0,操作才算成功。如果任意信号灯操作失败,Linux 会挂起这个进程,即把当前进程放到等待队列中。如果所有的信号灯操作都成功,当前的进程就无须被挂起。Linux 继续向前顺序查找操作等待队列中的每一个成员,它唤醒睡眠的进程,让它在下次调度程序运行的时候可以继续运行。

5. 共享内存

共享内存因为要用到内存管理的若干知识,将在第 3 章说明。消息队列用来在进程之间传递分类的格式化数据,共享内存方式可以使不同进程共同访问一块虚拟存储空间,通过对该存储区的共同操作来实现数据传递,信号量主要用于进程之间的同步控制,通常和共享内存共同使用。

2.6 死锁

前面介绍了进程之间的主动关系,这种主动关系是在进程提出要求时由操作系统来实现的。在系统运行过程中,各个进程之间又会形成一种被动关系,被动关系是偶发的、不可预测的。一般情况下,进程相互之间的被动关系对系统并无影响,但存在着一种特殊的关系,一旦发生会导致系统的瘫痪,这就是下面要谈的死锁。

先来看一个例子。在交通的十字路口四辆汽车造成了路口阻塞(见图 2.27),任何人都会发现:只要其中任何一辆汽车向后退出一个车道,交通马上就会通畅。可是如果这四辆汽车互不相让,交通就只有瘫痪,当然如果交通警察来了,强行地拖走其中一辆汽车,交通也会通畅。这种因调度不善而导致的瘫痪就是交通中的死锁。

图 2.27 交通死锁

再来看一个例子。进程 A 和进程 B 共同申请资源 M1 和 M2,如果用信号量 S1 和 S2 分别代表资源 M1 和 M2,申请和释放序列如下:

```
semaphore S1 = S2 = 1;
Process A:
```

```
{
    P(S1);
    P(S2);
        ⋮
    V(S1);
    V(S2);
}
Process B:
{
    P(S2);
    P(S1);
        ⋮
    V(S2);
    V(S1);
}
```

这里 P 操作代表资源的申请，V 操作代表资源的释放，选择两种执行顺序，来看看执行结果。

```
Process A:
        P(S1);
        P(S2);
Process B:
        P(S2);
        P(S1);
Process A: …
        V(S1);
        V(S2);
Process B: …
        V(S2);
        V(S1);
```

进程 A 和进程 B 都将顺利执行。另一种调度顺序如下。

```
Process A:   P(S1);
Process B:   P(S2);
Process A:   P(S2);
Process B:   P(S1);
Process A:   …
             V(S1);
             V(S2);
Process B:   …
             V(S2);
             V(S1);
```

运行的结果是：当进程 A 申请资源 M2 时，因 M2 已被进程 B 占有而无法获得，进入等待队列；当进程 B 申请资源 M1 时，因 M1 已被进程 A 占有而无法获得，进入等待队列。如果系统中只有两个进程，由于所有的进程都处于等待状态，系统瘫痪。

2.6.1 死锁的定义

死锁是若干进程都无知地等待对方释放资源而处于无休止的等待状态。死锁是一种系统状态，当死锁发生时，CPU 不断运行调度程序，但由于就绪进程队列为空，没有任何可运行的进程,因此系统虽然在运行,但不产生任何结果。如果不对死锁进行处理,CPU 的空转也是危险的。

死锁是系统的一种非常致命的状态,什么样的系统会发生死锁呢?由上面的例子可以知道,死锁是在系统中进程处于一种特殊的运行顺序时发生的,如果不按这种顺序运行就不会发生死锁。这样的调度顺序其实是偶然的,但处于这样的调度顺序的系统并不一定会发生死锁。例如,对于交通死锁的情况,如果交通调度程序采取允许一条道路两辆汽车并行,或者用红绿灯控制顺序,就不会发生死锁。再看资源分配与释放时发生死锁的情况,如果进程 B 申请资源的顺序变为"P(S1);P(S2)"也不会发生死锁。只有当若干因素都出现时,才有可能发生死锁。

2.6.2 死锁发生的必要条件

死锁发生的必要条件如下。

(1) 资源的互斥使用。进程一旦获得资源,就不允许别的进程使用该资源,这表明独享资源是引起死锁的一个条件。

(2) 资源不可抢占。当进程获得资源后,就一直占有该资源直到使用完毕后释放。如果死锁发生时,有进程强行地从别的进程手中夺过资源,则该进程就可以运行,因此不会发生死锁。

(3) 资源的部分分配。如果进程申请若干资源,但只获得其中的一部分,则必然等待另外一部分。而如果等待的另外一部分资源被别的进程占有,该进程继续运行的机会显然减少。如果一次将它需要的所有资源都予以分配,则必然不会发生死锁。

(4) 循环等待。当若干进程对资源的等待构成等待环路时(见图 2.28),显然死锁已经发生。如果某种外部作用使环路消除,死锁状态也就被解除。

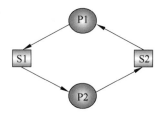

图 2.28 循环等待

要判断一个系统是否会发生死锁,可以先用部分分配的方法按各个进程对资源的申请平均分配资源,如果所有申请者都没有实现全部分配,表明系统可能形成循环等待,因此可能发生死锁。例如,有两个进程各申请三个资源,而系统共有五个资源,会不会发生死锁呢?答案是不可能。因为经过平均分配,这两个进程中必有一个可以获得三个资源,因此不会发生循环等待,系统肯定不会发生死锁。如果系统中只有四个资源,则可能发生死锁,因为经过平均分配每一个进程都获得两个资源,都还需要对方释放一个资源才能够运行,这种相互等待必然是循环等待。

要消除死锁,从理论上讲并不困难,只要解除任一个死锁的必要条件就可以了。

2.6.3 对抗死锁

1. 运行前预防

在进程被创建时就采取预防措施,方法如下。

(1) 对所申请的资源一次性全部分配。这种分配方法虽然不会产生死锁,却会引起资源的严重浪费,它使某些使用时间很短的资源被长时间占用。

(2) 按一定的资源序列号升序或减序地分配资源。这种分配办法可以预防循环等待的发生,因此不会发生死锁,但资源序号的排定是一个让人为难的问题,并且低序号资源同样可能被浪费。

2. 运行中避免

操作系统运行一定的管理程序对提出资源申请的进程进行核查,以判定系统是否安全,是否能分配资源。一个典型的避免死锁的算法是银行家算法。该算法的思想是,当进程提出资源请求时,系统检查可利用资源数、进程最大资源需求数、已分配给进程的资源数和进程还将需要的资源数,来判定系统是否能够保证总有进程能够满足其全部资源需求,能满足则系统当前是安全的,可以分配资源,否则系统不安全,拒绝分配资源。系统对安全性的检测会占用大量 CPU 的时间,因此,是好是坏难以评说。

3. 运行后解除

在进程的运行过程中不采取任何预防死锁发生的措施,在死锁真正发生后,对某些引起死锁的进程进行解除,系统便可恢复正常运行。如果系统运行的是某些要求高可靠性的进程,运行后解除则可能导致安全问题。这要求在进程的运行过程中不断进行安全检测,记录现场信息,即使如此也不可能完全保证系统的可靠性。如果系统面向普通用户,则可以采取运行后解除的办法。事实上,在使用多用户机时,偶然发生系统突然停止工作的情况,这多半是死锁发生了,过一会儿系统恢复正常工作,表明系统管理员已经对死锁进行了解除。

在单机系统或面向普通用户的多用户系统中,对死锁的发生几乎都没有采取措施。由于计算机硬件的发展,增加更多的设备已经不是问题,因此可以采用增加资源数的办法来降低死锁发生的机会。对于要求更严格的系统如实时系统,也可以采取多机并行的方法来预防系统的瘫痪,这也是一种增加硬件的方式。其实死锁的危害更多表现在网络系统中,死锁一旦发生将涉及大量的用户,这已经超出了本书的研究范围。

2.6.4 银行家算法

由 Dijkstra 提出的银行家算法是一种最有代表性的死锁避免方法。该算法将银行系统中的资金贷款发放方式应用于操作系统资源分配中,确保在资源分配的过程中不会出现由于资源分配不合理而导致的死锁情况。系统在实现银行家算法的过程中,需要引入如下 4 种数据结构。

(1) 空闲资源向量 Available。该向量包含 m 个元素,其中 m 表示系统中不同资源的种类数,向量中的每一个元素记录了某一类可用资源的数量。例如,Available[j]=K,则表示系统中现有 R_j 类资源 K 个。

(2) 最大需求矩阵 Max。该矩阵具有 n 行 m 列,其中 n 表示系统中进程的数量,m 含义同(1)。对于矩阵中第 i 行第 j 列的元素,表示进程 i 对资源 R_j 的最大需求量。例如,Max[i,j]=K,则表示进程 i 需要 R_j 类资源的最大数目为 K。

(3) 分配矩阵 Allocation。该矩阵格式及含义同(2),对于矩阵中第 i 行第 j 列的元素,表示系统已将资源 R_j 分配给进程 i 的数量。例如,Allocation[i,j]=K,则表示进程 i 当前已分得 R_j 类资源的数目为 K。

(4) 需求矩阵 Need。该矩阵格式及含义同(2),对于矩阵中第 i 行第 j 列的元素,表示进程 i 尚需多少数量的资源 R_j。例如,Need[i,j]=K,则表示进程 i 还需要 R_j 类资源 K 个,方能完成其任务。

上述三个矩阵间存在下述关系：
$$Need[i,j] = Max[i,j] - Allocation[i,j]$$

银行家算法包括资源预分配算法和安全性算法。

1. 资源预分配算法

引入向量 $Request_i$，该向量表示进程 P_i 对资源数量的请求信息，请求向量，当 $Request_i[j] = K$ 时，表示进程 P_i 向系统请求 K 个 R_j 类型的资源，此时系统按照如下步骤分配资源。

（1）如果 $Request_i[j] \leqslant Need[i,j]$，则转向步骤（2）；否则报错，因为此时进程对资源的请求数量大于其声明的需求量。

（2）如果 $Request_i[j] \leqslant Available[j]$，则转向步骤（3）；否则报错，因为此时资源数量不足，无法分配。

（3）系统将资源试探性分配给进程 P_i，并按照如下规则修改相关数据结构中的数值。
$$Available[j] = Available[j] - Request_i[j]$$
$$Allocation[i,j] = Allocation[i,j] + Request_i[j]$$
$$Need[i,j] = Need[i,j] - Request_i[j]$$

（4）系统执行安全性检查，如果安全，则分配成立；否则试探险性分配作废，系统恢复原状，进程处于等待状态。

2. 安全性算法

系统所执行的安全性算法可描述如下。

（1）设置两个向量。

① 工作向量 Work，其初始值等于向量 Available 的初始值，即 Work=Available。

② 完成向量 Finish，其元素个数等于进程数量，初始状态下其元素值全为 false，即 Finish[i]=false，即第 i 个进程对应的向量 Finish 值为 false。

（2）从进程集合中找到一个能满足下述条件的进程。

① Finish[i]=false。

② $Need[i,j] \leqslant Work[j]$，如果找到，则执行步骤③，否则，执行步骤④。

③ 当进程 P_i 获得资源后，可顺利执行，直至完成，并释放出分配给它的资源，故应按如下规则执行：
$$Work[j] = Work[j] + Allocation[i,j]$$
$$Finish[i] = true$$
go to step(2)

④ 如果所有进程的 Finish[i]=true 都满足，则表示系统处于安全状态；否则，系统处于不安全状态。

2.7 实用系统中的进程

在 Windows 中，使用了任务、进程、线程等概念。其中，任务和进程是对同一实体在不同时期的不同称呼。任务表现为用户使用的可执行的单元，在任务没有被启用时，它只是存在于辅助存储器上的一组程序和数据，它们被记录在 Windows 的注册器中。通过鼠标对任务图标的操作,任务被装入内存中,并且开始运行,这时它就被称为进程。该进程拥有系统资源和私有资源,在进程运行终止时资源被释放或者关闭。在基于进程的多任务环境下,两个或者多个进程可以并发执行。

(1) CPU 时间分配。Windows 具有多任务的调度功能,使用的是优先分时式任务切换。

(2) 进程的分类。进程可被创建成普通进程、待调度的进程、被挂起的进程或控制台进程。

(3) 线程。这是一个新的概念,它表示进程中可以并发执行的程序段,它是可执行代码的不可拆散的单位。一个进程必须具有至少一个线程,多个线程可并行地运行于同一个进程中,一个进程内的所有线程都共享进程的虚拟地址空间,因此,可以访问对应进程拥有的全局变量和资源。线程是时间片的竞争者,线程一旦激活,就正常运行直到时间片用完,此时操作系统选择另一线程进行运行。线程的状态分为执行和挂起,改变线程状态的函数有线程挂起 SuspendThread( )函数和线程恢复执行 ResumeThread( )函数。

由于一个进程中的线程可以并发执行,系统中可独立执行的实体远远多于进程数目,因此,执行效率得以提高。

针对线程中可能形成的各种关系,以及线程并行对资源的等待可能造成的死锁,Windows 支持五种类型的同步对象,分别为:互锁函数,用来实现线程间一个长整数的读写;临界段,用来控制对特殊代码段的访问权;事件,是一个线程将二进制的状态通知给另外的线程的工具;互斥体,其目的是引导对共享资源的访问;信号量,用来记录可访问某一资源的最大线程数。

2.8 本章小结

本章引入了描述系统动态行为的进程概念,进程的动态性由运行状态、就绪状态、等待状态三种基本状态来说明,状态之间可以相互转化,状态的转化靠进程控制原语来实现。进程存在的实体表现为进程控制块以及对应的程序和数据。一个系统中所有的进程控制块可以用表或者队列的形式来组织。若干进程并存免不了形成各种各样的关系,最具代表性的关系是同步和互斥,实现同步和互斥可以使用 P、V 操作。进程之间要进行大量数据的通信,可以采用消息通信、邮箱通信和管道文件的方式。若干进程在系统的调度过程中有可能形成一种导致系统瘫痪的状态,这就是死锁。为了避免死锁,可以采用破坏导致死锁的四个必要条件之一来实现。在 Windows 中,采用了任务、进程、线程等概念来对系统进行描述。

习题

2.1 为什么程序概念无法说明计算机中的动态活动?

2.2 什么是并发程序?为什么会产生并发程序的概念?

2.3 实现多道程序系统的最主要硬件支持是什么?

2.4 举例说明多道程序系统失去了封闭性和再现性。

2.5 什么是进程？进程有哪几种状态？这些状态是否代表了进程的动态性？

2.6 进程的状态转换是由哪些原因引起的？举例说明进程如何从运行态转变为等待态。

2.7 为什么实用操作系统中的进程状态转换图各不相同？

2.8 为什么要区分系统态和用户态？

2.9 一个因等待 I/O 操作结束而处阻塞状态的进程，何时被唤醒？

2.10 用户和系统如何感知系统中进程的存在？

2.11 进程控制块的作用和内容是什么？

2.12 什么是进程上下文？

2.13 什么是原语？为什么设计操作系统程序要用到原语概念？

2.14 解释进程建立和撤销的步骤。

2.15 父进程创立子进程与主程序调用子程序有何不同？

2.16 解释进程调度的步骤。

2.17 解释进程等待和唤醒的步骤。

2.18 解释进程建立的步骤。

2.19 构造一个 Linux 中的进程树。

2.20 在 Windows 中引入线程有何意义？

2.21 进程之间有哪些关系？

2.22 什么原因导致进程互斥？什么是临界段？

2.23 如何设计临界段？为什么要有这些限定？

2.24 什么原因导致进程同步？

2.25 说明同步与互斥这两个概念的区别。

2.26 软件实现进程互斥有哪些问题？

2.27 硬件指令"测试并设置"（TS）实现进程的关系有哪些问题？

2.28 中断屏蔽方法实现进程互斥有哪些问题？

2.29 什么是 P、V 操作？涉及什么数据结构？

2.30 有 N 个并发进程，设 S 是用于互斥的信号灯，其初值 S＝3，当 S＝－2 时，意味着什么？当 S＝－2 时，执行一个 P(S) 操作，后果如何？当 S＝－2 时，执行一个 V(S) 操作，后果又如何？当 S＝0 时，又意味着什么？

2.31 多个进程对信号量 S 进行了 5 次 P 操作，2 次 V 操作后，现在信号量的值是－3，与信号量 S 相关的处于阻塞状态的进程有几个？信号量的初值是多少？

2.32 用 P、V 操作实现共享缓冲区 BUFT 的合作进程的同步，进程 IN 将信息输入至缓冲区 BUFT，进程 OUT 将从缓冲区 BUFT 中的信息进行输出。

2.33 设公共汽车上，司机和售票员的活动分别为：司机的活动为启动车辆，正常行车，到站停车；售票员的活动为关车门，售票，开车门。试问：

（1）在汽车不断地到站、停车、行驶过程中，司机和售票员的活动是同步关系还是互斥关系？

（2）用信号量和 P、V 操作实现它们之间的协调操作。

2.34 如果信号量 S 的初值是 5，现在信号量的值是－5，那么系统中的相关进程至少执行了几个 P(S) 操作？与信号量 S 相关的处于阻塞状态的进程有几个？如果要使信号量 S 的值大于 0，应该进行怎样的操作？

2.35 一阅览室只能容纳 200 人，当少于 200 人时，可以进入；否则，需在外等候。若将每一个读者作为一个进程，请用 P、V 操作编程，并写出信号量的初值。

2.36 桌上有一空盘，只允许存放一个水果。爸爸可向盘中放苹果，也可向盘中放橘子。儿子专等吃盘中的橘子，女儿专等吃盘中的苹果。规定当盘中空时一次只能放一只水果供吃者取用，请用 P、V 原语实现爸爸、儿子、女儿三个并发进程的同步。

2.37 什么是消息通信？涉及什么数据结构及原语？

2.38 什么是邮箱通信？涉及什么数据结构及原语？

2.39 什么是管道文件？涉及什么数据结构及原语？

2.40 什么是死锁？举例说明死锁产生的原因。

2.41 什么是死锁发生的必要条件？解释之。

2.42 有哪些对抗死锁的方法？

2.43 有三个进程 P1、P2 和 P3 并发工作。进程 P1 需用资源 S3 和 S1；进程 P2 需用资源 S1 和 S2；进程 P3 需用资源 S2 和 S3，回答：

(1) 若对资源分配不加限制，会发生什么情况？为什么？

(2) 为保证进程正确地工作，应采用怎样的资源分配策略？为什么？

2.44 三个进程共享四个资源，这些资源的分配与释放只能一次一个。已知每个进程最多需要两个资源，问该系统会发生死锁吗？

2.45 考虑由 n 个进程共享的具有 m 个同类资源的系统，每个进程最多需要 k 个资源，在满足什么条件时可以保证系统不会发生死锁？

第 3 章 存储管理

多道程序系统要求主存储器中存放多路进程,以提高系统的利用率。主存储器是仅次于 CPU 的宝贵资源。众多进程共用一个存储器,必然涉及存储器的分配、安全、利用率、共享以及扩展等诸多问题。在分配存储器空间时,应解决以下问题:采用何种区域划分形式才能使存储器达到最有效的利用?采用何种安全保障手段才能使不同的进程既能够相互配合又不至于相互破坏?如何实现进程对存储空间的共享?在存储空间不足的情况下如何借用辅助存储器空间来给用户提供更大的使用空间?

更具体地说,存储管理需要做的事情是:将用户程序所用的地址空间转换为主存储器中的实际地址空间,将用户程序的操作地址变换为存储器上的具体位置,为存储空间提供安全和共享的手段,为用户程序实现虚拟存储空间等。

3.1 实用系统中的存储管理方法

3.1.1 DOS 分区及分段

DOS 对主存储器的大小有限制,它只能使用 1MB 的内存空间。该空间被分为两部分:处于低端的 640KB 的基本内存和处于高端的扩展内存。系统启动后将操作系统调入基本内存的低端位置,大概占几十 KB 的空间,基本内存的剩余部分便是用来存放用户程序的用户区。

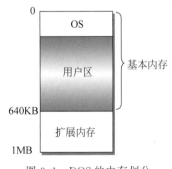

图 3.1 DOS 的内存划分

在 DOS 发展的后期,操作系统除了驻留在低端内存以外,还可以利用扩展内存来存放系统的数据结构、驱动程序以及某些库文件等内容,但用户不能对扩展内存中的内容进行修改。图 3.1 展示了 DOS 对存储器的划分情况。

用户区是用户程序所使用的区域,该区中可以存放用户程序和数据,可以作为用户的工作区来对数据进行处理,但用户不能突破基本内存的限制,因此用户程序的大小必须低于 640KB。用户区内只能存放一个用户程序,因此,DOS 只支持单道程序。

3.1.2 Windows 10 的存储器

Windows 10 对存储器的大小限制最低为 64MB,原因是操作系统本身需要较大的空间。对于 32 位系统而言，内存被划分为大小为 4KB 的块，又称为页面。用户在编制程序时，其大小最高可达 4GB，但在程序运行时，并不是全部程序都装入内存，而是只装入程序的部分页面来运行。内存中可以存放多个用户任务的页面，因此，Windows 支持多任务同时运行。

当需要装入新的程序页面而内存中又没有足够的空闲区域时，操作系统将内存中长期未使用的页面换出到辅助存储器上早已安排的页面（paging file）文件中，腾出空间后再将需要换进的页面调入。这样无论用户任务需要多少内存空间，操作系统都能实现对它们的运行和控制，这便是 Windows 10 中的虚拟存储器。

通过 Windows 10 的系统监视器，可以查看内存使用变化情况（双击"控制面板"图标，选择"管理工具"→"性能"命令，然后分别添加计数器：Memory//Page Faults/sec、Memory//Pages Input/sec、Memory//Pages Output/sec、Memory//Available MBytes（见图 3.2 和图 3.3）。

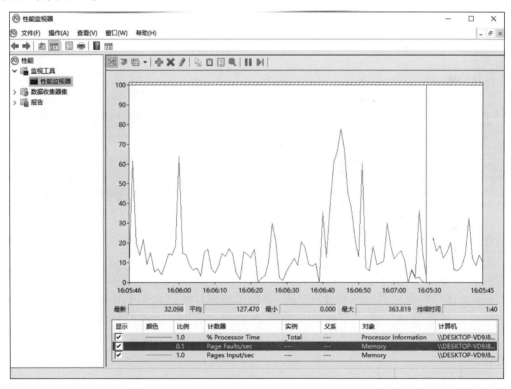

图 3.2　页面在内存中换出换进

图 3.2 表示页面在内存中换出换进情况。Page Faults/sec 是每秒发生页面缺失的平均数量。页面缺失将直接导致页面换进。Pages Input/sec 是从磁盘换进页面的速度。当一个进程引用一个虚拟内存的页面，而此页面不存在于内存，就会发生页面缺失。Pages Output/sec 是指为了释放物理内存空间而将页面写入磁盘的速度。当物理内存不足时，Windows 会将页面写回到磁盘以便释放空间。可以看到，随着时间的变化，各个参数都在发生变化，其中出页的峰值往往与进页峰值接近，这说明出页多是因为有进页需求，即只有当内存中没有可分配空间，同时又必须调入内存新的页面时，才需要换出页面。只要内存中还存在未使用的物理内存，即使有页面换进要求，也不需要将存在于内存的页面换出。

图 3.3 反映了可用物理内存与虚拟内存变化情况。Available MBytes 是计算机上运行进程的可用物理内存大小,它是将零的、空闲的和备用内存列表的空间添加在一起来计算的。

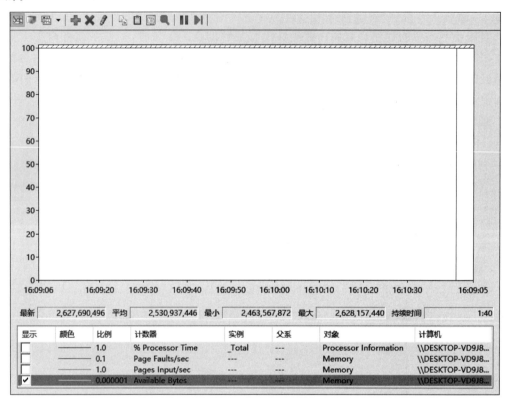

图 3.3　可用物理内存

3.1.3　Linux 存储管理

Linux 也是将存储器空间划分成页面,根据进程运行时的需要来对页面进行换进、换出的。同样在磁盘上也安排了交换区来与内存协调工作,以达到扩大内存的目的。但是 Linux 的交换区多采用在硬盘上划分出一个指定区域来作为交换区,因此交换区的大小不可变化。

3.2　存储管理功能

要了解存储管理的功能,有必要先了解以下概念,然后再进行功能说明。

3.2.1　用户实体与存储空间

1. 用户实体与存储器的关系

从用户的角度来看,由于操作系统要处理各种不同表现形态的实体,而这些实体的存在就意味着对存储空间的占有,又由于这些实体都有其不同的存在状态,因此其占有存储空间的种类、位置、大小都各不相同。一般情况下,作业存放在辅助存储器上,其内容包含作业控制块、作业步序列、作业所对应的程序和数据。当作业的状态变为执行状态时,其内容进入内存并以进程的形式存在。进程的内容包含进程控制块、进程所对应的程序和数据。任务在被激活之前存放在辅助存储器上,包含任务描述信息、子任务链接数据、任务所对应的程序及要处理的数据。当任务被激活时,它成为进程进入主存储器。进程的描述部分及主程序部分始终存放于主存储器,其他程序和数据部分视需要由操作系统在内存与外存之间交换。程序一般被存放于辅助存储器上,它是否进入主存储器完全依赖于进程的运行。如果程序是被进程处理的数据,则一般存放于主存储器,其他数据则以文件的形式存放于辅助存储器。

对于存储管理程序来说,它主要考虑用户和存储器两个部分的衔接。当用户向计算机提交自己的任务时,存储管理是以一种逻辑形式来进行描述,而当操作系统处理用户的任务时,是对具体的存储器地址进行操作,这两者是不相同的,存储管理的工作就是圆满地处理发生在衔接逻辑和物理存储时所产生的各种问题。

2. 存储空间与存储地址

下面介绍逻辑和物理存储空间与地址的概念。

(1) 逻辑地址。

用户在编制程序时无法预知程序将在内存中所占的位置,因此无法直接使用内存地址,于是用户以地址 0 为起点来安排程序指令和数据。每条程序指令要访问的数据都有一个对应的地址,这个地址被称为逻辑地址。它是相对于 0 的地址,因此又被称为相对地址。当用户程序被编译为目标代码时也使用的是相对地址。原则上讲,相对地址的最大值没有限制,因此用户可以无限制地加长自己的程序。但在具体应用中相对地址的大小受相对地址寄存器位数的限制,如在 Windows 10 中相对地址寄存器为 32 位(32 位系统),表示相对地址最大可达 4GB。

(2) 逻辑地址空间。

一个完整的用户作业,一定存在着一系列的逻辑地址。这些逻辑地址形成一个范围,用户程序、数据、工作区域都包含在该范围之内,这就是逻辑地址空间。逻辑地址空间虽然没有具体的存在形式,但不同的操作系统赋予它不同的表现形式(将在后面几节中针对具体的存储管理进行介绍),它的大小也是可以确定的。用户可以直接对逻辑地址和逻辑地址空间进行访问和操作。逻辑地址空间可以定义为:实体(用户、作业、任务、进程或程序)所用的所有逻辑地址的集合。逻辑地址空间又称为相对地址空间,有时候也简称为用户空间或者作业空间。逻辑地址空间的大小被限制在 0 到相对地址最大值之间。

(3) 物理地址。

内存中的实际地址被称为物理地址。它并不和任何相对地址相关,因此,物理地址又称为绝对地址。物理地址的最小值为 0,最大值取决于内存的大小和内存地址寄存器的所能表现的最大值,两者中较小的那个值为物理地址的最大值。

(4) 物理地址空间。

当作业进入主存储器时,其逻辑地址空间就会被操作系统安排到具体物理位置上,作业因此而占有的内存空间就是物理地址空间。物理地址空间可以定义为:当逻辑地址空间被映射到内存时所对应的物理地址的集合。物理地址空间又称为绝对地址空间。物理地址空间并不是指物理内存,只有当逻辑地址空间存在时,才会有物理地址空间,物理地址空间受存储器大小的限制,也就是说物理地址空间最大只能达到内存的大小。物理空间所使用的地址是物理地址,但并不是说只有物理空间内的地址才是物理地址,内存中所有的地址都是物理地址。

3.2.2 存储分配、释放及分配原则

1. 存储分配

当作业向系统提出存储空间的要求时,存储分配程序在内存中选择一个大小相当的区域分配给作业。存储分配实际上是将作业的逻辑地址空间映射成为内存中的物理地址空间。内存中有许多尚未使用的区域即自由区都可以被分配,但到底选择哪个自由区必须依据分配算法来确定。

2. 存储释放

当作业运行完毕不再需要所分配的内存时,它便会释放内存区域。存储释放实际上是解除逻辑地址空间与物理地址空间的联系,并释放物理空间。存储释放程序将回收的内存区域重新设定为自由区,并将其安排进入自由区队列。进入自由区队列的具体位置也必须依据分配算法。

3. 分配原则

在设计分配程序时需要考虑如下诸多的因素。

(1) 内存空间的划分。

内存空间的划分有利于作业的存放及存储空间的管理。好的空间划分既可以存放大小不同的作业,也可以使存储空间得到充分的利用,还可以使管理简单易行。通常的划分方法有分区、分块等。

(2) 数据结构的确定。

数据结构用来对存储空间进行描述。所有存储空间统一描述或者将已分配区域与未分配区域分开描述,可使用存储分区表以及存储区队列等方法。

(3) 作业空间的划分。

作业空间的划分决定了用户在编制程序时必须遵守的空间规则。这种划分有利于在存储分配时合理安排对应的内存区域。通常采用作业空间连续、分页或者分段的形式。

(4) 淘汰算法。

当需要分配内存空间而又没有足够的内存可分配时,就需要考虑将已存在内存的某些分区淘汰,以腾出空间来进行分配。选择哪些分区和页面来进行淘汰将直接影响到内存与外存之间的交换频率,因此,淘汰算法将影响系统的工作效率。

(5) 分配算法。

当作业申请内存空间而内存中又有若干可以分配的自由区域时,选择哪个自由区域可依据分配算法来定,如可以按先后顺序、大小顺序等来进行选择。

3.2.3 装入和地址映射

用户在逻辑地址空间中安排自己的作业,作业中的程序、数据等各部分的地址取决于它

们之间的逻辑关系,而作业的运行依赖于操作系统为其安排的物理地址空间,因此用户作业必须经过装入和地址映射以后才能够运行。

1. 装入

装入是指将逻辑地址空间安排到内存中具体的物理位置上。装入针对的是整个逻辑地址空间,对应的物理地址空间可以是连续存放的,也可以是分开存放的。装入后的作业并不能立即运行,因为作业中每一个指令要访问的地址依然是相对地址,相对地址是逻辑地址空间中的地址,并不是内存中的绝对地址,因此不能够访问。

2. 地址映射

对于指令要访问的地址进行相对地址到绝对地址的变换,就是地址映射。地址映射就是将逻辑地址空间中的地址映射到物理地址空间中去。采用的办法为重定位。

在装入过程完成后,根据装入的起始位置来修改程序中指令要访问的地址,将相对地址改为绝对地址就是重定位。方法如下:

$$绝对地址=(BR)+相对地址$$

其中,BR 是基地址寄存器,用来存放内存中段的起始地址;(BR)表示该寄存器中的内容,为绝对地址空间的起始地址。

上述地址的修改可以在不同的时候进行。根据不同的地址修改时间可将重定位划分为静态重定位和动态重定位。

(1) 静态重定位。

静态重定位是在装入过程完成后在程序运行前,一次将所有的指令要访问的地址全部修改为绝对地址,在程序运行过程中不再修改(见图 3.4)。静态重定位要求程序一旦装入,其绝对地址空间就不能发生变化了。

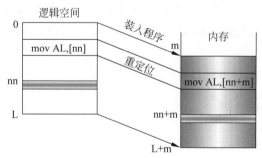

图 3.4 静态重定位

采用静态重定位方式的主要优点如下。

① 无须增加任何硬件设备,就可以在一般机器上全部用软件实现。

② 静态重定位装入程序可以对由多个程序段组成的程序进行静态连接,而且实现起来比较简单。

静态重定位方式的主要缺点如下。

① 因为程序是在执行之前一次装入主存储器中的,在执行期间程序不能在主存储器中移动,所以对提高主存储器的利用率不利。

② 若程序所需要的存储容量超过了分配给它的主存物理空间,则程序员必须在程序设计时自行采取某种手段来解决存储空间不足的问题,如采用覆盖结构。

③ 多个用户不能共享已经存放在主存储器中的同一个程序,如果几个用户要使用同一个程序,则每个用户必须在各自的主存空间中存放一个程序副本。

(2) 动态重定位。

动态重定位是在程序的运行过程中,当指令需要执行时对将要访问的地址进行修改,修改过程如图 3.5 所示。动态重定位允许在程序运行过程中,其绝对地址空间发生变化或被分割为不同的区域,变化后只需要将基地址寄存器中的内容进行对应修改。

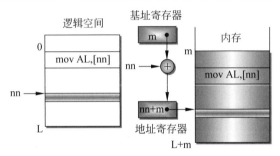

图 3.5 动态重定位

采用动态重定位方式的主要优点如下。

① 由于程序是在实际执行时,由硬件形成主存物理地址的,因此在程序开始执行之前,不一定要把整个程序都调入主存中。而且一个程序可以被分配在多个不连续的主存物理空间内,从而可以使用较小的存储分配单位,以提高主存储器的利用率。

② 几个程序可以共享存放在主存储器中的同一个程序段,而不必在主存储器中存放多个副本,这是静态重定位方式无法实现的。

③ 支持虚拟存储器。它可以为用户提供一个比实际主存储器的物理空间大得多的逻辑地址空间。对于大程序,无须采用覆盖结构,程序的调度完全由系统管理程序来实现。

动态重定位方式的主要缺点如下。

① 需要有硬件支持。

② 实现存储管理的软件算法比较复杂。

3.2.4 虚拟存储器

虚拟存储器也是一种虚拟资源,它是将内存进行虚拟,使用户能使用比实际内存大得多的虚拟空间。要实现虚拟内存必须具备如下条件。

(1) 实际内存空间。由于用户程序需要在主存储器中运行,内存空间是构成虚拟空间的基础,因而内存空间越大,所构成的虚拟空间的运行速度越快,一次能够并行的用户数目也越多,虚拟空间的性能也越好。

(2) 辅助存储器上的内存交换区。为了将主存储器空间扩大,可借用辅助存储器上的一部分区域来进行,该区域被称为内存交换区。交换区的大小可以设定,一般最小不得低于主存储器的大小,最大可达整个辅助存储器的大小。当然,它必须受虚拟地址的限制。

(3) 虚拟地址。针对虚拟存储器的使用,用户在编制程序时应使用逻辑地址。因此,逻辑地址也称为虚拟地址,逻辑地址空间也称为虚拟地址空间。对虚拟地址的重定位就是将程序指令中的虚拟地址修改为物理地址。虚拟地址的大小可以超过主存储器的大小,它只受地址寄存器的位数的限制,如一个32位的地址寄存器其虚拟地址最大可达4GB(即2^{32})。

(4) 换进、换出机制。它表现为中断请求机构和淘汰算法。中断请求机构用于对外存作业空间的换进,淘汰算法用于对内存页面的换出。

具备了以上条件,存储管理就可以通过程序来实现虚拟存储器。因为用户所使用的虚拟空间远大于主存储器的大小,操作系统将用户程序部分装入内存而其余部分装入辅助存储器的交换区中,在程序的运行过程中按需要在主存储器和交换区之间不断地进行换进、换出,使用户程序最终得以全部运行。

目前所使用的操作系统几乎全部具备虚拟存储器功能,虽然不同的系统其实现虚拟存储器的基本条件都相似,但在数据的换进、换出策略上是可以不同的。

3.2.5 存储保护与共享

由于存储器中存放的进程不止一个,并且若干进程又是并行的,这就很难保证进程所在主存区域的数据不被其他进程在非授权情况下访问,甚至破坏。存储保护就是要保护进程的数据不被非法访问者破坏。存储保护的手段有以下两种。

1. 界地址寄存器保护法

每一个进程的绝对地址空间都存在上界和下界,界地址寄存器保护法要求进程在运行时不得超过上、下界地址寄存器所指定的地址范围。采用基地址寄存器和长度寄存器来描述绝对地址空间的起始位置和长度,进程每运行一条指令都要将其所访问的地址与基地址寄存器和长度寄存器的值进行比较,如在范围之内可以正常运行,如超过范围则视为非法。从图3.6可见界地址寄存器保护法的具体运作。

纯粹采用界地址寄存器保护法也存在问题,它使进程之间合法的访问也受到限制,特别是当进程之间需要共享某些数据时,使用界地址寄存器就表现得无能为力。

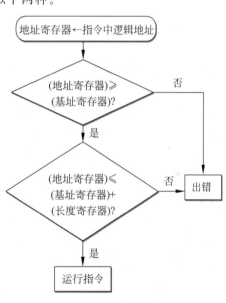

图3.6 界地址寄存器保护法

2. 访问授权保护法

系统为每一个存储区域都给定一个访问权限值,同时也为每一个进程赋予一个访问权限值。当进程访问某个区域时,若进程的访问权限大于等于被访问区域的权限值,访问可以进行,否则视为非法。由于访问权限值可以在一个范围内变化,因此进程访问权利的灵活性得以体现,一个进程可以对不同存储区域有不同的访问权限,一个存储区域也可以被多个具有不同访问权限的进程按权限级别进行访问。访问授权保护法还有一个优势是它允许存储区域的共享。具体运作如图3.7所示。

图3.7表明,进程P1对2号区域具有访问权,P2对

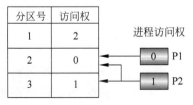

图3.7 访问授权保护法

2号和3号区域具有访问权,但由于1号区域的访问权为2,大于P1和P2所持有的访问权,因此无法被P1和P2访问。

3.2.6 存储区整理

当系统运行一段时间后,内存空间经过不断分配与释放,可能已经变得不再整洁,可能出现如下问题:产生许多被称为碎片的不能够使用的小的自由区;当新的进程进入内存时被过分分散存储;存储管理在虚拟存储器的内存和外存之间换进、换出的次数过多,导致系统运行缓慢;系统不断地告诉用户内存空间不够等,都表明存储区需要整理。存储区的整理就像一个家庭主妇对自家住房中的家具重新挪动,使其看起来空间更大,使用起来更方便。

存储器的整理方法可以是定期将内存中的碎片合并,或者将某些进程的分散存储区域移动到一起。经过整理后,系统中将有更大的自由分区,进程存储的分割也更为合理,存储管理的效率就必然会提高。存储器整理的副作用是在整理时所有进程都不能执行,并且需要消耗较多的 CPU 时间。

由于不同的系统都有不同的主存储器管理方法,在其功能的实现上采用的方法也各不相同,下面针对不同的存储区域的划分方法来进行具体的分析。

3.3 分区管理

分区管理是存储管理方法中一种最简单的形式,存储管理的发展也都是以它为基础的。从静态单一连续分区、固定分区到动态的多重分区,下面将分别从实现原理、分配与释放、地址映射、存储保护、优缺点等方面进行讨论。

3.3.1 单一连续分区

1. 实现原理

除了操作系统所占有的内存空间以外,存储管理提供给用户程序的物理空间是从某一低地址开始到某一高地址结束的单一的连续的区域。用户逻辑地址空间也是一个连续的整体,经过装入程序直接装入分区的低地址部分(见图 3.8)。用户区经过分配,一部分区域被作业占有,剩下的那一部分无法再利用。

2. 分配与释放

由于内存中只有一个可用区域,分配和释放都是针对这一个区域。分配流程如图 3.9 所示。当一个作业申请内存空间时,分配程序将作业的大小与内存中用户可用区域比较,如果作业申请的区域小于或等于用户可用区域,则进行正常分配,否则告诉用户内存不够无法分配。释放程序更加简单,只需将该区域标志为未分配。

3. 地址映射

采用静态重定位的方式在作业装入时,一次性对所有指令将要访问的地址进行修改。由于作业的物理地址空间不会发生变化,因此单一连续分区不适合使用动态重定位。

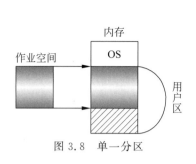

图 3.8 单一分区

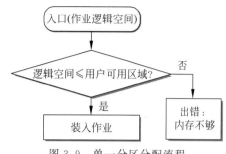

图 3.9 单一分区分配流程

4. 存储保护

使用界地址寄存器保护法。其中,基址寄存器的内容是操作系统常驻内存部分以后的首地址,长度寄存器的内容便是用户可用区域的长度。由于操作系统不会发生变化,甚至可以不使用界地址寄存器,而将基址和长度用两个常量来代替。

5. 单一连续分区的优缺点

单一连续分区的优点是如下。

(1) 管理简单。除了分配程序以外,几乎不再需要任何程序来参与管理,因此,系统开销极小。

(2) 使用安全。由于系统中只有一个用户程序,因此,系统遭到破坏的可能性随之降低,加上用户程序和操作系统之间采用固定分界,很容易在操作系统的程序中加入分界地址,以防止用户程序的非法访问。

(3) 不需要任何附加的硬件设备。

单一连续分区的缺点如下。

(1) 作业的大小受用户可用区域大小的限制。由于作业必须一次性、连续地存放于内存区域中,如果比用户可用区域大的作业就无法存放,因此无法运行。

(2) 不支持多用户。

(3) 容易造成系统资源的浪费。系统中一次只能运行一个作业,CPU 的利用率必然受到影响。又由于用户区中只能存放一个作业,即使内存中有较大的剩余空间也不可能得到利用。

单一连续分区适用于单用户系统,DOS 是一个典型的例子。

3.3.2 多重固定分区

1. 实现原理

将内存空间由小到大划分为若干位置固定大小不等的区域,每个区域可以存放一个作业,存放于不同区域的作业可以并行。用户逻辑地址空间依然是一个连续的整体,在作业申请进入内存时一次性装入。

2. 数据结构

采用内存分区表描述内存中每个区域的情况,内容包括区域的起始位置、区域的大小、区域的使用状态。采用作业表描述存放于区域中的作业,内容包括作业号、作业占用的区域、区域的大小。图 3.10 表现了内存分区表、作业表和内存之间的关系。

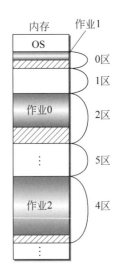

区号	大小/KB	起始地址/KB	状态
0	20	40	未分配
1	40	60	已分配
2	80	100	已分配
3	160	180	未分配
4	320	340	已分配
⋮	⋮	⋮	

内存分区表

作业号	大小/KB	区号
0	55	2
1	10	0
2	150	4
⋮	⋮	⋮

作业表

图 3.10 多重固定分区

3．分配与释放

由于内存中存在着不止一个自由区，分配算法在作业申请内存空间时需要进行选择，可以采用最先适应算法、最佳适应算法和最坏适应算法等方法。算法的具体内容将在动态分区部分讨论。

4．地址映射

由于作业被分配进入内存后位置不再发生变化，因此地址映射可以采用静态重定位方法。不过要注意到每个作业的物理地址空间的起始位置是不相同的，因此对每个作业进行重定位时要修正基址寄存器的值。

5．存储保护

存储保护可以采取界地址寄存器的方法和访问授权保护，由于作业在内存中的位置保持不变，可以用两个常量替代界地址寄存。

6．多重固定分区的优缺点

其优点是提高了 CPU 的利用率。多个作业的并存保证了 CPU 不因为等待某个作业而停止运行。

其缺点如下。

（1）作业大小受到最大分区大小的限制。作业仍然需要一次性连续装入，内存中自由分区的总量即使大于作业的大小也可能无法分配。

（2）空间浪费。如果一个较小的作业占有一个较大的区域，该区域中剩余的空间就被浪费（见图 3.10 中的阴影区域）。

（3）碎片问题。每个分区都存在一部分不能再利用的空间，这就是碎片。碎片的存在必然使存储器的利用率下降。

3.3.3 多重动态分区

为了更多地利用内存空间，可以采用动态分区的方法。

1. 实现原理

多重动态分区是一种灵活的分区方式，它根据作业对内存空间的申请来划分主存区域，区域的大小可变、位置可变、数量也可变(见图 3.11)。

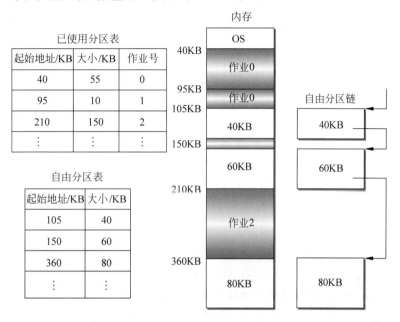

图 3.11 多重动态分区

2. 数据结构

(1) 已使用分区表。

描述已被分配的区域，内容包括起始位置、区域大小和对应的作业号。

(2) 自由分区表。

描述内存中的自由区域，内容包括起始位置和区域大小。

(3) 自由分区链。

为每一个自由分区设置一个链接指针来指向下一个自由分区，使所有的自由分区形成一个链表，内容包括链接指针和分区大小。

3. 分配与释放

当作业申请内存空间，分配哪个区域需进行选择，选择方式称为分配算法。分配算法有如下三种。

(1) 最先适应算法。

该算法可将作业分配到内存中第一个碰到的大于或等于作业申请空间的未分配区(见图 3.12(a))。

(2) 最佳适应算法。

该算法可将作业申请大小与内存中所有未分配区的大小进行比较，直到找到最小的大于或等于作业空间的区分配给作业(见图 3.12(b))。

(3) 最坏适应算法。

该算法可将作业申请大小与内存中所有未分配区的大小进行比较，直到找到最大的大

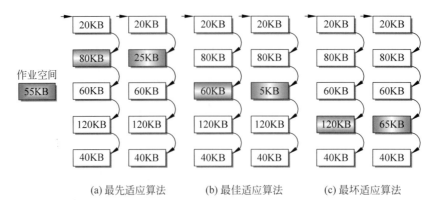

图 3.12 不同分配算法对空间的处理

于或等于作业空间的区分配给作业(见图 3.12(c))。

以上 3 种算法各有其优缺点。最先适应算法简单但分配比较盲目,可能造成较小的作业分割了较大的空间,使大作业无法被分配。最佳适应算法优先使用小的自由空间,但每次分配以后的剩余空间可能变得过小而成为碎片。最坏适应算法优先使用大的自由空间,在进行分割后剩余空间还可以被使用,但也使大的自由空间无法保留给需要大空间的作业。如果将自由分区表或自由分区块链进行组织,使其按自由区的大小排序,就可以使最佳适应算法也是最先适应算法,或使最坏适应算法也是最先适应算法,算法由此变得更简单。

在进行作业分区的释放时,需要完成自由分区表的插入、修改、合并等。

4. 地址映射

动态分区采用动态重定位方式来实现地址映射,这样作业的基地址发生变化也不会影响执行。当作业被选择运行时,其物理空间起始地址被装入基地址寄存器中,CPU 每执行一条指令之前重定位硬件对指令要访问的地址进行修改。

5. 存储保护

存储保护可以采用界地址寄存器的方法和访问授权保护,不过由于作业被分配于内存一个连续的区域中,访问授权保护的作用似乎并不大,因为作业并没有对其他作业空间的访问权力。

6. 存储区整理

经过不断地分配和释放后,内存中自由分区会变得越来越多和越来越小,这就使很多小自由分区成为碎片。这时,可以用紧缩的方法来解决碎片。紧缩是将内存中已使用区域经过移动沉淀到低地址部分,从而使碎片浮动到内存的高地址部分合并成较大的可使用空间。用紧缩方法来消除碎片需要占用大量的 CPU 时间,并且在移动过程中稍有不慎就有可能破坏全部数据。在 Windows 10 中对磁盘空间的整理就是采用的紧缩方法(见图 3.13),它与操作系统对内存的紧缩大同小异。

先将低地址部分的已占有区内容转移到高地址部分,清理低地址空间后再将转移出去的内容写入,然后地址后移再进行同样的整理,直到从低地址开始的所有空间都已被占有,全部碎片合并到高地址部分。经过整理,访问的速度明显增快,出差错的次数明显降低。

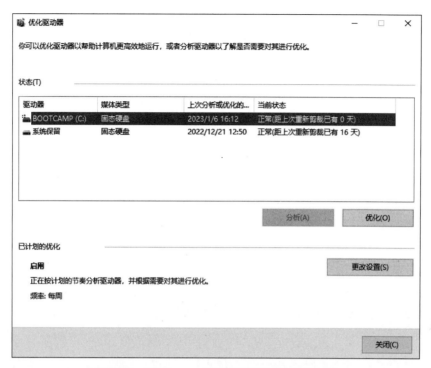

图 3.13　Windows 10 的碎片整理和优化驱动器

7. 多重动态分区的优缺点

其优点如下。

(1) 多道程序得以提高。

(2) 提高了内存的利用率。由于采用了紧缩碎片的方法,内存中不再存在不能使用的区域。

其缺点如下。

(1) 作业大小依然受内存容量的限制。

(2) 对碎片问题的解决需要以增加系统开销为代价。

(3) 不便共享。由于分区管理中作业需要连续存放,共享问题始终无法解决。

3.4　分页管理

分区管理中要求一次性将作业空间分配到内存的某一个区域中,即使内存中空闲区域总和超过作业要求的空间,如果没有合适的区域,分配将无法完成,其原因是作业空间始终是一个整体。能否将作业空间分割成若干部分呢？答案是肯定的,分页管理就是其中一种。分页管理可分为静态分页管理和动态分页管理两种,下面分别介绍。

3.4.1　静态分页管理

1. 原理

作业地址空间划分成连续的大小相同的页面,内存划分成连续的大小相等的块(也称为页框),页面的大小与内存块的大小完全相同。作业进入内存时,其不同的页面对应于内存中不同的块,连续页面可以对应不连续的块。原理如图 3.14 所示。

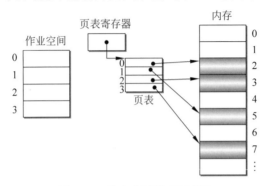

图 3.14 静态分页管理原理图

2. 逻辑地址

逻辑地址被分为两部分:页面号和页内位移。页内位移范围与内存块的大小有关,页面号的范围还取决于逻辑地址的位数。下面举例说明。

逻辑地址寄存器如下:

假定逻辑地址为 32 位,内存块的大小为 4KB。4KB 的页内位移变化范围为 0~4095 字节,这需要 12 位来进行描述($2^{12}=4\times1024$),剩下的 20 位就是页面号的范围 0~1 048 575($2^{20}-1$)。由此可见,内存块的划分有一定的规则,它只能是 2^N。

分页管理的逻辑地址实际上是线性变化的。用户编程时无须确定逻辑地址处于哪个页面号和页内位移,只有逻辑地址空间进入物理地址空间后,页面号和页内位移才通过计算电路来划分。对于用户而言,逻辑地址就是一个受地址寄存器位数限制的连续变化的地址范围,可以根据需要来确定页面大小和页面号的范围,因此将分页管理的逻辑地址空间称为线性空间。

3. 数据结构

数据结构包括以下 3 部分。

(1) 页表:页表用来说明作业页面号与内存块号的对应关系,内容包括页面号、内存块号。

(2) 页表寄存器:页表寄存器用来存放作业所对应的页表的起始地址。

(3) 内存分块表和作业表:内存分块表内容为块号、块使用状态(已使用或未使用),作业表内容为作业号、页表起始地址。

4. 地址映射

地址转换是通过页表寄存器所指定的页表来实现的。假定逻辑地址为页号 P 和页内位移 d,转换方法如下:

页表起始地址=(页表寄存器)

页表中页号为 P 的表目地址＝（页表寄存器）＋表目长度×P，由此获得对应的内存块号 P'。

$$绝对地址 = P' \times 页框长度 + d$$

以上转换是靠硬件来执行的，可参见图 3.15。

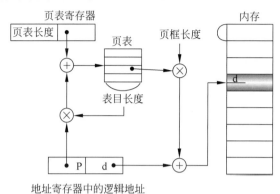

图 3.15　静态分页管理地址映射

5．分配与释放

分配与释放都比较简单，当作业需要内存空间时，可根据作业页面数来分配对应大小的页表，然后根据存储分块表来查找未使用块分配给作业，并在页表上做相应的记录，直到所有页面分配完毕。释放时只需将存储分块表上对应块的状态改为未使用，再释放作业对应的页表及作业表中的对应项。静态分页管理分配流程如图 3.16 所示。

6．存储保护与共享

用页表寄存器来记录页表的起始地址和页表长度，它相当于界地址寄存器的功能。

采用分页管理可以实现共享（见图 3.17），不同作业的不同页面如果同时对应于同一个

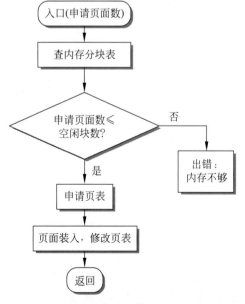

图 3.16　静态分页管理分配流程

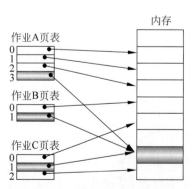

图 3.17　静态分页管理的共享

内存块号,该内存块就被共享了。图3.16中显示了作业A、作业B、作业C共享一个内存块的情况,3个作业的对应页面都通过页表指向同一个内存块。

但页面管理的共享实现起来非常困难,由于页面的划分并没有考虑作业地址空间的逻辑意义,系统无法根据内存块中的数据区分哪些可以共享,哪些不能共享,如果使用页表来硬性共享内存中某一块,则可能导致对该块数据的破坏。

7. 存储区整理

内存被分为大小相等的块,每块对应于作业中的某个页面,表面看来不存在内存空间的浪费。但作业的大小并不一定是内存块大小的整数倍,作业的最后一个页面必然不能完全占据一个内存块,因此每个作业平均有半块内存块的浪费,这种无法再用的内存空间称为页内碎片。内存分块越大,页内碎片也越大,因此可以通过适当减小内存块大小来减少内存的浪费。不过内存块也不能分得过小,过小将使分页管理失去它管理简单的优势。在实际应用中内存块的大小从512B到4KB不等。

8. 静态分页管理的优缺点

其优点如下。

(1) 管理简单。由于内存最小管理单位是被划分成大小相等的块,因此分页管理从针对所有内存物理地址,变为只针对内存中的块,操作相对简单。

(2) 每访问一次内存,数据需要经过二次寻址,即对页表地址的访问和对内存块内地址的访问。

(3) 解决了碎片问题。虽然页内碎片依然存在,但内存空间不再存在越来越多的浮动碎片,无须内存碎片整理。

其缺点如下。

(1) 无法实现共享。由于作业地址空间是线性空间,页面的划分并未依据作业的逻辑意义,因此无法实现真正意义上的共享。

(2) 作业大小受内存可用页面数的限制。

3.4.2 动态分页管理

静态分页管理是指一次将作业的所有页面都分配到内存,因此作业的大小依然受内存空间的限制。如果想在内存中运行较大的作业,则必须把眼光放到内存以外的存储空间上,动态分页管理开始了对辅助存储器的利用。

1. 原理

内存分块和作业页面的划分与静态分页管理相同,但不是所有的作业页面都一次性分配进内存。根据作业的使用情况将需要运行的页面存放于内存,暂时不需要运行的页面存放于辅助存储器上,当需要运行存放于辅助存储器上的页面时,再将对应的页面调入内存(见图3.18)。

2. 数据结构

动态分页管理的页表内容:页面号、缺页状态、页面外存地址和页面在内存的块号。其中,缺页状态指该页面是否在内存,系统安排该页运行时首先检查缺页状态,如发现该页不

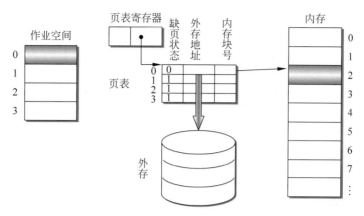

图 3.18 动态分页管理原理图

在内存,则启动缺页中断将该页面调入内存运行。每个页面都有其对应的外存地址,但每个页面是否有内存块号,则取决于缺页状态。

3. 地址映射

在进行动态分页管理的地址映射时,首先检测该页面的缺页状态,如果该页面在内存,则映射方法与静态分页管理相同;如果该页面不在内存,则先调用缺页中断,然后重新开始本过程。

4. 分配与淘汰算法

(1) 分配。

分配是动态进行的,在为作业分配空间时往往调入最先使用的页面,其余页面都置成缺页状态,在需要时再调入。但是,当页面需要调入时可能内存中没有可使用的空闲块,这时就需要将某些已分配的内存块内容调至外存,选定哪个页面调至外存是淘汰算法要做的事。

图 3.19 中显示的是执行一条指令的全过程。首先通过页表来查询需要访问的页面是否在内存,如果缺页状态为 0,则表示该页面已在内存,接下来通过地址映射找到要访问的内存物理地址实现对指令的运行。如果缺页状态为 1,表示该页面不在内存,由此激活缺页中断机构,由缺页中断机构调入需要运行的页面。在调入页面时还需要考虑是否有空闲的内存块,如果没有,则需要运行淘汰算法,将内存中的某个页面换出后,才能换入新的页面。

(2) 淘汰算法。

当内存中没有空闲块可供装入新的页面时,就需要换出已经存在于内存的页面。选择哪个页面淘汰至外存,需要考虑的因素有管理是否复杂、系统是否有稳定性和公平性等。

衡量淘汰算法可以依据缺页率和淘汰率:

$$缺页率 = \frac{缺页次数}{所有页面访问次数}$$

$$淘汰率 = \frac{淘汰页面数}{所有页面访问次数}$$

好的淘汰算法应该有较低的缺页率和淘汰率。

具体的淘汰算法有以下 4 种。

① 最佳淘汰算法(OPT)。该算法选择在最远的将来才被访问的页面淘汰(见图 3.20)。

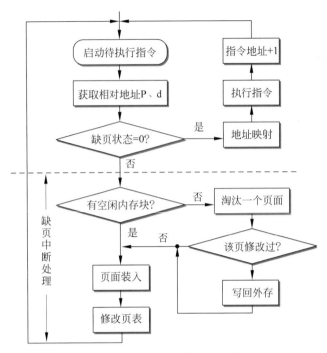

图 3.19 动态分页的动态分配

假定内存中有 3 个空闲块可以使用,当需要调入页面 3 时,已没有新的空闲块可被使用,需要选择一个页面淘汰。相对于页面 0 和页面 2,页面 4 是最远的将来才会使用的页面,因此它被选择淘汰。

页面访问次序	0	2	4	3	1	0	5	2	7	8	1	6	4	内存块号
最佳淘汰算法	0						5			8			4	0
		2							7			6		1
			4	3	1									2
缺页中断			*	*	*		*	*	*	*		*	*	
先进先出淘汰算法	0			3			5			8			4	0
		2			1			2			1			1
			4			0			7			6		2
缺页中断			*	*	*	*	*	*	*	*	*	*	*	

图 3.20 最佳淘汰算法与缺页中断次数

该算法照顾了系统的稳定性,尽可能地减少了淘汰次数。但由于存在于内存中的页面不经过运行很难判定谁是最远的、将来才被访问的,所以这种算法实际上是不可实现的。

② 先进先出算法(FIFO)。该算法选择最早进入内存的页面淘汰(见图 3.20)。在需要调入页面 3 时,由于页面 0 最早进入,因此被选择淘汰。

这种方法包含一个假定:最早进入内存的页面就是目前最不会被使用的页面。这种假定是否成立依赖于用户编制程序时的考虑。如果是顺序程序,则假定成立;如果是循环程序,则假定不成立。当假定不成立时可能碰到这样的问题,最先进入内存的页面可能是经常使用的页面,在被淘汰出局后可能马上就需要调入内存,这将导致频繁的调出、调进发生,引起系统不稳定,这种现象被称为抖动。系统抖动是大家不愿看到的现象。

③ 最近最少使用算法(LRU)。该算法选择最近一段时间内最长时间未被使用的页面淘汰(见图 3.21)。该算法的假定是:长时间未使用的页面不会马上被使用。这正好符合内存局部性原理(内存中某个位置现在被访问,很快将再次被访问;某个位置现在被访问,其邻近位置也将被访问。在此不作具体的解释,有兴趣者可参见其他相关资料),因此从理论上讲,它是一个较好的算法。

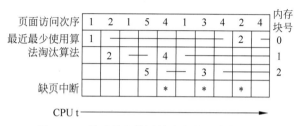

图 3.21　最近最少使用算法与缺页中断次数

最近最少使用算法的问题是,需要确定一个比较时间段来反映哪个页面长期未被使用,时间段过长时该算法将变为先进先出算法,时间段过短又会使系统频繁地记录访问次数并进行比较,从而增加系统开销。由于该算法难以实现,因而需要寻找比它更为简洁又与之相似的算法。

④ 最近未使用算法(NRU)。该算法选择页面选择指针遇到的最近未被访问的页面淘汰(见图 3.22)。更为简化的方法是:页面选择指针下移,只要遇到刚才未使用的页面就可以淘汰。需要为每个页面安排一个使用位来记录该页面是否被使用过,使用为 1,未使用为 0,在选择时如果发现该页面的使用位为 1,则将其置为 0;如果发现该页面的使用位为 0,则准备淘汰该页,在淘汰之前还要判断其修改位,修改位为 1,表明该页修改过,需将该页面复制到外存储器后再淘汰,修改位为 0,表明未修改过,可直接淘汰。

5. 虚拟存储器

动态分页技术实现了虚拟存储器。它是通过缺页机构和淘汰算法将作业页面在内存与外存之间换出、换进的,使大的作业能够在较小的内存空间中运行。因此,用户可以使用比内存空间大得多的作业逻辑地址空间。

6. 加速寻址

从地址映射可以看到,每一次页面的使用都需经过寻找页表表目和寻找内存地址的二次寻址过程,这将使系统整体运行速度降低一半。改进方法是采用比内存速度更快的高速存储器来存放常用页面的快速页表(见图 3.23),该快速页表被称为快表。从图 3.23 中可以看到寻址是经过两条路进行的,一条是原来的二次寻址路径,另一条是通过快表。如果页面是常用页面,就会经过快表被快速定位;如果页面是不常用页面,则通过正常的寻址路径来定位。由于本方法加快了常用页面的寻址过程,系统整体运行速度得以提高。

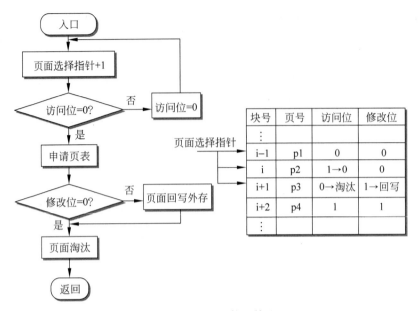

图 3.22　最近未使用算法

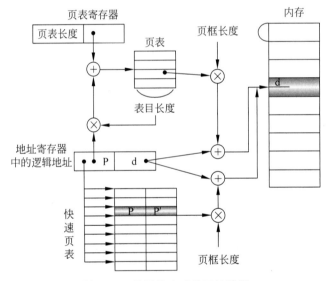

图 3.23　使用快表后的寻址路径

7．动态分页管理的优缺点

其优点如下。

（1）由于分页管理以内存中的块为单位，比对单个地址逐一管理要简单得多，因此分页存储管理最大的优点是管理简单。

（2）采用了动态分页技术以后，增加缺页中断机制和淘汰程序，使分页存储管理能够提供虚拟存储器。

分页存储管理最大问题是无法实现共享，主要原因是页面的划分未考虑作业空间的逻辑意义。为了克服分页管理无法实现共享的问题，分段与段页式管理在作业空间的划分上进行了考虑。

3.5 分段与段页式管理

3.5.1 分段管理

1. 原理

分段管理是将作业地址空间按逻辑意义划分成段,每段都有其对应的段号和段长,对分段数量和分段的长度没有限制。内存空间采用多重动态分区的形式,作业中的段对应于内存中的分区,分区的长度和位置没有限制(见图 3.24)。

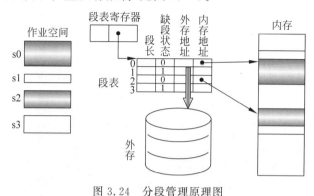

图 3.24 分段管理原理图

2. 逻辑地址

逻辑地址被分为两部分:段号 S 和段内位移 d。

S	d

由于每个段号可对应不同的段长,因此,每个段的段内位移的范围是不同的。在分页管理中,逻辑地址页号 P 和页内位移 d 实际上是一个线性地址,页号和页内位移只是为了对应内存中的块号和块内位移而进行了人为的划分。但是,段号 S 和段内位移 d 不能形成一个线性地址,因为它实际上是代表着段长和段内位移两个变量。由于这两个变量没有特定的限制范围而无法用一个变量来替代,因此分段管理的逻辑地址是二维地址,分段管理的逻辑地址空间是二维空间。

3. 数据结构

分段管理的数据结构如下。

(1) 段表。最直接反映逻辑地址与物理地址对应关系的是段表,内容包括段号、段长、缺段状态、段在外存的地址和段在内存的地址。

(2) 段表寄存器。段表寄存器指定作业的段表在内存中的起始位置。

(3) 内存分块表。它记录内存中各分区的情况,内容包括起始地址、分区长度、分配状态和对应作业名,也可以将内存分块表分为两部分:已使用分区表和自由分区表或自由分区块链。

(4) 作业表。它记录作业的存储情况,内容有作业名、作业分段数和段表在内存中的起始地址。

4. 地址映射

地址转换是通过段表寄存器所指定的段表来实现的。假定逻辑地址的段号为 S，段内位移为 d，转换方法如下：

$$段表起始地址 = (段表寄存器)$$

段表中段号为 S 的表目地址 = (段表寄存器) + 表目长度 × S，由此获得对应的内存分区地址 S'。

$$绝对地址 = S' + d$$

与分页管理一样，分段管理的地址转换机构自动执行以上的转换（见图 3.25）。

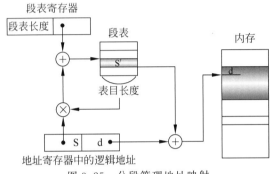

图 3.25　分段管理地址映射

5. 分配与释放

当作业申请内存空间时，分段管理首先为作业申请段表空间，再将代表作业主程序的段按一定的分配算法（内存空间采用动态分区形式，因此分配算法可采用最先适应算法、最佳适应算法或者最坏适应算法）调入内存，填入对应段表表目中该段的内存地址，其他暂时不调入内存的段，缺段状态置为 1，在需要运行时再调入。

由于内存空间有限，可能在某段需要调入内存时无法找到所需的自由分区，这也需要使用淘汰算法。

分段管理的释放与动态多重分区相同。

6. 连接

当作业空间逻辑分段后，用户是靠调用来实现段与段之间的关系，如图 3.26(a) 中的 Call Sub；而存储管理将其实现称为连接（见图 3.26(b)）。

一般通过查看系统共享表来判断要连接的段是否在内存，系统共享表记录了所有可以共享的程序模块，这些程序模块通常来自子程序库或者公用函数库。如果该段在内存中，就需要修改该段所对应的段表表目，将该段的内存地址填入段表中。然后对导致连接的指令进行重定位，用该段在内存中的起始地址替换指令中的段的逻辑名称。如果从共享表中获知该段不在内存，则需要调用缺段中断处理将存在于外存的段调入，然后修改段表并进行重定位。由此看来，连接最直接的表现就是将要连接的逻辑模块名修改为该模块在内存中的物理地址，从而实现调用者与被调用者之间的关系。

对 Sub 段的连接，首先看 Sub 是否已经在内存，如果在内存，就将其对应的内存地址填入段表中的内存地址部分；如果不在内存，就将其调入内存，再将地址填入段表中。然后对

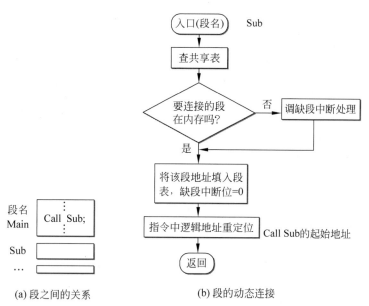

图 3.26　分段管理中的连接

Call 指令的逻辑地址 Sub 进行重定位,从而连接完成。

连接也可以分为静态连接和动态连接。

静态连接发生在作业刚装入内存还没有被执行前,因此连接以后各作业段在内存的位置不能发生变化,于是要求所有的作业段必须一次调入内存,这样就限制了作业的大小,对内存的容量要求也高。

动态连接发生在执行过程中,每当作业段与段之间产生调用要求时才进行连接。因此,作业中的各段没有必要一次全部调入,这极大地提高了内存的利用率。分段管理采用的是动态连接方式。

7. 共享

从连接可以看到,Sub 段有可能已经存在于内存,但在这之前本作业并没有要求过对 Sub 段的使用,是谁将该段调入内存的呢？一定是别的作业,这说明有另外的作业也在使用 Sub 段,这就是共享(见图 3.27)。由于分段管理允许共享,每次进行连接时就应该先查看该段是否在内存。从图 3.27 中可以看出作业 A 的 3 号段、作业 B 的 1 号段、作业 C 的 1 号段通过段表指向内存中同一个区,从而实现了共享。

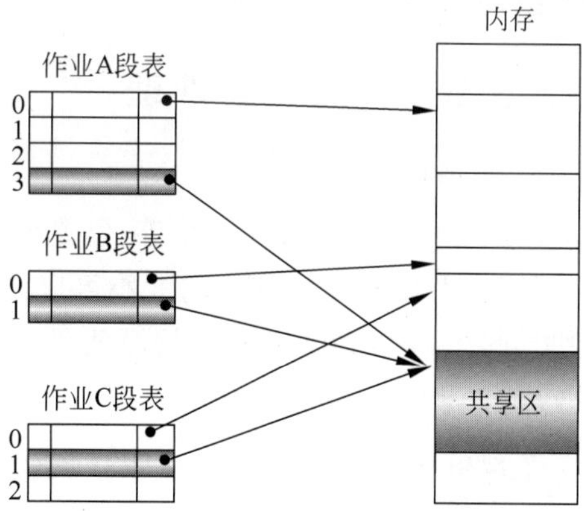

图 3.27　分段管理的共享

8. 存储保护

在段表中既有段的起始位置也有段的长度,它们其实就是基地址寄存器和长度寄存器的内容,分段管理很容易实现作业区域的界限管理。另外,可以在段表中增加一个访问权限项,给段赋予不同的访问权值来实现访问授权控制。分段管理的存储保护显然优于分页存储管理。

9．虚拟存储器

由于分段管理使用了缺段中断机制，使作业的段可以在内存与外存之间换进、换出，从而实现较小的内存空间运行较大的作业，因此它提供了虚拟存储器。

10．存储区整理

分段存储管理对内存采用的是动态分区形式，在进行多次运行后系统中也会存在许多小得不能再用的内存碎片，可以使用紧缩的方法来进行存储区的整理。

11．分段管理的优缺点

其优点如下。

（1）易于实现共享。由于将作业地址空间按逻辑意义划分成段，因此，每段很容易被赋予指定的访问权限，又由于段表的地址映射作用，不同的作业可以通过段表指向同一个内存区。

（2）实现动态连接。通过段的动态连接可以提高内存的利用率，同时动态连接也是实现共享的基础。

（3）实现虚拟存储器。实现虚拟存储器的关键机构是缺段中断。

其缺点如下。

（1）段长受内存容量的限制。一个作业段必须存放于内存中的连续区域，因此，该作业段的长度不能超过内存中最大的可用区域，否则就不能够运行。

（2）内存管理复杂。由于内存划分采用的是多重动态分区的形式，内存中的区域位置和大小都在不断地发生变化，造成管理程序复杂并增加了系统开销，因此需要管理程序经常对内存空间进行整理。

分页管理和分段管理各自存在不可克服的缺点，同时又有着不可替代的优点。显然有一种要求就是利用分页管理和分段管理的优点，克服它们各自的弱点来形成一种新的管理方法，这就是段页式管理。

3.5.2 段页式管理

1．原理

内存空间划分成大小相等、位置固定的块，作业地址空间按逻辑意义可以划分成大小不等的段，每段再按内存块的大小可以划分成大小相等的页面，段内的页面对应于内存中的块。图 3.28 是段页式管理的原理图。

2．逻辑地址

逻辑地址使用段号 S、页号 P 和页内位移 d 表示：

S	P	d

由于页号和页内位移共同构成一个线性地址，加上段号所代表的段长变量，段页式管理的逻辑地址空间也是二维空间。

3．数据结构

段页式管理的数据结构如下。

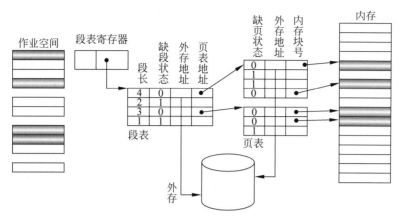

图 3.28 段页式管理原理图

(1) 段表。每个作业对应一个段表,由它来形成作业段与该段页表的对应关系,内容包括段号、段长、缺段状态、访问控制和内存地址等。其中,缺段状态表示该段页表是否在内存。如果状态为 1,则表明该段还未进入内存;如果状态为 0,则表示该段已在内存。访问控制表示系统赋予该段的访问权限,内存地址是该段页表在内存的地址。

(2) 页表。每个段对应一个页表,用它来表示段中页面与内存块的对应关系,内容有页面号、缺页状态、外存地址和内存块号。其中,缺页状态表示该页面是否在内存,外存地址是该页面在外存的地址,该页面如果在内存,则有对应的内存块号。

(3) 段表寄存器。它可用来记录作业所对应的段表在内存中的起始位置。

(4) 存储分块表。它记录内存中每块的使用状态和对应的作业。

(5) 作业表。它记录作业的存储情况,内容包括作业名、作业分段数和段表的起始地址等。

4. 地址映射

地址映射通过段表寄存器、段表和页表来实现地址转换。假定逻辑地址为段号 S、页号 P 和页内位移 d,转换方式如下:

$$段表起始地址 = (段表寄存器)$$

段表中段号为 S 的表目地址 = (段表寄存器) + 段表表目长度 × S,由此获得对应的页表地址 S′。

页表中页号为 P 的表目地址 = S′ + 页表表目长度 × P,由此获得所对应的内存块号 P′。

$$绝对地址 = P′ × 页框长度 + d$$

段页式管理的地址转换机构自动执行以上的转换(见图 3.29)。

5. 分配与释放

段页式管理的分配与释放涉及段表分配、页表分配、内存块分配和淘汰算法。

当一个作业申请内存空间时,首先根据作业表中的分段数来申请段表,段表的大小由分段数来确定;再为该作业中的主程序段申请页表,并将页表的起始地址存放于段表对应的内存地址,缺段状态置为 0。其他段暂时不分配,对应的缺段状态置为 1;再来处理主程序段的页表,为最先执行的页面申请内存块,如果获得,则将该页面的内存块号置为刚分配的块号,否则运行淘汰算法来获取一个空的内存块进行分配,将已分配页面的缺页状态置为

0,将未分配页面的缺页状态置为1。其他许多未分配的段和页面将在程序的运行过程中根据缺页状态来进行动态分配。

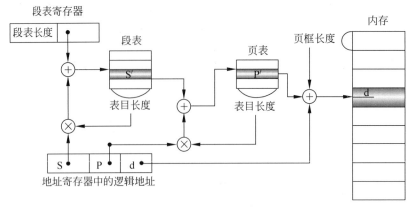

图 3.29 段页式管理地址映射

6．连接与共享

（1）连接。

当用户需要调用新的段时，就必须进行连接。首先看需要连接的段是否已经在内存，如果在内存，则表明可以找到其对应的页表，将页表地址填入段表中的内存地址部分；如果不在内存，则需为该段申请建立页表。其次修改段表的对应部分。最后对用户指令的逻辑地址进行重定位，从而连接完成。在这里要注意的是，段的连接只是对该段对应的页表的连接，因此，连接以后并不意味着该段的所有内容都已存在于内存，只有当某个页面需要被访问时，才会通过缺页中断机构将其调入内存。

（2）共享。

通过不同的作业段表中的不同段指向相同的页表地址来实现段的共享，它和分段管理的共享是一样的。

7．存储保护

与分段管理的存储保护一样，既具有界地址寄存器保护的功能，也使用了存储访问控制。

8．虚拟存储器

段页式管理的虚拟存储器功能十分强大，它既有缺段中断，也有缺页中断，只要一个作业中的某一段的某一个页面存放于内存，该作业就可以被运行。作业地址空间基本上不受内存空间大小的限制，只要在外存上开辟出足够大的交换区，几乎任意大小的作业都可以在虚拟存储器上运行。

9．存储区整理

由于内存空间被划分成块，只存在页内碎片，页内碎片无法通过存储区的整理来取消。因此，段页式管理不需要对存储区进行整理。

10．快速寻址

快速寻址同样可以使用高速存储器来存放常用页面的页表，针对段页式管理其页表内容为段号、页号和块号。

至此,已经介绍了分区管理、分页管理、分段管理和段页式管理等。下面通过表3.1来对各种存储管理方案进行比较。

表 3.1 各种存储管理方案比较

比较项	分 区 管 理			分页管理	分段管理	段页式管理
	单一分区	固定多区	动态多区			
内存划分	单区	多区	变化	固定块	变化	固定块
作业划分	不分	不分	不分	页面	段	段、页面
重定位	静态	静态	动态	动态	动态	动态
分配	静态	静态	静态	静态、动态	动态	动态
存储保护	界地址	界地址	界地址	页表界地址	界地址、访问控制	界地址、访问控制
连接	静态	静态	静态	静态	动态	动态
共享				较难	能	能
硬件支持			地址变换	地址变换、缺页机构	地址变换、缺段机构、连接机构	地址变换、缺页机构、连接机构
软件支持		分配算法	紧缩	淘汰算法	紧缩、淘汰算法	淘汰算法
虚拟存储器				支持	支持	支持

通过比较可以发现,不能一概而论地说哪种管理方法更为合理,每种方法都有它的侧重面以及它的不足,在具体的操作系统中以上各种方法都有应用。

3.6 常用系统的存储管理方案

3.6.1 DOS 的存储管理

DOS 使用的是单一连续分区方式,该区域紧接着操作系统在内存的驻留部分,最大可达 640KB。当需要运行用户程序时,操作系统将用户程序一次全部调入内存。用户地址空间可以分为 4 段,它们分别用来存放程序的代码段、存放数据的数据段、实现数据操作的堆栈段和处理数组的地址段。这些段不需要连续存放,用户甚至可以指定段的相对位置。段的起始地址由对应的段寄存器来指定,绝对地址由段地址加上段内位移来确定。

DOS 的分段只是为了方便用户程序的编写,经过分段的程序条理更清晰。由于内存的用户区最大容量限制为 640KB,用户程序也不可以突破这个界限。如果用户程序必须突破 640KB 的限制,可以采用称为覆盖的技术来进行编程。覆盖技术将程序划分为不同层次的模块,上层模块可以调用下层模块,同层模块之间由于没有相互调用关系可以在运行时间上串行,并且使用同一个覆盖区域。因此,覆盖技术实际上是同层模块对同一个内存区域的覆盖使用,以此来节约内存空间。如果用户程序采用了覆盖技术,只要不同层次的最大模块的总和不超过 640KB,该程序就可以运行。不过,覆盖技术对于普通用户来说要求太高,并不受欢迎,人们也就渐渐放弃了对该技术的使用。

DOS 只能识别 1MB 以内的内存空间，如果内存容量大于 1MB，则多出来的内存就会被浪费，这极大地限制了各种应用程序的开发。在 DOS 的基础上，演变开发出来的有些新的操作系统都力图冲破 640KB 的限制，但由于观念没有彻底改变，各种 DOS 最终未能走出困境。

另外，作为一个单用户系统，DOS 越来越不能适应当今多用户多任务的发展趋势，这也是它走向衰落的另一个原因。

3.6.2 Windows 10 的存储管理

Windows 10 要求的内存最小容量为 64MB，使用的是 486 以上 I386 系列 CPU 提供的段页式管理。CPU 提供了一个 16 位的段选择器和 32 位的偏移地址寄存器，因此允许用户空间分段，每段最大可达 4GB。内存空间分为大小为 4KB 的块。

Windows 10 为每个进程提供 4GB 的虚拟存储器，它由物理内存和用户驱动器根目录上的页面文件（paging file）构成，虚拟空间的实现是由在内存与页面文件之间的交换来完成的，交换的基本单位为 4KB 的页面。虚拟地址有前、后两个 64KB 的保护区，该保护区的应用是为了防止编程错误而设定的。用户程序的虚拟地址起始位实际为 0X00400000。

4GB 的虚拟地址又被分割成两个 2GB 空间，低端的 2GB 提供给用户进程使用，内装用户进程的程序代码、数据等，高端的 2GB 为系统进程使用。

用户进程的虚拟地址空间被分为自由区、确认区和保留区 3 部分。

(1) 虚拟内存的自由区：不限定其用途，其相应的权限为不可访问。

(2) 虚拟内存的确认区：具有备用的物理内存，根据该区域设定的访问权限，用户可以进行写、读或在其中执行程序等操作。

(3) 虚拟内存的保留区：没有备用的物理内存，但具有一定的访问权限。

与虚拟内存相关的访问权限告诉系统进程可在内存中进行何种类型的操作，如只读权限（可以在该区域上读，但不能写或者执行）、执行权限（不能在该区域上读或写，但能执行）、非访问权限（不允许进程对其地址进行任何操作）。

Windows 10 还提供了在小块内存中动态分配和释放内存的处理程序——应用程序堆，应用程序堆对这种内存管理来说，无论是资源上还是运行上都是很高效的。另外，Windows 10 还提供了其他几个内存扩展工具，如内存块清空、内存块覆盖、内存块复制等。

图 3.30 显示了缺页次数与时间的关系（选择"控制面板"→"管理工具"→"性能"命令，然后添加计数器：memory→page faults/sec）。

Page Reads/sec 是系统在缺页中断后单位时间内读取磁盘页面的数量。当一个进程引用一个虚拟内存的页面，并且此页面必须从磁盘检索时，就会发生缺页中断。Page Writes/sec 是指为了淘汰内存中页面而将页面回写到磁盘的速度。只有在内存中修改过的页面才会写入磁盘。

图 3.31 是 Windows 10 中虚拟内存情况。Windows 10 中的内存分配情况可通过选择"控制面板"→"系统"→"高级系统设置"→"高级"→"设置"→"高级"命令查看。

3.6.3 Linux 的存储管理

由于 Linux 也使用的是 486 以上的微型计算机，因此，它也利用了分页技术来实现虚拟

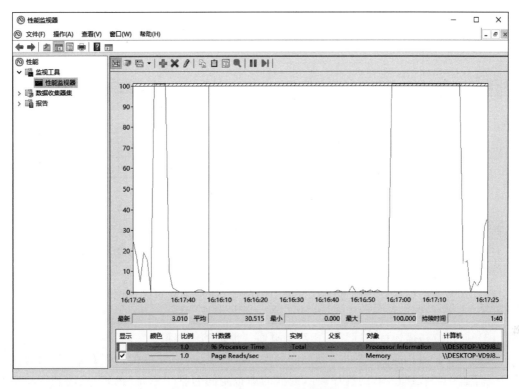

图 3.30　Windows 10 缺页次数变化

存储器。在系统安装时,从硬盘上划出一块区域作为交换区。系统运行时,通过页面的换进、换出来扩大存储空间。

整个虚拟空间可以划分为 16KB 个段,每个段的大小可变,最大能够达到 4GB,每个段可以提供独立的段内保护。每个虚拟地址空间(16KB 个段)可以分为相等的两个部分,一半称为全局虚拟地址空间,由全局段描述符表(Global Descriptor Table,GDT)映射;另一半称为局部虚拟地址空间,由局部段描述符表(Local Descriptor Table,LDT)映射。

支持二级分页机制,每个页面 4KB,提供段页式存储管理的硬件支持。地址转换要经过相对独立的两级地址变换。第一级使用分段机制,把包含段地址和段内偏移地址的二维虚拟地址空间转换为一个线性地址空间(也是虚拟地址空间);第二级使用分页机制,把线性地址空间转换为物理地址空间(见图 3.32)。

线性地址由 3 部分组成,分别为页目录索引、页表索引和页内位移。

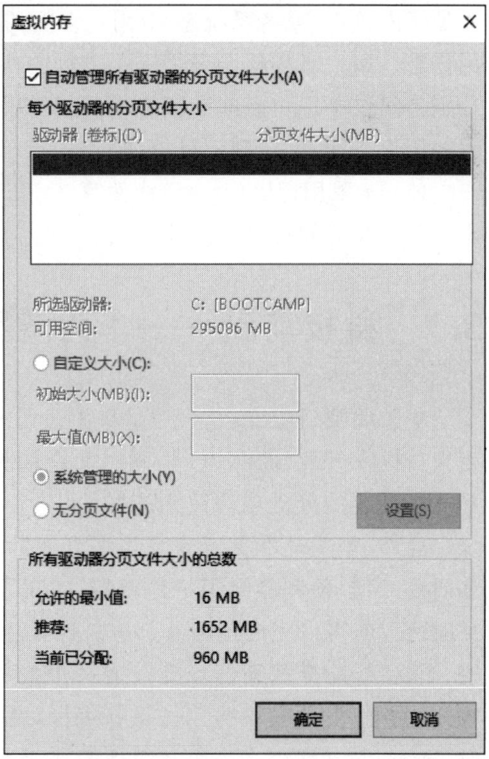

图 3.31　Windows 10 中的虚拟内存

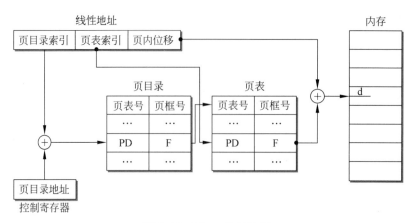

图 3.32　Linux 地址映射

（1）页目录索引描述要访问地址在页目录表中的位置，通过这个索引，就可以得到一个记录页表的内存单元。

（2）页表索引描述待访问地址在页表中的位置，通过查找页表，就得到待访问地址所在的页面。

（3）页内位移描述待访问地址相对于页面基地址的偏移量。

在同一个任务内部，还提供 4 种(0～3)保护特权级，某一级特权 i 只可以访问所有其他大于等于这一特权级(＞i)的程序段。进程的虚拟空间包括了系统（内核）空间和用户空间两部分，它们分别处于不同的特权级。内核空间特权级为 0，进程执行这个空间的指令，称为处于内核态（或者系统态）；用户空间的特权级为 3，进程执行这个空间的指令，称为处于用户态。用户态和核心态是同一进程的两种不同运行模式，进程在用户态和核心态执行时分别访问位于用户空间和核心空间的堆栈和数据结构。处于内核态的进程可以访问同一进程的用户空间，反之则不可以访问。

Linux 采用记龄(aging)淘汰算法。Linux 根据访问次数来决定是否适合换出，优先换出那些很长时间没有访问的页面。

3.7　科技前沿——华为鸿蒙

华为鸿蒙(HarmonyOS)是华为公司开发的一款基于微内核，耗时十年，由 4000 多名研发人员投入开发，面向 5G 物联网和全场景的分布式操作系统。HarmonyOS 意为和谐，不是安卓系统的分支或修改而来的，是与安卓、iOS 不一样的操作系统，性能上不弱于安卓系统。此外，华为还在基于安卓生态开发的应用能够平稳迁移到 HarmonyOS 方面上做了很多研发工作，使其能够很好地衔接，实现了将相关系统及应用迁移到 HarmonyOS 上，大约耗时两天就可以完成迁移及部署。这个新的操作系统能将手机、计算机、电视、无人驾驶车辆、车机、智能穿戴等设备统一成一个操作系统，并且该系统能兼容全部安卓应用的所有Web 应用。如果安卓应用被重新编译，在 HarmonyOS 上，运行性能将提升超过 60%。同时，HarmonyOS 创造一个超级虚拟终端互联的世界，将人、设备、场景有机地联系在一起。由于 HarmonyOS 微内核的代码量只有 Linux 宏内核的千分之一，其受攻击概率也大幅降低。

HarmonyOS 带来了更多的利好。在技术层面,将分布式架构首次应用于终端 OS,实现跨终端无缝协同体验;采用确定时延引擎和高性能 IPC 技术实现系统天生流畅;利用 HarmonyOS 微内核架构重塑终端设备可信安全。

对消费者而言,HarmonyOS 通过分布式技术,让"8+N"设备具备智慧交互的能力。在不同场景下,将"8+N"应用于华为手机能够满足人们不同的使用需求,给出更好的解决方案。对于智能硬件开发者而言,HarmonyOS 融入华为全场景的大生态,可以实现硬件方面的创新。对于应用开发者而言,HarmonyOS 的面世让他们无须考虑硬件的复杂性,只需要使用封装好的分布式技术 APIs,就可以开发出各种新的全场景体验,大大减少了应用开发者的工作量。

3.8 本章小结

存储管理涉及对内存的划分、分配与释放、地址映射、存储保护、存储共享、虚拟存储器等诸多方面。分页管理简单易行,分段管理利于共享,段页式管理集中了所有存储管理方式的优点。存储管理采用动态分配和淘汰算法进行内存和外存页面的换进、换出来实现虚拟存储器。也可采用动态连接技术和用户空间的合理划分来实现对存储区的共享。DOS 采用了单一连续分区的方案,作业大小受内存容量的限制。Windows 10 采用了动态分页管理,因此,可以实现最大为 4GB 的虚拟空间。Linux 也是采用的动态分页管理,在内存与外存之间进行大小为 4KB 的页面交换。

习题

3.1 什么是逻辑地址和逻辑地址空间?举例说明。

3.2 什么是物理地址和物理地址空间?它们和逻辑地址空间有什么关系?

3.3 为什么要进行存储分配?有哪些影响存储分配的因素?

3.4 已知主存有 512KB 容量,其中操作系统占用顶端 40KB,有如下的一个作业序列:

作业 1　要求 160KB;
作业 2　要求 32KB;
作业 3　要求 280KB;
作业 1　完成;
作业 3　完成;
作业 4　要求 160KB;
作业 5　要求 240KB;

请用首次适应算法和最佳适应算法来处理上述的作业序列,并完成以下步骤(1)~(4),要求从空白区下端分割一块作为已分配区。

(1) 画出作业 1、2、3 进入主存后,主存的分配情况。

(2) 作业 1、3 完成后,画出主存分配情况。

(3) 画出两种算法下空白区的链接情况。
(4) 哪种算法对该作业序列是适合的？

3.5 什么是重定位？解释静态重定位和动态重定位的异同点。

3.6 构造虚拟存储器必须具备哪些条件？有一计算机系统，内存容量为512KB，辅存容量为2GB，逻辑地址形式如下：

段号	段内地址
32 10	9 0

求其虚拟存储器的实际容量。

3.7 有哪些存储保护的方法？如果请你设计操作系统，你将采用何种方法？为什么？

3.8 以DOS为例说明单一分区管理。

3.9 从各个方面比较多重固定分区和多重动态分区。

3.10 有哪些分配算法？比较它们的优缺点。

3.11 何谓存储碎片？如何解决这个问题？

3.12 为什么要引入分页管理？其最大优点是什么？

3.13 比较静态分页和动态分页的差别，对于单用户机，采用哪种方案更好？为什么？

3.14 为什么说分页管理的逻辑地址为一维地址，而分段管理的逻辑地址为二维地址？

3.15 若在一分页存储管理系统中，某作业的页表如下所示：

页 号	页框号	页 号	页框号
0	2	2	1
1	3	3	6

已知页面大小为1024B，试将逻辑地址1000、2000、3000、5012转化为相应的物理地址。

3.16 动态分页技术支持虚拟存储器，请说明对应的软硬件机构。

3.17 何谓"抖动"？它是由什么引起的？如何消除这种现象？

3.18 简述最近最少使用算法(LRU)和最近未使用算法(NRU)两种页面置换算法的思想。

3.19 若某进程分得4个内存块，其页面访问顺序为1、3、4、5、2、3、4、8、6、7、5、6、5、4、2，分别求采用OPT、FIFO、LRU算法下的缺页次数和缺页率。

3.20 为什么引入分段管理？其最大特点是什么？需要哪些软硬件支持？

3.21 简述分段管理的动态连接及其意义。

3.22 某分段存储管理系统中，有一作业的段表如下：

段 号	段长（容量）	主存起始地址	缺 段 位
0	200	600	1
1	50	850	1
2	100	1000	1
3	150	—	0

逻辑地址[0,100]、[1,60]、[2,85]、[3,100]对应的内容是否在主存？为什么？

3.23 为什么说相对于分页管理，分段管理更易于实现信息共享和保护？如何实现？

3.24 为什么说段页式管理集中了分页与分段管理的优点?解释一下。

3.25 段页式存储系统中,为了获得一条指令或数据,需几次访问内存?

3.26 说明在分页、分段和段页式虚拟存储技术中的存储保护是如何实现的?有无碎片问题?

3.27 Windows 采用怎样的存储管理方法?你认为它最出色的地方在哪里?

第 4 章 作业管理

用户向计算机提交任务，操作系统向用户反馈计算机运算的结果。操作系统的任务是多方面的：使用户能方便地使用计算机，以实现其所要求的功能；在系统内部对用户进行控制并安排用户作业运行；实现用户和计算机的交互，在用户和计算机之间起着桥梁作用。这些就是作业管理的主要任务，包括用户界面、资源管理、作业调度和用户管理等内容。

4.1 用户界面

用户界面是操作系统提供给用户使用计算机的手段。根据使用计算机的程度，又可以将用户分为使用应用程序的一般用户、编写应用程序的程序爱好者、设计语言支持程序(如编译程序、汇编程序)的资深软件工程师，以及操作系统设计者。对于不同的计算机用户，操作系统要提供不同的交互手段，使用户都能操控计算机来实现自己的目的。一般用户要求有方便直观的操作界面，编程用户要求有可供调用的功能完善的统一的系统调用入口，内容包括用户想要计算机完成而计算机又能够实现的所有功能，如用户的注册登录、文件的处理、设备的使用，甚至对 CPU 及主存储器提出某些要求，对系统的时间和空间进行设置，以及计算机对结果显示方法。随着操作系统的发展，用户界面也在不断地进步。

4.1.1 作业控制语言

在早期的批处理系统中，为了描述用户提交给计算机的任务，系统提供给用户的是类似于高级语言的作业控制语言。当用户向计算机提出要求时，需要用作业控制语言来编写作业控制程序，内容包括每个运行步骤、要处理的数据、需要运行的程序、输入和输出方式、需要使用的资源等。对于用户来说，这不是一个轻松的事情，他不但要熟记作业控制语言的所有语句，还要对自己的程序在计算机中的运行状况有一个预测，运行的中间结果用户往往看不到也无法干预。这是作业的脱机控制时期，早期的计算机用户是一个特殊的专业化的群体。

对作业控制语言的改进是：直接使用高级语言对作业进行说明。BASIC 语言是一个很典型的代表，用户可以输入单条 BASIC 语言命令来代表一个作业步骤，上一个步骤执行完毕以后，再用新的命令开始下一个步骤。作业控制已由脱机形式变为联机形式。

4.1.2 作业控制命令

作业控制命令是一种联机作业控制方式，它用命令的形式来对作业的行为进行描述。

命令由命令码和操作数构成，每个命令码类似于英文中的一个单词，非常简洁明了，也易于记忆，操作数指定命令要处理的数据或数据地址。

一般情况是，用户每输入一个命令，计算机就完成一项任务，并将执行结果反馈到标准输出设备上。这种交互式的作业控制方式给用户带来了很大的方便，用户不再需要事先整理好所有的作业描述卡一次性交给操作员，而是逐条输入逐条执行，因此给用户带来极大的灵活性。DOS 操作系统就是采用命令的形式作为用户界面的，DOS 界面如图 4.1 所示。

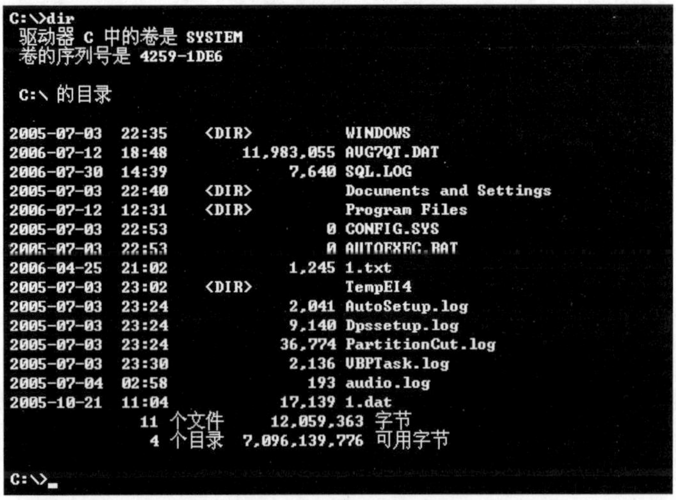

图 4.1　DOS 界面

图 4.1 中显示的是 dir 命令的运行过程及其运行结果，即显示当前目录下的子目录。可以看到在硬盘 C 的根目录下有 4 个子目录和 11 个文件，以及这些子目录和文件的类型、大小、创建日期和时间。另外，对于当前磁盘给出了其卷标、系列号、剩余空间等信息。该命令执行完毕后，提示符提示用户输入新的命令。

DOS 是一个单用户系统，因此，它的命令主要集中在文件管理方面，包含对文件及其目录的创建、修改、删除等；对系统的控制主要有系统配置、时钟设置、中断处理等；另外还能进行常规的编辑、编译、连接装配和程序执行。在 DOS 发展的后期，其命令又增加了通信、共享等功能。虽然 DOS 几经改善，但最后还是没有逃脱被淘汰的命运。

Linux 也采用了作业控制命令的形式，当用户登录系统就进入一个称为 shell 的命令界面。shell 是一种命令解释程序（命令解释器），shell 解释用户输入的命令行，提交系统内核处理，并将结果返回给用户。一旦用户注册到系统后，shell 就被系统装入内存，并一直运行到用户退出系统为止。

shell 本身也是一种可编程的程序设计语言。用 shell 写的程序相当于 DOS/Windows 下的批处理文件，它可以简单到只有一条命令，也可以复杂到包含大量循环语句、条件语句、数学运算、控制结构，也可以是介于两者之间的程序。

用户通过直接输入命令及命令参数来实现不同的功能和任务，Linux 界面如图 4.2 所示。

图 4.2 中的 ls 命令显示了当前目录下所有文件的信息，包括文件名称、存取权限、文件主名称、大小、创建日期时间等。

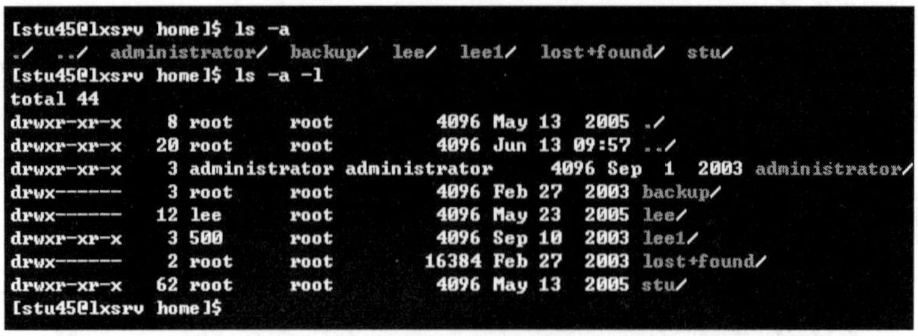

```
[stu45@lxsrv home]$ ls -a
./   ../  administrator/  backup/  lee/  lee1/  lost+found/  stu/
[stu45@lxsrv home]$ ls -a -l
total 44
drwxr-xr-x   8 root          root                 4096 May 13  2005 ./
drwxr-xr-x  20 root          root                 4096 Jun 13 09:57 ../
drwxr-xr-x   3 administrator administrator        4096 Sep  1  2003 administrator/
drwx------   3 root          root                 4096 Feb 27  2003 backup/
drwx------  12 lee           lee                  4096 May 23  2005 lee/
drwxr-xr-x   3 500           root                 4096 Sep 10  2003 lee1/
drwx------   2 root          root                16384 Feb 27  2003 lost+found/
drwxr-xr-x  62 root          root                 4096 May 13  2005 stu/
[stu45@lxsrv home]$
```

图 4.2　Linux 界面

Linux 有如下几大类命令。

（1）有关进程及进程管理，包括进程的创建、等待、唤醒、撤销，进程的监视，运行时间指定，安排前台和后台进程，实现进程的优先级，以及实现批处理环境。

（2）有关文件管理，包括文件及目录的各种操作、文件的连接、文件的查找、文件输入输出等。

（3）有关用户和用户管理，包括用户及用户权限的设定、用户信息的显示、用户口令的维护、用户分组等。

（4）有关硬盘管理和文件压缩，包括对指定文件的压缩、文件形式的转换、磁盘空间的管理、环境设置、文件系统的安装与拆卸。

（5）有关网络管理，包括设定系统的主机名、防火墙操作、主机登录与退出、网络地址的查找及路由指定等。

（6）其他，包括确定程序的执行时间、报告系统名和其他信息、版本信息、用户对话、信息广播、电子邮件等。

4.1.3　菜单控制

菜单将操作系统的功能进行分类，然后再进行更小类型的划分，直到落实到每个具体的功能。分类的功能采用横向和纵向列表的形式直接显示在显示器上供用户选择（菜单界面如图 4.3 所示，选择"控制面板"→"管理工具"→"计算机管理"→"操作"→"所有任务"命令），列表被称为菜单。

从图 4.3 中可以看到，计算机管理作为一个主功能，其中又划分了 4 个子功能：文件、操作、查看、帮助。在"操作"子功能下，又有 4 个更小的子功能。

菜单控制的好处是：由于菜单列表一目了然，用户不再需要熟记任何命令或者语言，只需要在菜单的提示下进行选择来实现相应的功能，程序运行的中间及最终结果都直接显示在指定的输出界面上。由于菜单控制的直观特点，没有受过训练的用户都可以直接使用计算机，因此，计算机得以快速普及。

4.1.4　窗口和图标

菜单采用的是文字列表，但设计者们认为它还不够亲切，于是发展出更为生动的图形界面。图形界面采用窗口的方式，并用窗口内的图标来代表具体的功能，这就是现在大家使用计算机的方式，其形式如图 4.4 所示。

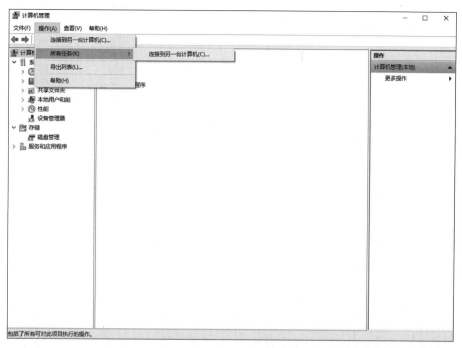

图 4.3 菜单界面

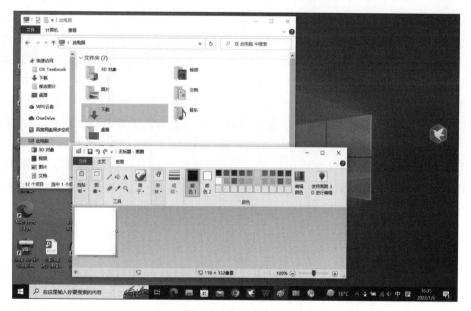

图 4.4 窗口与图标

图 4.4 的任务栏中有 4 个同时打开的窗口,每个窗口内又包含若干由图标表示的子功能,窗口外面还有两个图标,也代表着两个具体的功能。如果用户需要画图,可以双击"画图"图标;如果用户希望查看计算机性能,可以双击"管理工具"中对应的图标。

用户要实现的任务用窗口来表示,用户要实现的子功能用图标来表示,双击图标又能激活所对应的子功能窗口,子窗口中又有新的子功能。窗口和图标既能够分离,也可以重新组合。这样使得功能安排的灵活性达到了最大,用户的地位得到了充分的尊重,但同时用户也被层层叠叠的图标和窗口搞得眼花缭乱。

　　用户界面的发展趋势是使用容易、感觉亲切、功能强大、变化多端。可是凡事不能过度，不知将来是否会回归到最自然和简单的方式，这只有在若干年后才会有答案。

　　Windows 10 中采用的是图标和窗口方式。窗口可以由用户调节大小及形态，根据作用又被分为系统定义的"桌面窗口"；向用户提供与应用程序交互界面的"应用程序窗口"；用于获得用户输入信息的"对话框"；专门用来完成指定类型数据输入输出的"控制窗口"；以及用来向用户显示信息、警告和错误的"消息框"。窗口中的图标因其图案的不同也有不同的含义，如某个被动的文件、一项压缩功能、一个游戏入口等。

　　Linux 中采用的是命令方式，但 Linux 并没有回避窗口和图标方式的巨大优势，它的 X-Windows 界面做得同样很漂亮。从使用 Linux 的情况来看，X-Windows 的作用似乎更强大，它的功能包罗万象，同时其稳定性更好。

4.1.5　系统调用

　　除了给普通用户提供的以上界面外，操作系统还向编程人员提供了一种能够完成底层操作的接口，这就是系统调用。系统调用其实是事先编制好的、存在于操作系统中的、能实现那些与机器硬件部分相关工作的控制程序。这些程序是操作系统程序模块的一部分。为了安全起见，一般情况下用户不能对它们进行直接调用，而是通过操作系统的特殊入口地址来达到调用这些程序的目的。

　　一个用户的进程既可以执行用户程序，也可以执行系统调用程序，也就是说用户进程既可以处于运行用户程序阶段，也可以处于运行系统程序阶段。进程运行用户程序时被称为处于用户态，进程运行系统程序时被称为处于系统态。

　　DOS 往往只能通过汇编语言及其他高级语言来实现系统调用，这些调用表现为不同的调用数字，通过中断入口表按照数字所指定的地址来寻找调用地址，因此，较难记忆与操作。

　　Linux 的每个系统调用都有对应的调用名称，只要输入相应的命令和参数就能实现系统调用。系统调用的形式与其他应用程序和函数没有区别，但系统调用处于 Linux 的内核。其实，Linux 中的许多系统调用命令都可以在 shell 下直接运行，这就是前面提到过的 Linux 命令界面。

　　Windows 提供的系统调用称为应用程序编程接口（API），它是应用程序用来请求和完成计算机操作系统执行的低级服务的一组内核对象，是通过调用内核对象的功能函数来实现的。一个内核对象是系统所拥有的数据和功能的结合，应用程序调用系统调用函数使用系统底层和其他关键资源。第 2 章中已经介绍了一些内核对象，如邮箱（Mailslot）、进程（Process）、互斥体（Mutex）、线程（Thread）、事件（Event）、管道（Pipe）等，还有一些内核对象也是非常有用的，如文件（File）、任务（Job）、堆栈（Heap）、模块（Module）等。

4.2　作业

　　作业是用户交给计算机的具有独立功能的任务。在联机系统中，从用户登录系统到用户退出系统的整个过程，可以多次形成作业，用户每输入一条命令或运行一段程序都代表着一个作业步。通过实验可以看到,作业在系统中也是动态的,从作业产生到作业消失的整个过程中,作业的状态跟随系统的运作而发生变化。

4.2.1 作业的状态

根据所处的不同位置,作业被分为如下 4 种状态。

(1) 提交状态。当用户正在通过输入设备向计算机提交作业时,作业处于提交状态。处于提交状态的作业存在于输入设备和辅助存储器中,这时完整的作业描述信息还未产生。对于整个系统来说,处于提交状态的作业可以有多个。而对于单个用户来说,一次只能提交一个作业。

(2) 后备状态。当用户完成作业的提交,作业已存在于辅助存储器中,这时的作业处于后备状态。处于后备状态的作业具有完整的作业描述信息,这些信息包括作业的名称、大小、作业对应的程序等。处于后备状态的作业有资格进入主存储器,但何时进入主存储器,还需要看有否这样的时机。

(3) 执行状态。作业被调度进入主存储器,并以进程的形式存在,其状态就是执行状态。处于执行状态的作业并不意味着一定在 CPU 上运行,是否运行依赖于进程控制。处于执行状态的作业可以有多个,其数量与主存中作业的数量相一致,主存能容纳的作业数量越多,处于执行状态的作业越多。

(4) 停止状态。当作业已经完成其指定的功能,等待着与之相关的进程、资源及其他描述信息的撤销,作业便进入停止状态。

4.2.2 作业控制块

用来对作业进行描述的数据结构称为作业控制块(JCB)。和进程控制块类似,作业控制块用来唯一地标识作业并记录所有与作业相关的信息,这些信息具体如下。

(1) 作业标识:操作系统用来区分每个作业。
(2) 用户标识:创建作业的用户名称及账号。
(3) 估计运行时间:预计的作业需要占用 CPU 的时间。
(4) 优先数:在作业调度时,能反应该作业被调度的机会。
(5) 作业创建时间:作业从提交状态变为后备状态的时间。
(6) 作业状态:代表作业在系统中所处的状态。
(7) 作业地址:作业在系统中的存放位置。
(8) 作业对其他资源的要求:如对存储器要求、对设备要求、对文件及数据的要求等。

4.2.3 作业调度程序

当作业进入系统,由谁来接管作业并对作业的整个行为进行控制呢?这就是作业调度程序的工作。作业调度程序对作业进行管理,包括 JCB 的创建及修改、从后备状态的作业中选择进入执行状态的作业、作业资源的分配及释放、JCB 的撤销。作业调度程序在作业状态的变迁中所处的位置如图 4.5 所示。

作业调度程序实现从作业的提交状态直到作业的后备状态的所有状态转换。

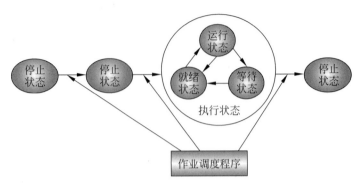

图 4.5 作业调度程序发生的位置

作业调度程序实现作业的建立,也就是作业从提交状态到后备状态的转换。先为作业分配空的 JCB,再在辅助存储器空间上获得作业的存放空间,然后将作业的有关信息填入 JCB 中。

作业调度程序实现作业从后备状态转换到执行状态。要完成的任务是:按照一定的算法从后备作业中选出一个作业,将该作业的内容调入内存,实现作业资源的分配,调用进程创建原语为该作业建立进程,然后放弃对该作业的控制权。

作业调度程序实现作业从执行状态转变为停止状态。当作业调度程序获知某个作业已经完成其所有的工作,便接过对该作业的控制权,释放该作业所占有的资源和该作业所对应的 JCB。

与进程调度程序只管理进程从就绪状态变为运行状态的情况不同,作业调度程序是对作业的整个过程进行管理的。与进程状态变化不同,作业状态的变化是不可逆的,这也反映了作业运行的顺序特征。

4.3 作业与资源

多道程序系统运行的特点之一是并行性,即在某个时间范围内,系统中同时运行着多个作业和进程。这些作业和进程共享着系统的所有资源,而系统资源的有限性决定了作业在申请资源时会有冲突和抢占现象发生。这就要求操作系统具有一个良好的资源管理程序来对各种不同类型的资源进行合理管理。

4.3.1 资源管理的目的

进行资源管理要从两方面考虑,一是如何使用户作业的资源请求获得满足,二是如何使系统资源的应用达到最佳状态。更具体地说是要达到如下目标:使资源达到充分利用;使每一个用户都无须等待时间太长就能获得资源;使资源的分配尽量合理而不至于产生死锁。

要达到上述目标,资源管理程序应该具有下述功能。

(1) 对资源进行描述。根据不同资源的特性选取适当的数据结构来描述资源,内容包括资源标识、资源分配特性、资源安全要求、资源分配状况等。资源描述数据结构是资源存在的标志。

（2）对资源进行分配。按照一定的分配原则从若干申请资源的作业中选出合适的作业,将作业申请资源的逻辑名与资源的物理地址进行连接,这样用户就能够开始使用资源。

（3）保证资源使用的安全性。如果是共享资源,安全性表现在所有共享该资源的作业相互之间没有不良影响或者越权操作。如果是独享资源,安全性表现在能够用实现临界资源的手段来使用独享资源。

下面针对各种资源种类来讨论其对应的分配策略。

4.3.2 资源分配策略

作业是资源分配的主体。但由于系统资源有限,在资源分配时往往采取一些措施来缓解供不应求的局面,排队方法和虚拟资源方法都可以解决这种矛盾。

1. 排队方法

这种方法一般针对独占使用的资源。若干作业同时申请对独享资源的使用,作业管理系统往往按照一定的顺序将作业排成队列,然后逐一安排对资源的使用。在 Windows 10 中,常常可以看到这样的队列,如图 4.6 所示,它代表着几个作业对打印机的申请。

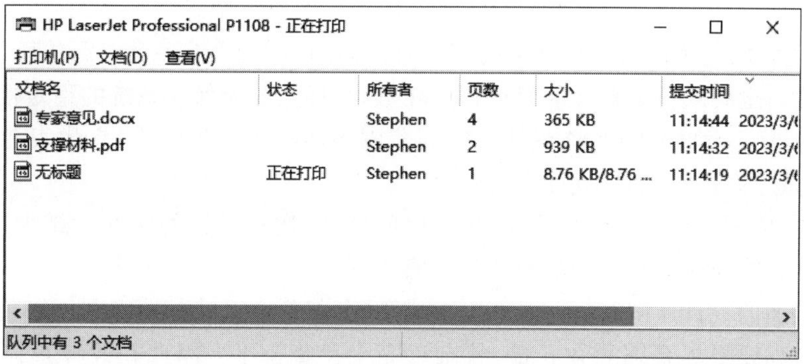

图 4.6 Windows 10 中的作业队列

图 4.6 中有 3 个作业从上到下排成队列,它们都申请了对打印机的使用。其中,作业"无标题"已经获得对打印机的使用权,正在打印中。其他作业在队列中等待。每个作业的提交时间是指作业提出申请的时间。显然以上队列是按先后顺序进行排队的。

排队方法又可以根据队列顺序的安排原则分为:按先后顺序排队的先来先服务;按优先级顺序排队的优先级方法;按作业长短排队的短作业优先等。

2. 虚拟资源方法

有些作业在申请资源时,迫切要求资源的分配,于是系统就采取一种特殊的方法,使作业感觉到资源已被分配。而这时所分配的资源并不是作业申请的资源本身,而是资源的某种替代物,最常见的方法是:用辅助存储器的指定空间来代表资源,作业使用该空间来进行数据的输入输出或存储,一旦资源空闲,作业管理系统就将指定空间上的数据转移到具体资源上。由于这一切都是操作系统来完成的,用户不知道他在一段时间内并未获得所申请的资源,因此,从一个时间范围上来看,每个用户都享用了他所申请的资源,这种感觉上的资源就是虚拟资源。关于虚拟资源的详细内容见第 6 章的"设备管理"。

4.4 进程调度与作业调度

下面介绍的是对 CPU 和主存储器资源分配的问题。当 CPU 资源的竞争实体是处于就绪状态的进程时,通过进程调度程序可实现对 CPU 的分配。进程调度程序中有一项任务是:选取一个处于就绪状态的进程变为运行状态。当内存资源的竞争实体是处于后备状态的作业时,通过作业调度程序可实现对存储器的分配。作业调度程序中有一项任务是:选取一个处于后备状态的作业进入执行状态。这些选取规则是由调度算法来决定的。

4.4.1 调度算法设计原则

在设计调度算法时,要考虑如下几个设计原则。

(1) 公平。由于它是针对多个等待调度的实体,因此要求在一般情况下,所有的实体都有公平的被调度机会。

(2) 高资源利用率。设计调度算法应使资源利用率和系统整体效率这两项指标尽可能得到提高。

(3) 对资源的均衡使用。系统中的资源有不同的种类,要求各类资源的繁忙程度相似,对于同类资源,也要求各个资源的繁忙程度相似,这样做才能保证系统的稳定性。

(4) 吞吐量。吞吐量指系统在某一时间范围内的输入输出能力,它代表着系统的处理能力。吞吐量越高,系统的处理能力越强。

(5) 响应时间。不管是什么系统,响应时间越短,用户等待的时间就越少,特别是当用户数目很多时,响应时间直接影响用户的满意程度。

其实,上面的设计原则有一些是相互冲突的,如要提高系统的资源利用率就无法保障短的响应时间,如要提高系统的吞吐量,就难以完全保障公平。因此在设计具体的调度算法时,还是要依据操作系统的使用目的有所偏颇,或者在多条因素之间进行折中。

在衡量调度算法时,可以采用如下时间量来实现或者间接说明系统状况。

周转时间:作业从提交开始到进入停止状态的时间。

$$周转时间 = 运行时间 + 等待时间$$

平均周转时间:系统中所有作业周转时间的平均值。它反映了作业的平均运行时间和作业的平均等待时间。

$$平均周转时间 = 平均运行时间 + 平均等待时间$$
$$= \frac{1}{N} \sum_{i=1}^{N} 周转时间_i$$

带权周转时间:周转时间与实际运行时间的比称为带权周转时间。

$$带权周转时间 = \frac{周转时间}{运行时间} = 1 + \frac{等待时间}{运行时间}$$

平均带权周转时间:系统中所有作业的带权周转时间的平均值。

$$平均带权周转时间 = \frac{1}{N} \sum_{i=1}^{N} 带权周转时间_i$$

平均带权周转时间越小,系统中作业的等待时间越短,同时系统的吞吐量越大,系统资源的利用率也就越高。

以上时间越短,调度算法就越好,不断涌现出的调度算法都尽可能趋于理想,它给操作系统的设计者提供了很大的想象空间。

调度算法的选择和竞争资源的实体概念紧密相关。作业是批处理时期的概念,一个作业一旦占有 CPU 会一直运行,直到该作业因为等待某种条件(如等待传输完成)而放弃 CPU,因此作业调度顺序是串行和不可抢占的。进程是分时系统中的概念,进程调度意味着进程对 CPU 时间片的抢占,进程调度序列是并行的。

4.4.2 作业调度算法

1. 先来先服务

根据作业到达的先后次序安排作业的执行顺序,最先到达的作业最先执行。该算法操作最简单,同时看起来也最公平,因此在许多系统中都有应用。但是它没有考虑作业运行时间的长短,如果最先到达的作业需要较长运行时间,而稍后到达的作业只需要很短的运行时间,就会导致短作业的长时间等待,它会使短作业的带权周转时间增大,而长作业的带权周转时间较小,因此造成长短作业处于事实上的不公平状态。

2. 短作业优先

根据作业提出的运行时间的长度来安排调度顺序,最短的作业最先被调度进入执行状态。显然这是一种照顾短作业的方法,它降低短作业的带权周转时间,却提高了长作业的带权周转时间。对整个系统来说,短作业优先算法可以提高系统的吞吐能力,加快系统的响应时间。但它未考虑在响应时间上的公平,短作业虽然有短的响应时间,但如果系统中短作业过多,长作业则会有过长的等待时间。

短作业优先的算法降低了平均周转时间和平均带权周转时间,可以参见表 4.1 的计算值。

表 4.1 先来先服务与短作业优先周转时间比较

先来先服务						
执行顺序	提交时间/h	运行时间/h	开始时间/h	完成时间/h	周转时间/h	带权周转时间/h
1	8.00	2.00	8.00	10.00	2.00	1
2	8.50	0.50	10.00	10.50	2.00	4
3	9.00	0.10	10.50	10.60	1.60	16
4	9.50	0.20	10.60	10.80	1.30	6.5
短作业优先						
调度顺序	提交时间/h	运行时间/h	开始时间/h	完成时间/h	周转时间/h	带权周转时间/h
1	8.00	2.00	8.00	10.00	2.00	1
4	8.50	0.50	10.30	10.80	2.30	4.6
2	9.00	0.10	10.00	10.10	1.10	11
3	9.50	0.20	10.10	10.30	0.80	4
量化性能指标				先来先服务平均	1.725	6.875
				短作业优先平均	1.55	5.15

如果公平意味着所有作业的带权周转时间相似,则可采用最高响应比优先调度算法。

3. 最高响应比优先

带权周转时间又称为响应比。最高响应比优先是按作业的响应比来安排调度顺序，响应比高的作业优先调度。

$$响应比 = 周转时间 / 运行时间$$
$$= (运行时间 + 等待时间) / 运行时间$$
$$= 1 + 等待时间 / 运行时间$$

由上式可知，等待时间越长，响应比越高，因此，等待时间长的作业将优先获得运行。运行时间越长，响应比越低，因此，运行时间长的作业优先级将降低。这样就照顾了那些运行时间少而等待时间长的作业。但是每个作业的响应比随时都在发生变化，因此要不断地重新计算。如何确定重新计算的时间间隔是一个难处理的问题，时间间隔太短，将导致大量的计算开销，时间间隔太长，响应比的作用会下降。

4.4.3 进程调度算法

1. 时间片轮转法

将所有的就绪进程按到达的先后顺序排队，每个进程被逐一地分配一个时间片运行，时间片完毕时运行态进程重新进入就绪队列。这种方法保证所有进程都有公平的响应时间，它也是许多操作系统采用的办法。

关于时间片的确定，在一个时间片范围内至少应该能完成一次现场保护和现场恢复、一次中断处理程序或者一条原语的执行。时间片最长不得超过系统响应时间，而系统的响应时间是用户响应时间与系统可容纳的用户数目的比值。因此，时间片的大小可以有一个很大的变化范围，在确定其具体值时还需要考虑如下因素。

（1）系统的设计目标。

系统的设计目标决定了系统中运行的进程类型。用于工程运算的计算机系统往往需要较长的时间片，这样可以降低进程之间频繁切换所导致的系统开销。用于输入输出工作的系统只需要较短的时间片，因为它只需要在一个时间片范围内完成少量的输入输出准备和善后工作。用于普通多用户联机操作的系统，时间片的大小主要取决于用户响应时间。

（2）系统性能。

计算机系统本身的性能也对时间片大小的确定产生影响。CPU 时钟频率越快，单位时间内能够执行的指令数越多，其时间片就可以设置得越短。CPU 指令周期长，程序的执行速度就慢，时间片就需要较长，可过长的时间片又有可能影响用户响应时间，这时候便需要折中取值。系统性能越好，时间片大小的确定范围则越大。

如果系统中既存在运算型进程又存在输入输出型进程，就比较难以确定时间片的长短。又如实时系统和分时系统并存的情况，不同对象的响应时间存在着很大的差异，这也很难确定一个固定的时间片大小。因此，单纯的时间片轮转法有其局限性，这也是为什么很多实用系统采用多值时间片的原因。

2. 优先级法

对于用户而言，时间片轮转法是一个绝对公平的算法，但对于系统而言，时间片轮转法还没有考虑到系统资源的利用率以及不同用户进程的差别，因此，可以在时间片轮转的基础上,为进程设置优先级,就绪进程按优先级不同安排调度顺序。优先级的确定通常是将优先级分为静态优先级和动态优先级,然后根据进程和系统的具体情况来确定优先级的数值。

(1) 静态优先级。

静态优先级是在进程被创建时设定的优先级。静态优先级的确定一般根据进程的性质来决定。可以考虑如下确定原则。

① 运行系统程序的进程优先级较高,运行用户程序的进程优先级较低。

② 主要使用珍贵资源(如 CPU、主存储器等)的进程优先级较低,主要使用输入输出设备的进程优先级较高。

③ 对于用户要求紧急的进程给予较高优先级。

(2) 动态优先级。

动态优先级在进程的存在过程中不断地发生变化。动态优先级的变化原则往往取决于进程的等待时间、进程的运行时间、进程使用资源的类型等因素。一般情况是等待时间越长,优先级越高,运行时间长,优先级就会降低。前面谈到的最高响应比优先算法可以认为是动态优先级的一个例子,响应比越高,优先级越高。

3. 多级反馈队列

多级反馈队列是一个综合的调度算法,它综合考虑了进程到达的先后顺序、进程预期的运行时间、进程使用的资源种类等因素。

(1) 进程的组织。

就绪进程被组织成 N 条队列,优先级由高向低排列,时间片由短向长排列。具体形式如图 4.7(a)所示。

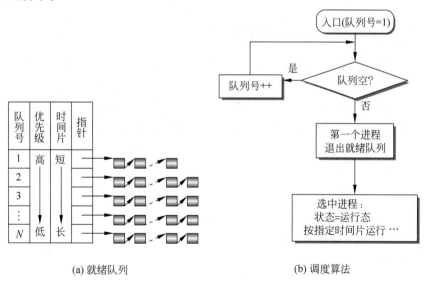

(a) 就绪队列　　　　　　　(b) 调度算法

图 4.7　多级反馈队列

(2) 调度算法。

图 4.7(b)是调度算法的流程图。调度算法选择优先级最高的队列,如果该队列为空,则指针移动到下一个优先级队列,直到找到不为空的队列。选择队列中的第一个进程运行,运行时间片由队列首部指定。

当新的进程要进入就绪队列时,根据进程的表现选择不同优先级的队列进入。判断及插入方法如下。

① 如果正在运行的进程时间片用完需要放弃 CPU,在该进程运行之前所处队列优先级基础上,下降一个优先级后,进入该优先级所对应的队列尾部。

② 如果是因输入输出中断而进入等待队列的进程,在进程被唤醒时进入该进程中断之前所处的队列尾部。

③ 如果是新创建的进程,直接进入最高优先级队列的尾部。

多级反馈队列算法有如下特点。

① 短作业优先。当新的进程进入时,都是进入优先级最高的队列,如果作业需要运行的时间很短,则在较高的优先级队列中几次运行就可以完成。如果作业需要运行时间较长,则会在使用完时间片后不断往下一个队列转移,直到进入优先级最低的队列。

② 输入输出进程优先。由于进程在完成输入输出中断以后,返回到中断以前所在的队列,因此,它的优先级不会降低。

③ 运算型进程有较长的时间片。运算型进程需要较长的 CPU 运行时间,它虽然开始也是进入高优先级短时间片的队列,但每次运行后都下移一个队列,时间片随之变长,直到最后获得最长的时间片。

④ 采用了动态优先级,使用珍贵资源 CPU 的进程其优先级不断降低。采用了可变时间片以适应不同进程对时间的要求,运算型进程将获得较长的时间片。

某些多用户小型机系统采用经过变化的多级反馈队列算法,如对系统进程和用户进程的时间片设置不同的长度,将进程分类以后安排不同的优先级范围等。

4.4.4 实用系统中的调度算法

由于 Windows 10 程序用线程来构成进程,时间片最终由线程来使用。进程中线程的数目越多,获得时间片的机会越多。Windows 10 采用多级反馈队列,每个优先数都对应于一个就绪进程队列。线程对时间片的使用采用的是同一个优先数的时间片轮转法。

进程优先数分为两大类:用于通信任务和实时任务的固定优先数(优先数为 31~16),用于用户提交的交互式任务的可动态调整优先数(优先数为 15~0)。线程优先数在进程所具有的级别基础上,再进行相对调整。可动态调整的线程优先数确定原则为:每个进程创建时有一个基本优先数,取值范围从 0~15;其包含的线程有一个线程基本优先数,取值范围从 -2~2,线程的初始优先数为进程基本优先数加上线程基本优先数,但必须在 0~15 的范围内;由于每个进程和线程的重要程度不同,每个进程和线程要赋予一个优先级。

Windows 进程优先级如表 4.2 所示。

表 4.2 Windows 进程优先级

进程优先级别	说 明	值
REALTIME_PRIORITY_CLASS	最高级	24
HIGH_NORMAL_PRIORITY_CLASS		13
ABOVE_NORMAL_PRIORITY_CLASS		
NORMAL_PRIORITY_CLASS		8

续表

进程优先级别	说 明	值
BELOW_NORMAL_PRIORITY_CLASS		
IDLE_PRIORITY_CLASS	最低级	6

Windows 线程的优先级如表 4.3 所示。

表 4.3　Windows 线程的优先级

级　　别	说　　明
THREAD_PRIORITY_IDLE	当线程包含在具有 HIGH_PRIORITY_CLASS 或者更低级别的进程中时,线程的基础优先级为 1；如果包含在 REALTIMG_PRIORITY_CLASS 优先级的进程中时,则线程的优先级为 16
THREAD_PRIORITY_LOWEST	线程的基础优先级比包含该线程的进程的优先级低两级
THREAD_PRIORITY_BELOW_NORMAL	线程的基础优先级比包含该线程的进程的优先级低　级
THREAD_PRIORITY_NORMAL	线程的基础优先级和包含该线程的进程的优先级相同
THREAD_PRIORITY_ABOVE_NORMAL	线程的基础优先级比包含该线程的进程的优先级低一级
THREAD_PRIORITY_HIGHEST	线程的基础优先级比包含该线程的进程的优先级低两级
THREAD_PRIORITY_CRITICAL	当线程包含在具有 HIGH_PRIORITY_CLASS 或者更低级别的进程中时,线程的基础优先级为 15；如果包含在 REALTIMG_PRIORITY_CLASS 优先级的进程中时,则线程的优先级为 31

Linux 提供了 3 种调度算法：用于实时进程的先进先出算法（First In First Out,FIFO）、轮转算法（Round Robin,RR）、用于普通进程的可抢占式动态优先级算法(Preemptive Scheduling)。

Linux 先进先出调度算法按照实时进程进入可运行队列的先后顺序,依次把每个进程投入执行,只有前面的进程执行完成或者自动放弃 CPU(如进入等待状态),下一个进程才可以执行。Linux 的先进先出算法中也考虑了进程的优先级,具有相同优先级的进程采用 FIFO 算法,如果有更高的优先级出现,调度函数就要选择具有高优先级的进程使用处理机。

Linux 轮转算法按照进程在队列中的顺序依次分配时间片,如果用完之后还没有完成要求的任务,运行态进程使用完时间片后进入就绪态重新排到可运行队列的尾部,等待下一次调度。Linux 使用的 RR 算法也考虑了进程的优先级,具有相同优先级的进程采用 RR 算法,而具有更高优先级的实时进程拥有首先使用 CPU 的权利。

在 Linux 中,非实时进程的调度采用抢占式动态优先级算法。每个进程拥有不变的静态优先级和可变的动态优先级,调度函数根据各进程的优先级来确定权值,拥有最大权值的进程被选中执行,如果多个进程具有相同权值,则选取排在可运行队列最前面的那一个。每一个进程都分配一定的时间片,时间片使用完之后,系统转入调度函数,等所有非实时进程的时间片都使用完之后,再按照各自的优先级给每个进程重新分配时间片。Linux 时间片默认值为 200ms,用户可以针对不同的进程设置时间片的值。

在 Linux 中,决定进程权值的相关参数有 4 个,它们都记录在进程控制块中。

(1) policy,进程被指定的调度算法。进程的调度策略是从父进程那里继承,但是也可以通过特定系统调用来改变。

（2）priority，进程静态优先级。记载了进程最多可以拥有的时间片，从父进程那里继承，只能由用户通过系统调用来修改。

（3）counter，进程的动态优先级。它表示进程在当前时间片中剩余的时间量。它的初值等于静态优先级，在进程执行期间，随时间不断减少，当它小于或等于 0 时，表明进程的时间片用完，重新设置为 0，并引起调度。

（4）rt-priority，实时进程优先级。实时进程的优先级取值范围为 0～99，取 0 时表示不是实时进程。

系统在进行调度时，首先依据 policy 的值确定该进程的调度策略，选用与策略对应的算法进程权值，权值是衡量一个进程是否执行的唯一标准。

实时进程权值计算公式为：

$$goodness = 1000 + rt\text{-}priority$$

对于采用实时 FIFO 策略的进程，具有高实时优先级的进程将一直执行，直到进入僵死状态、进入等待状态或者是被具有更高实时优先级的进程夺去处理机。采用实时 RR 策略的进程，时间片用完之后，将被放到可运行队列的尾部，等待下一次调度，处理机由下一个具有相同实时优先级的进程使用。

普通进程的抢占式动态优先级调度策略记为 SCHED-OTHER。选择执行的依据是进程的动态优先级。进程创建之初，动态优先级和静态优先级具有相同的值，随着进程的执行，动态优先级慢慢减小，如果一个普通进程时间片用完的话，它的动态优先级就是 0，而且要等到其他所有进程的动态优先级为 0 时，才用静态优先级的值来初始化。这种情况下所有普通进程权值的计算公式都是：

$$goodness = counter + priority$$

进入调度后，当前普通进程的时间片没有用完，而且仍然位于可运行队列中时，为了增大当前进程的权值，避免过分频繁的进程切换，当前进程的权值计算公式是：

$$goodness = counter + priority + 1$$

新的普通进程进入可运行队列后，插入队列尾部，将引起调度，在都使用相同静态优先级的情况下，新进程的权值很大，这样可以保证新进程的响应时间。

4.5 作业与任务、进程、程序

操作系统的设计者不断推出新的名词来描述系统行为，用得较多的有进程、任务、线程。但它们都离不开对资源的竞争，因此，又可以将调度算法划分为对 CPU 的竞争、对存储器的竞争和对输入输出设备的竞争。

相对来说，作业概念更多地用于脱机处理系统，进程的概念更多地用于联机处理。在 Linux 系统中虽然有设置前台作业和后台作业的功能，但它处理的对象还是进程。Windows 10 中没有明显的作业概念，只有任务、进程、线程概念。任务通常由图标来表示，该图标连接着任务所对应的程序，通过双击图标可以启动任务的执行。

当任务被启动时，对应于该任务的进程也就被建立。进程的运行又有两种情况：以纯粹的进程形式存在或者以线程的形式存在。线程是构成进程的可独立运行的单元，当进程由线程构成时,线程成为占有 CPU 时间片的实体。

作业、任务、进程、程序、线程之间都没有唯一的对应关系,程序是进程的基本组成部分,但它又可以对应多个进程;一个进程也可以由多个程序构成。进程是作业的执行状态,一个作业又可以对应多个进程。线程包含在进程之中,一个进程可以由一个或多个线程构成。

4.6 科技前沿——统信 UOS

统信软件是由统信软件技术有限公司基于 Linux 内核,采用同源异构技术,创新打造的操作系统,支持 4 种 CPU 架构(AMD64、ARM64、MIPS64、SW64)和六大国产 CPU 平台(鲲鹏、龙芯、申威、海光、兆芯、飞腾)及 Intel 和 AMD 主流 CPU,提供高效、简洁的人机交互和美观易用的桌面应用,以及安全稳定的系统服务,是真正可用和好用的自主操作系统。

统信 UOS 具备突出的安全特性。它不仅在系统安全方面进行了专业的设计和论证,而且还与国内各大安全厂商深入合作,进行安全漏洞扫描和修复,最大程度地提升系统安全的自我保护能力,打造 UOS 巩固的安全防线。而且,统信 UOS 在产品功能方面还通过分区、限制 sudo 使用、商店应用、安全启动、开发者模式这五大安全策略,进一步保障操作系统的安全性和稳定性。

统信软件的主要产品包括 UOS 桌面版、UOS 服务器版和 UOS 专用设备版。

UOS 桌面版包含自主研发的桌面环境、几十款原创应用,以及众多来自应用厂商和开源社区的原生应用软件,支持全 CPU 架构的笔记本电脑、台式计算机、一体机和工作站,能够满足用户的日常办公和娱乐需求。

UOS 服务器版在 UOS 桌面版的基础上,向用户的业务平台提供标准化服务和虚拟化、云计算等应用场景支撑,支持主流商业和开源数据库、中间件产品和各种云平台产品,具备优秀的可靠性、高度的可用性、良好的可维护性,能满足业务拓展和容灾需求的高可用以及分布式支撑的需求。

UOS 专用设备版在桌面版的基础上,针对专用设备应用场景进行系统裁剪和个性化定制,具备可靠的稳定性和优异的性能,可满足诸如金融自服设备、网络安全设备等应用场景。

4.7 本章小结

作业管理是操作系统面向用户的一部分。它提供给用户使用计算机的界面,目前最流行方式是用窗口代表任务,用图标代表功能。系统中的作业有 4 种基本状态,由作业调度程序来完成状态的转化。将后备状态的作业变为执行状态需遵循作业调度算法,将就绪态的进程变为运行态需遵循进程调度算法,而算法的选取离不开公平、资源利用率、响应时间等设计原则。实用操作系统正在不断推出新的概念,不管何种新的概念都是为了描述使用资源的实体和对资源的竞争。

习题

4.1 操作系统提供了几种用户界面?这些界面各针对何种用户?

4.2 比较 Windows 和 Linux 的用户界面,各有什么特点?

4.3 作业控制方式有哪几种?结合你周围计算机常用的操作系统,说明它们的作业控制方式。

4.4 什么是系统调用?系统调用应该包括哪些功能?

4.5 解释作业、作业步、任务、程序、进程、线程等概念,说明它们相互间的关系。

4.6 作业有几种状态?这些状态之间如何转换?由谁来实现这些转换?

4.7 作业控制块包含哪些内容?起什么作用?

4.8 什么是作业调度程序?起什么作用?

4.9 对于独享资源分配,可以采用哪几种调度策略?它们各有什么特点?

4.10 作业与资源有何联系?请说明如何解决资源分配供不应求的矛盾。

4.11 什么是虚拟资源?实现虚拟资源需要哪些软硬件支持?

4.12 区分进程调度与作业调度,它们分别竞争什么资源,有何特点?

4.13 高级调度和低级调度的主要任务是什么?为什么要引入中级调度?

4.14 用什么来衡量调度算法的优劣?需要考虑哪几个设计原则和衡量指标?

4.15 在单道批处理系统中,有下列 4 个作业,它们的提交时刻和运行时间由下表给出,请用先来先服务调度算法和最短作业优先调度算法进行调度,完成下表并说明哪种算法调度性能好些。

作业	提交时刻	运行时间	开始时间	完成时间	周转时间	带权周转时间
1	8:00	2 小时				
2	8:50	50 分钟				
3	9:00	30 分钟				
4	9:50	10 分钟				
平均周转时间 $T=$						
平均带权周转时间 $W=$						

4.16 什么是静态优先级和动态优先级?各有什么作用?依据什么来确定优先级?

4.17 在多用户分时系统中,时间片轮转调度的算法在确定时间片的大小时,应考虑哪些因素?

4.18 有 5 个进程,它们按 P1、P2、P3、P4、P5 的顺序几乎同时到达,分别要求的运行时间为 8、4、6、2、10,其优先级分别为 4、3、2、1 和 5(5 为最高优先级)。分别使用先来先服务、优先级调度和时间片轮转算法,计算其平均周转时间和平均带权周转时间。

4.19 为什么多级反馈队列既优先了短作业和输入输出型的作业,又照顾了运算型作业?

4.20 Windows 采用何种调度算法?有何特点?

4.21 Linux 提供了 3 种调度算法,各针对何种进程?这样做有何意义?

第 5 章 文件系统

当多道程序的概念还未产生时,文件系统是计算机管理的主要部分。计算机的重要作用之一是能快速处理大量信息。由于计算机的内存容量有限,且不能长期保存信息,需要文件作为数据的载体输入到应用程序,或者作为输出数据的载体长期保存。不管是程序、图像、电子邮件等,平时都只能以文件的形式存放在外存中,需要时再将它们调入内存。但用户并不想关心文件是怎么存放在外存上的问题,而是希望直接通过文件名就能使用它。因此,对文件的各种具体管理工作就交给了文件系统。

本章将介绍文件及文件系统的基本概念,并要求学生掌握文件系统如何对文件进行组织、存取和保护。文件系统包括文件的逻辑结构和物理结构、文件的目录管理、文件存储空间管理,以及对文件的各种操作、文件的共享、安全与控制等问题。

5.1 Windows 中的文件

Windows 支持长文件名,文件名最多可使用 256 个字符。通过扩展名可识别该文件的类型。例如,文件 Arj.exe 代表一个可执行文件,Leaves.bmp 代表一个图像文件,xz.dbf 代表一个数据库文件。除"? \ * " < > |"外,文件名可以包含空格和其他所有字符。

文件的存放路径由文件所在驱动器和文件夹来确定。文件夹代表对文件及目录形式存放的信息的分组,并且还可以在一个文件夹里包含其他文件夹。这样,多层文件夹就构成了一个"文件夹树",最底层的树叶才是一个文件。在 DOS 和 Linux 中,把文件夹称为"目录",从而形成一棵"目录树"。

Windows 10 提供了两个十分有效的文件管理工具:"我的电脑"和"资源管理器"。下面来看看资源管理器是如何对文件进行管理的。

5.1.1 资源管理器

Windows 资源管理器显示计算机上的文件、文件夹和驱动器的分层结构。使用 Windows 资源管理器,可以复制、移动、重新命名以及搜索文件和文件夹。通过"Windows 徽标"→"Windows 附件"→"文件资源管理器"命令,即可启动资源管理器,启动后显示如图 5.1 所示的窗口。

资源管理器的左边窗格称为树格,以层次结构显示所有的文件夹,">"表示其内还包含有其他子文件夹,"∨"表示可将文件夹收缩。单击">",将显示其下的所有文件夹;单击

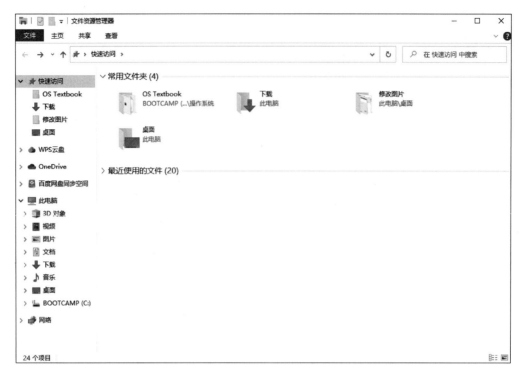

图 5.1　Windows 10 的资源管理器

"∨",将重新折叠文件夹。

单击左边窗格中代表某文件夹的相应图标,可在右边窗格看到相关内容,这时图标将显示为打开状态。如果用户要进行一些如复制、更名、移动等操作,则只需在选中对应图标后单击相应的命令按钮即可。资源管理器在幕后执行相应的文件系统调用命令来完成用户的要求。有了文件系统提供的专门管理文件的工具,用户的操作就大大简化了。用户还可以使用资源管理器来创建文件夹,只需选择"文件"→"新建"→"文件夹"命令就能完成。

要创建文件,可通过使用 Windows 文件系统提供的记事本、写字板等。创建文件后,可对它进行各种编辑。下面看看 Windows 的记事本。

5.1.2　记事本

选择"Windows 徽标"→"Windows 附件"→"记事本"命令,即可启动记事本,如图 5.2 所示。

记事本是一个文本文件编辑器,文本文件不需任何特殊格式代码和控制字符。通过"文件"→"新建"命令来建立一个新文件,或通过"文件"→"打开"命令来修改一个已有的文件。在打开的窗口工作区内可以直接输入文本,输入时,可使用编辑菜单提供的剪切、复制、粘贴等命令,还可通过"编辑"→"选择字体"命令来设置字体,在文档中插入当前日期和时间等。当文件编辑好后,选择"文件"→"保存"命令,可将文件信息长期保存。

Linux 同样提供了几个编辑器,如 vi 的标准文本编辑器和 emacs 的全能编辑器等。其中,emacs 远远超出普通编辑器的功能,可以保存日历,作为计算器使用,建立大纲,甚至浏览万维网。

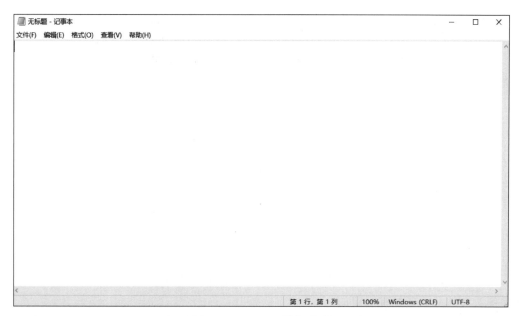

图 5.2　Windows 的记事本

当用户打开文件进行编辑时，看到的文件是由一个个字符组成的有序的集合。而文件系统为了完成编辑任务，需要直接对辅存上的文件进行操作，因此，计算机处理的文件和用户眼中的文件是不一样的，就是说文件有不同的表现形式。

5.1.3　文件的不同形态

用户看到的文件是逻辑文件。有些文件由有序的字符流组成，如一封信、一个程序，称为流式文件。有些文件则由若干记录组成，如数据库文件，称为记录式文件。

计算机处理的文件称为物理文件。针对不同的存储介质，文件的存放形式是不一样的。因此，物理文件也有不同的形态，如连续存放、串联存放等。Windows 10 支持 3 个不同的文件系统（FAT、FAT32 和 NTFS），对物理文件的存储空间进行有效管理。具体内容以后再详细说明。

5.2　文件和文件系统的基本概念

文件的含义很广，一篇文章，一张照片，一首歌曲，一个程序，甚至是黑客编写的病毒等都可以构成文件。文件到底是什么呢？

5.2.1　文件

1. 文件的定义

操作系统把文件视为字符流，可以简化管理。此时文件的基本单位是单个字符，字符之间只有顺序关系而没有结构上的联系。但在数据库管理方面，遇到的一些基本处理单位不能只用单个字符的。例如，对学校进行管理时，学生是基本单位，描述学生时应该包括学号、姓名、年龄、所在系别班级等数据项。通常把一组相关数据项的集合称为记录。一个学生就是一个记录。

正是由于构成文件的基本单位可以是字符，也可以是记录，因此，文件有了下面的两个定义。

① 文件是一组具有符号名的相关联字符的集合。
② 文件是一组具有符号名的相关联记录的集合。

和文件相关的术语如下。

① 域（字段）：数据的基本单位，由字符、数字构成。
② 记录：相关域的集合。
③ 数据库：关联记录的集合，数据元素之间存在关系。

2．文件名

文件名是一个用来标识文件的有限长度的字符串。

有了文件名就能区分不同的文件，还可以通过文件名来对文件进行管理。应用中的操作系统对文件的命名是有规定的。

DOS 和 Windows 10 中的文件名都采用"文件名.扩展名"的形式，但 DOS 的文件全名最多 11 个字符，即"8.3"格式，Windows 10 支持长文件名，即文件名最多可使用 256 个字符。

通过扩展名可用来识别该文件的类型。例如，.bat 表示批处理文件，.obj 表示目标文件，.zip 表示压缩文件，.bmp 表示图像文件等。

Linux 系统中规定文件名是一个以字母或下画线开头的不大于 255 个字符的字符串，且区分英文字母的大小写，Linux 系统中没有文件名和文件扩展名之分，文件的类型由用户命名时确定。例如，文件 test.c，Linux 认为这个文件名的长度是 6 个字符。

3．文件的分类

从不同的角度，文件的分类是不一样的。

(1) 按性质和用途分类。

① 系统文件。系统文件主要由操作系统及其他系统程序和数据所组成。对这些文件，用户只能通过操作系统才能调用，不允许用户读写和修改它们。这些是最重要的文件，主要用来管理和维护计算机。

② 库文件。库文件由标准子程序和实用程序包组成。用户在进行软件开发过程中经常要使用到库文件，但只能调用，不允许修改。

③ 用户文件。用户文件由用户委托给系统保存的文件，如用户的源程序、一封信件或一张图片等。只要在允许的权限内，用户可对它们进行各种操作。

(2) 按文件的保护级别分类。

① 执行文件。执行文件只允许有权限的用户调用执行，是一种程序式文件，不允许用户查看和修改。

② 只读文件。只读文件允许有权限的用户查看，但不能修改和执行。

③ 读写文件。读写文件允许有权限的用户查看和修改。

④ 不保护文件。不保护文件没有任何保护级别，所有用户都可以查看和修改。

(3) 按文件的保存期限分类。

① 临时文件。文件存放的信息是临时性的。例如,有些程序在运行时,会产生一些临时文件,当程序正常结束时,临时文件会被清除。非正常关机时,会残留下一些临时文件,一般应定期删除以释放存储空间。

② 永久文件。永久文件是指要长期保存的文件,一般可存放在辅存上。

③ 档案文件。档案文件是用于备查或恢复时使用的存档文件。

(4) 按文件的逻辑结构分类。

① 流式无结构文件。流式无结构文件即由字符流构成的文件。例如,UNIX、Linux 系统在逻辑上都把文件视为该类型。

② 记录式结构文件。记录式结构文件是由若干记录构成的文件,在数据库管理方面,这类文件用得较多。流式文件可视为记录式文件的特例,即每个文件只由一个记录构成。

按文件的物理结构,还可把文件分为顺序文件、链接文件和索引文件。按文件的存取方法则可把文件分为顺序存取文件和随机存取文件。这些内容以后会进行详细介绍。

4. 实用系统中文件的分类

(1) Linux 的文件类型。

Linux 系统中有 3 种基本的文件类型:普通文件、目录文件和设备文件。

① 普通文件是用户最经常面对的文件。它又分为文本文件和二进制文件。

文本文件:这类文件以文本的 ASCII 码形式存储在计算机中。它是以"行"为基本结构的一种信息组织和存储方式。

二进制文件:这类文件以文本的二进制形式存储在计算机中,用户一般不能直接读懂它们,只有通过相应的软件才能将其显示出来。二进制文件一般是可执行程序、图形、图像、声音等。

② 设计目录文件的主要目的是用于管理和组织系统中的大量文件。它存储一组相关文件的位置、大小等与文件有关的信息。目录文件往往简称为目录。

③ 设备文件是 Linux 系统很重要的一个特色。Linux 系统把每一个 I/O 设备都看成一个文件,与普通文件一样处理,这样可以使文件与设备的操作尽可能统一。从用户的角度来看,对 I/O 设备的使用和一般文件的使用一样,不必了解 I/O 设备的细节。设备文件可以细分为块设备文件和字符设备文件。前者的存取是以一个个字符块为单位,后者则是以单个字符为单位。

另外,还有连接输入输出的管道文件等。

Linux 用"-"代表普通文件,"d"代表目录文件,"c"代表块设备特殊文件,"t"代表字符设备特殊文件,"p"代表管道文件。

(2) Windows 的文件类型。

Windows 文件系统支持任意扩展名所指定的类型,只要求进行文件类型注册,同时还注册用什么程序打开这类文件之类的信息。下面介绍几种 Windows 中的常见文件类型。

① 程序文件。程序文件是计算机可以识别的二进制编码,其文件扩展名常为.com 或.exe,Windows 10 还有扩展名为.pif 和.lnk 的文件,代表了程序的快捷方式。

② 文本文件。文本文件是由 ASCII 码字符组成的文件,.txt 表示纯文本文件,.doc 表示由 Word 及写字板建立的文档文件。

③ 图像文件。图像文件中以不同的格式存储着图片的信息，常见的图像文件扩展名有.bmp、.gif、.jpg 等。

④ 声音文件。由各种声音采集及处理软件产生的文件，如.wav、.mp3 等。

⑤ 其他文件类型。例如，.ttf 是字体文件，.reg 是注册信息文件。

选择"控制面板"→"默认程序"命令，可看到在 Windows 中注册的所有文件类型，如图 5.3 所示。

图 5.3 中显示了不同类型的文件与特定应用之间的关联。

图 5.3　文件类型与特定应用

如果用户需要更改文件类型与特定应用的关联，可以右击目标文件的图标，在弹出的菜单中选择"打开方式"→"选择其他应用"命令，进行重新选择，如图 5.4 所示。此外，还可以选择"控制面板"→"默认程序"命令，来更改文件类型与特定应用的关联，如图 5.5 所示。

5.2.2　文件系统

1. 文件系统的定义和功能

文件系统是指文件命名、存储和组织的总体结构。文件系统是与管理文件有关的软件和数据的集合。一个好的文件系统应该具有以下功能。

(1) 对用户提供友好的接口让用户实现按名存取。用户要使用某个文件时，只要给出文件名即可，由文件系统根据文件名到文件存放的存储器中去存取，用户无须关心文件的物理存放位置，以及文件如何传输这些物理细节。这是文件系统最重要的任务。

图 5.4　更改文件类型与特定应用

图 5.5　选择应用

（2）能提供对文件的各种操作。例如，创建文件、读文件、写文件、删除文件、设置文件的访问权限等。

（3）可以实现文件共享与保护。多个用户如果要使用同一个文件，没必要为每个用户都备份该文件，这就需要提供共享文件机制。为防止非授权的访问，还要为文件提供保护措施。

（4）对外存存储空间的管理。由于内存容量有限，且只能临时存放数据与文件，一般都把文件存放在大容量的外存上长期保存，需要时再调入内存。那么多的文件挤在一个存储器中，文件系统必须能有效、合理地管理及分配辅助存储器空间。

（5）文件系统应提供各种安全措施。多个文件放在一起，要防止它们互相破坏。对于非法用户，需要采取有效手段拒之门外。随着网络的发展，黑客无孔不入，安全成为越来越重要的问题。因此，文件系统必须提供层层安全措施，有效保障文件的安全。

当然，不同的文件系统具有的功能不一定完全一样，但以上 5 点是最基本的要求。

2. 几种常用文件系统

Linux 最初使用的文件系统是 Minux，但 Minux 有相当的局限性，性能比较差。它的文件名不能长于 14 个字符，最大的文集大小是 64MB。第一个专为 Linux 设计的文件系统——扩展文件系统(Extended File System, EXT)，在 1992 年 4 月引入，解决了许多问题，但是仍然感到性能低。所以在 1993 年，增加了扩展文件系统第二版 EXT2。目前 Linux 支持多种不同的文件系统，这让它非常灵活，可以和许多其他操作系统共存。

当 EXT 文件系统增加到 Linux 的时候，进行了一个重要的开发。真实的文件系统通过一个接口层从操作系统和系统服务中分离出来，这个接口称为虚拟文件系统 VFS。VFS 允许 Linux 支持许多(通常是不同的)文件系统，每一个都向 VFS 表现一个通用的软件接口。Linux 文件系统的所有细节都通过软件进行转换，所以所有的文件系统在 Linux 核心以外和系统中运行的程序有同样的表现形式。Linux 的虚拟文件系统层允许同时透明地安装许多不同的文件系统。

EXT2 在 Linux 社区中是最成功的文件系统，它支持的磁盘分区容量可达到 4TB，且文件名可长达 255 个字符。EXT2 已成为所有 Linux 发行版本的基本文件系统。文件存储的最小单位是数据块，这些数据块长度相同。块设备可以看作是一系列能够读写的块。文件系统无须关心自身要放在物理介质的哪一个块上，这是设备驱动程序的工作。当一个文件系统需要从包括它的块设备上读取信息或数据的时候，它请求对它支撑的设备驱动程序读取整数数目的块。

DOS 的文件系统是 FAT。最典型的是 FAT 16，它规定的文件名是 8.3 格式，能支持最大磁盘分区为 256MB，采用 16 位实模式驱动程序，用户界面不够友好。

Windows 操作系统支持 16 位文件分配表(FAT 16)、32 位文件分配表(FAT 32)、光盘文件系统(CDFS)、通用磁盘格式(UDF)及 Windows NT 文件系统(NTFS)。FAT 32 支持 255 个字符的长文件名，能支持最大磁盘分区可达 2TB，采用 32 位保护模式驱动程序。NTFS 提供了FAT 文件系统的所有功能，同时又提供了对高级文件系统特征(安全模式、压缩和加密)的支持。它是为在大磁盘上完成文件操作而设计的。其最小簇尺寸可为 4KB。NTFS 是一个用于网络的文件系统，支持包括卷装配点、远程存储、文件系统加密、稀疏文件及磁盘限额在内的众多存储增强功能。

表 5.1 显示了 Windows 支持的 3 个磁盘分区文件系统(NTFS、FAT 和 FAT 32)的特性。

表 5.1　Windows 文件系统的特性比较

性能	文件系统		
	NTFS	FAT	FAT32
兼容性	运行 Windows 10 或 Windows 2000 的计算机可以访问 NTFS 分区上的文件。其他操作系统则无法访问	可以通过 MS-DOS、所有版本的 Windows、Windows NT、Windows 2000、Windows 10 和 OS/2 进行访问	只能通过 Windows 95 以上的操作系统进行访问
文件大小	文件大小只受卷的容量限制	最大文件大小为 2GB	最大文件大小为 4GB
安全性	能使用诸如活动目录和基于域的安全性等功能	没有文件加密等安全机制	没有文件加密等安全机制

Windows 10 可以在文件不发生变化的情况下实现磁盘格式从 FAT 和 FAT32 到 NTFS 的转换。

5.2.3　文件的逻辑结构和存取方法

逻辑结构代表用户对文件的看法，文件系统通过一定的存取方法来实现对文件的操作。

1. 文件的逻辑结构

用户可见的文件结构称为文件的逻辑结构。图 5.6 显示两种不同的文件逻辑结构。

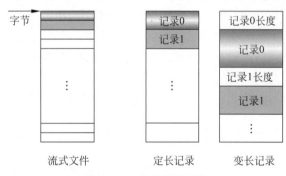

图 5.6　文件的逻辑结构

（1）流式无结构文件。

流式无结构文件是由相关联的字符流组成的文件，文件的长度为所含字符数，字符为基本管理单位。由于不用对格式进行额外说明，空间利用上就较节省。大量的源程序、可执行程序、库函数等都采用流式无结构文件形式。DOS、UNIX、Windows、Linux 系统中的普通文件都是流式文件。

（2）记录式结构文件。

记录式结构文件是有结构的文件，由相关联的若干记录构成的。这些记录分别以 $0 \sim n$ 按顺序编号，称为记录 0、记录 1、……、记录 n，记录的编号就是记录在文件中的逻辑地址，这样的记录称为逻辑记录。

记录是一个具有特定意义的信息单位，由一组相关联的字段组成。例如，学生登记表文件 xsdjb.dbf 中的每一行就是一个记录（见表 5.2）。

表 5.2　学生登记表文件 xsdjb.dbf 中的记录

姓名	学号	性别	出生年月	家庭地址
张三	93101	男	1975.10	汉口江大路 132 号
李四	93102	女	1974.2	武昌街道口 65 号
…	…	…	…	…

根据文件中记录长度是否相等,记录式文件可分为如下两种。

① 定长记录文件。所有记录的长度都相等,文件的长度可以直接用记录数目表示。它处理方便,开销小,应用较为广泛。

② 变长记录文件。记录的长度可以不相等,在每个记录前面都要记载该记录长度,变长记录文件的长度为各记录长度之和。

记录式文件主要用于数据库管理系统中,可以把文件中的记录按各种不同的方式排列,如按学号进行排列,或按出生年月进行排列,这样就构成不同的逻辑结构,便于用户对文件中的记录进行修改、追加、查找等操作。

2．文件的存取方法

用户通过对文件的存取,完成对文件的修改、搜索等操作。根据文件的性质和用户使用文件的情况,决定不同的存取方法。

(1) 顺序存取。

顺序存取是指按照记录的逻辑排列次序依次存取每个记录。若上次读取的是记录 N,则本次要读取的记录自动确定为 $N+1$,故每次存取不必给出具体的存取位置。

(2) 随机存取。

随机存取又称为直接存取,即允许随意存取任一记录,而不管上次访问了哪个记录。每次存取操作都要指定存取操作的开始位置。

流式文件只适合顺序存取,记录式文件既可以顺序存取,也可以随机存取。

5.2.4　文件的物理结构和存储设备

文件在辅存上的存放形式称为文件的物理结构。如何组织文件的物理结构,才能既提高存储空间利用率,又减少存取文件信息的时间,这是文件系统要研究的一个重要问题。

要知道文件是如何存放在辅存上,首先应该了解辅存的特性。

1．常见辅存设备介绍

(1) 磁带。

磁带机对磁带进行存取访问时,是将磁带转到所需位置,再由磁头读取信息。由于磁带的启动需要一段时间,存取单位之间要留出一定的间隙。磁带的存取单位为块,在块与块之间设置间隙,每次存取都以块作为单位,如图 5.7 所示。一个物理块中可能存放多个逻辑记录,也可以一个逻辑记录占用多个物理块。由于每次存取都以一个物理块为单位,将一个物理块中的信息称为物理记录。

磁带只能顺序存取,无须寻找磁道,但要考虑磁头寻找记录区的等待时间。磁头总是固定的而磁带是移动的。磁带的寻址时间是磁带转动到磁头将访问的记录区所在位置的时间。

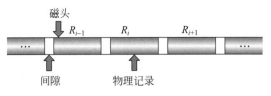

图 5.7 磁带结构示意图

(2) 磁盘。

磁盘是现在用得较多的一种辅存设备,单位面积上它的容量比磁带大,价格便宜。磁盘的结构如图 5.8 所示。

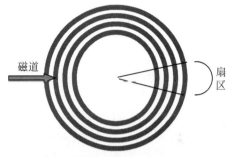

软盘由一张双面各覆盖一层磁敏感材料的盘片构成,盘片上方通过一个读写磁头来从盘片上读出或写入数据。操作系统将每个盘面划分成若干个称为磁道(track)的同心圆,再将每个磁道划分成扇区(sector)。扇区是磁盘的最小存储单位,通常为 512B。磁道由外向内从 0 开始编号,扇区则从 1 开始编号,于是就可通过盘面号、磁道号和扇区号来决定一个扇区在磁盘上的绝对位置。如位于 0 面、第 1 磁道、第 2 扇区的扇区

图 5.8 磁盘结构示意图

地址是"0,1,2"。要访问数据,只要将磁头对应到磁道和扇区即可。

硬盘类似于多张软盘的层叠。每个盘片都有两个面,每面能存储数据,并对应一个磁头。由于多层磁道形成一个个圆柱形,硬盘的磁道称为柱面。由磁头号、柱面号、扇区来决定硬盘物理单位的绝对地址。

许多操作系统还将扇区进行组合来形成不同的磁盘分区,以方便用户对文件进行逻辑组织。

磁盘存储器采取直接存取方式,寻址时间包括两部分:一是磁头寻找目标磁道所需的寻道时间 T_s;二是找到磁道以后,磁头等待所需要读写的扇区旋转到它的下方所需要的等待时间 T_w。由于寻找相邻磁道和从最外面磁道找到最里面磁道所需的时间不同,磁头等待不同扇区所花的时间也不同,因此,取它们的平均值,称作平均寻址时间 T_a,它由平均寻道时间 T_{sa} 和平均等待时间 T_{wa} 组成:

$$T_a = T_{sa} + T_{wa} = (T_{smax} + T_{smin})/2 + (T_{wmax} + T_{wmin})/2$$

平均寻址时间是磁盘存储器的一个重要指标。硬磁盘存储器比软磁盘存储器的平均寻址时间短。

目前应用广泛的辅助存储设备还有光盘(如 CD-ROM、CD-RW、DVD-ROMH 和 DVD-RW)、闪存、移动硬盘等。

2. 文件物理结构

文件的物理结构代表了数据的存储方式,常见有以下 3 种。

(1) 连续文件。

连续文件是指把逻辑上连续的文件信息依次存放到连续的物理块中,如图 5.9 所示。

磁带和磁盘都可以采用连续文件的存储方式,只要有大小合适的连续的存储空间,就能存放文件。对于磁带上的连续文件,只适用顺序存取的方法。而对于磁盘上的连续文件,既可用顺序存取,也可用随机存取的方法。假定采用随机存取,如文件逻辑记录和物理块大小相等,要访问文件 A 的第二个逻辑记录,只需将磁头定位到物理块 6 处即可。

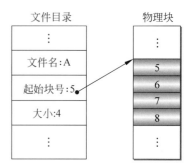

图 5.9　连续文件

连续文件结构简单,实现容易。若采用顺序访问方式,因文件是分配在连续的存储空间的,只要找到文件第一块位置,就可很快访问完所有信息。但连续存储空间的要求导致大量较小的区域无法分配和利用。对于需要动态增长的文件,连续文件往往无能为力,因为该文件后面的连续块可能已分配给其他文件使用。Linux 系统中保留了连续文件结构。

(2) 串联文件。

串联文件又称为链接文件,它把逻辑上连续的文件信息分散存放到不连续的块中,每个物理块最末一个字作为链接字指向与它链接的下一物理块,文件的结尾块则存放结束标记"∧"。如图 5.10 所示,文件 A 存放在 4 个不连续的物理块 5、7、10、12 中。

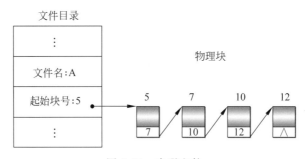

图 5.10　串联文件

串联文件只适用于磁盘,不适用于磁带,且对串联文件只能顺序存取。若采用随机存取,如要访问文件最后一块的内容,实际上要从文件头开始,通过指针依次向后访问,直到访问到文件的最后一块,这其实就变成了顺序存取。

串联文件实现了文件的非连续存储,提高存储空间利用率,消除了外部碎片。如果文件大小要变化,则只需再链接空闲块,或删除链中某块即可,这样便于动态修改和扩充。但串联文件搜索效率低,只适宜顺序存取,不适宜随机存取。

(3) 文件映照。

在系统中建立一张文件映照表,把所有盘块的指针都存放在该表中,每个指针占一个表项。用户目录中存放文件的第一个块号,利用这一块号到文件映照表中找到下一块号,文件的结尾块则存放结束标记"∧",通过文件映照表可获得该文件占用的所有块号,如图 5.11 所示。文件 A 通过文件映照表对应于 5、7、10、12 物理块。

大容量磁盘的文件映照表很大,一般被作为文件保存在磁盘中,需要时,调入内存即可。

文件映照方式只适用于磁盘,既可进行顺序存取,又能进行随机存取。例如,要读取 A

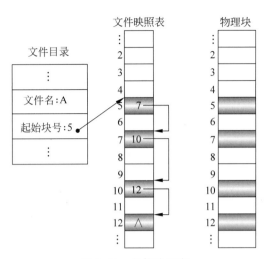

图 5.11　文件映照表

文件尾的信息,通过用户文件目录和文件映照表,可知道文件尾信息存放在物理块 12 中,就可直接读取磁盘中第 12 块的内容,没必要把文件从头读到尾。

文件映照表既保持了链接文件的优点,又克服了其缺点,但是增加了文件映照表的存储开销,访问速度的提高是用存储空间的增加来换取的。在 DOS 中,使用称为 FAT 的文件映照表来完成文件的映照,而在 Windows 中使用 FAT32 来完成文件的映照。

(4) 索引文件。

索引文件的思想类似于存储管理中的分页管理,把文件划分为大小相同的若干连续的逻辑块,每个逻辑块可存放到存储空间中的任一物理块中。系统为每个文件建立一张索引表,给出逻辑块号和分配给它的物理块号的对应信息。图 5.12 中可通过用户文件目录表中的文件 A 的索引表指针找到对应的索引表,得到 A 的存储情况。

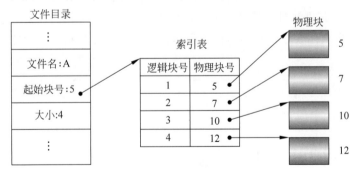

图 5.12　索引文件

索引文件只适用于磁盘,对索引文件除了能进行顺序存取外,也可较方便实现随机存取。若要对文件进行增加或删除,只需修改索引表。但因为每个文件都有一张索引表,如果把索引表全部放入内存,必然占据过多内存空间,一般把索引表以文件的形式存放到外存,需要时调入内存即可。

对于中、小型文件,存放索引表文件可能只需一个物理块,但对于大型文件,由于索引表比较大,需要用多个物理块来存放,物理块之间再通过链接指针相互链接,索引表的访问效率必然降低。这时可采用两级索引的方法,即为存放索引表的物理块(简称为索引块)再建立索引,如图 5.13 所示。

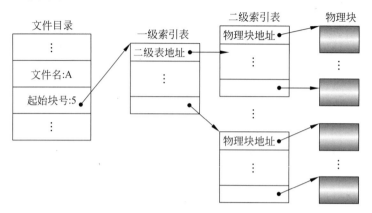

图 5.13　二级索引目录

索引结构是计算机操作系统中普遍采用的结构,如在 Linux 系统中,小型文件采用一级索引结构,大型文件采用二级索引结构,巨型文件则采用三级索引结构。

(5) 文件物理结构的比较。

从查找时间来看,连续文件最快,索引文件和文件映照次之,串联文件最慢。

从空间开销来看,连续文件不需要额外的空间开销;串联文件的每个物理块中需要存放链接字;文件映照需存放文件映照表;索引文件为每个文件建立一张索引表。

从适宜设备和存取方法来看,连续文件可用于磁带和磁盘;串联文件、索引文件和文件映照只适用于磁盘;串联文件只适合顺序存取;而文件映照、索引文件和磁盘上的连续文件,除了能进行顺序存取外,也能实现随机存取。

从文件增删来看,连续文件不能动态增长,其他 3 种都可较容易实现文件的动态改变。

(6) 存储设备、文件物理结构和存取方法的关系。

文件物理结构和存取方法与存储设备密切相关,图 5.14 列出了三者之间的关系。

存储设备	磁带	磁盘		
文件物理结构	连续	连续	串联	索引
存取方法	顺序	顺序、随机	顺序	顺序、随机

图 5.14　存储设备、文件物理结构、存取方法的关系

5.2.5　Linux 的文件物理结构

EXT2 是 Linux 最为成功的文件系统。每个文件对应一个索引节点(i 节点),每个 i 节点有一个唯一的整数标识符,所有文件的 i 节点都保存在 i 节点表中。i 节点内的索引结构如图 5.15 所示。

注意:图 5.15 只画出 i 节点内的文件地址索引表项,i 节点内的其他内容,如文件名、文件类型、文件长度等未列出。

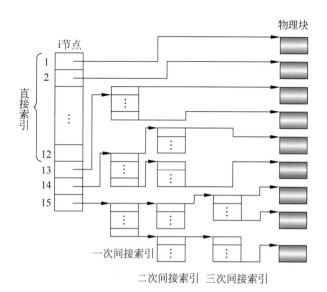

图 5.15　EXT2 的 i 节点内的索引结构

5.3　文件目录管理

文件系统是如何通过文件名知道文件实际存放位置的呢？这是文件目录管理的功劳，它的基本功能就是实现"按名存取"。文件目录还要能合理组织目录结构，使得各个文件的查找速度较快，还要能提供对文件的共享，即让多个用户共用一个文件。文件目录是一张记录所有文件的基本信息目录表，如文件名、文件存放的物理位置以及文件说明和控制方面的信息。

5.3.1　文件控制块

文件系统要实现对文件的按名存取，关键是要使文件与文件的物理地址建立联系。因此，文件系统为每个文件建立一个文件控制块 FCB，里面存放了有关文件名、文件地址等多方面的描述信息。文件系统借助文件控制块中的信息，实现对文件的管理。

文件控制块的有序集合就构成了文件目录，即文件目录的每个目录项就是一个文件控制块。文件控制块的基本内容如下。

(1) 文件名：用于标识一个文件的符号名。不同的操作系统，文件名命令规定是不一样的。

(2) 文件的物理位置：用于指明文件在外存的具体存储位置，通过该项内容，系统就能找到这个文件。

(3) 文件的逻辑结构：用于指明是流式文件还是记录式文件。

(4) 文件的物理结构：用于指明文件是连续文件、串联文件还是索引文件，这项内容确定了系统对文件可以采用的存取方式。

(5) 文件的存取控制权限：用于规定各类用户对文件的存取权限。

(6) 文件的使用信息：用于指明文件的使用信息，如文件建立日期和时间、文件上一次修改的日期和时间、当前已打开该文件的进程数、文件是否被其他进程锁住等。

由于功能的不同,对于不同的操作系统,FCB 的内容不会完全一样。

5.3.2　Linux 的索引节点

在 Linux 中,采用了把文件名和文件描述信息分开的方法,将文件目录项中除文件名之外的信息都放到一个数据结构中,该数据结构称为索引节点(index node),简称为 i 节点。这样,在文件目录项中,就只需存放文件名和该文件名对应的 i 节点号,大大减少了文件目录的规模,节省了系统开销。可以看出,在这里文件控制块已变成索引节点。

Linux 索引节点的内容如下。

(1) 设备号:指包含该文件的设备的标识符。

(2) 索引节点号。

(3) 文件的访问权限位:表示对该文件能进行何种操作。

(4) 连接计数:表示连接到这个文件的目录项个数。当该数为零时,表示该节点可被丢弃或重新使用。

(5) 文件的用户识别号(UID)和组识别号(GID)。

(6) 设备特殊文件的主设备号和辅设备号。

(7) 其他:如文件大小、文件最后一次访问时间、文件最后一次修改时间以及文件最后一次状态改变时间等。

5.3.3　一级目录结构

当系统确定了文件控制块的内容后,就可以建立一张目录表来存放所有文件的文件控制块,即每个目录项存放一个文件控制块,这样就构成了最简单的目录结构:一级目录结构。图 5.16 简化了一级目录结构目录项的内容,目录项中的状态位表明该目录项是否空闲。

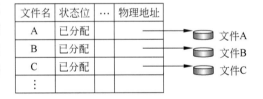

图 5.16　一级目录结构

每个目录项都指向一个普通文件的物理地址,文件名和文件是一一对应的,有了这张表,就可以通过文件名来对文件进行各种操作,即实现"按名存取"。

如要读某个文件,系统根据文件名去查找目录表,获得该文件的物理地址,就可对文件进行读操作。如要创建一个新文件,系统首先到目录表中查看是否有和新文件同名的文件。若无同名文件,则通过查看状态位找到一个空闲目录项,就可将新文件名及其有关信息填入其中。如要删除文件,则只需要将文件在目录表中的目录项清除掉。

可看出一级文件目录有如下特点。

(1) 结构简单、清晰,便于维护和查找。

(2) 可实现按名存取。

(3) 搜索速度慢。为查找一个文件的目录,平均需查找目录表的一半,若是大型目录表,则搜索效率非常低。

(4) 不允许文件重名。由于所有文件目录都存放在一个目录表中,故不能有重名的文件,以免造成混乱,用户取文件名时必须要知道所有文件的名字,给用户造成极大的不便。

(5) 不允许文件别名。由于文件名和文件是一一对应的,一个文件不能取不同的名字,即不允许用户以不同的名字来访问同一个文件,造成文件共享的不便。

为了解决一级文件目录的缺点,引入了二级文件目录。

5.3.4　二级文件目录

二级文件目录把目录表分成一个主目录 MFD(Master File Directory)和下一级的用户文件目录 UFD(User File Directory)。

系统为每个用户建立一个用户文件目录 UFD。该目录由该用户的所有文件的文件控制块组成,整个系统再建立一个主目录 MFD,每个用户占其中一个目录项,存放用户名及指向用户文件目录 UFD 的指针,如图 5.17 所示。

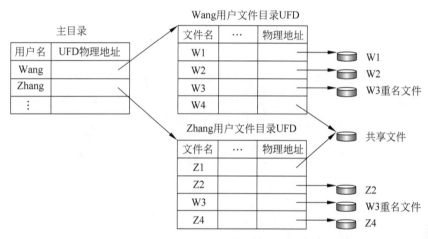

图 5.17　二级目录结构

要创建一个新文件,系统根据用户名查找 MFD 中对应的目录项,得到该用户的 UFD 地址,然后在 UFD 中取一个空闲目录项,填入新文件的 FCB 信息。要访问一个文件,需通过查找 MFD,得到对应用户的 UFD 地址,然后在 UFD 中找到对应的文件名,获得文件物理地址后才能对文件进行访问。要删除一个文件,只需回收其存储空间,然后将文件在 UFD 中的表目清空。

二级文件目录具有以下优点。

(1) 搜索速度得到提高。根据用户名先搜索 MFD,然后才根据文件名到 UFD 中去搜索该文件,不必将所有的文件目录都搜索一遍,显然大大提高了搜索速度。

(2) 允许文件重名。例如,用户 Wang 和用户 Zhang 都有名为 W3 的文件,由于系统存取文件时是先找用户名再找文件名,因此,完整的文件名是由用户名和文件名组成,即分别为 Wang/W3 和 Zhang/W3,它们被视为两个不同的文件。当然,同一用户的 UFD 中不允许有同名文件。

(3) 允许文件别名,即不同用户对相同文件可取不同名字。例如,用户 Wang 的 W4 文件和用户 Zhang 的 Z1 文件,虽然文件名不同,但它们在 UFD 中指向同一个文件。这样就可以让多个用户以不同的文件名共享一个文件。

虽然二级文件目录有了很大改进,但随着外存容量的增大,可容纳的文件数越来越多,单纯分为二级结构已不能很方便地对种类繁多的大量文件进行管理。于是把二级文件目录的层次关系加以推广,在 UFD 下再创建一级子目录,将二级文件目录变为三级文件目录,以此类推,进一步形成四级、五级等多级目录。

5.3.5 树形目录结构

所有目录和文件组合在一起,构成了一个树状层次结构,称为目录树,如图 5.18 所示。树的顶部是一个单独的目录,称为根目录,用"/"表示。所有的子目录和文件都存放在根目录下,其中子目录中又可包含其他子目录,这样层层嵌套,将最底层的文件可看作树叶,而子目录则是树枝节点。

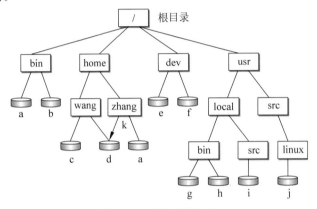

图 5.18　树状目录结构

有了目录树后,可以通过路径名来引用一个文件,路径名由文件名和包含该文件的目录名组成,路径名的类型有以下两种。

(1) 绝对路径名:指由根目录开始的路径名,如/home/wang 和/usr/local/bin/g。通过绝对路径名,可以区分重名文件。使用绝对路径名,一个文件必须从根目录处开始往下检索,因此查找路径较长。

(2) 相对路径名:指从当前工作目录开始的路径名,如用户正在/usr/local 下工作,则称 local 为当前目录。若要访问文件 g,则只需使用/bin/g,即从当前工作目录向下查找,提高了文件的搜索效率。在 Linux 系统中,对于一个刚登录的用户,他的当前工作目录是系统管理员为之建立账户时确立的,称为用户主目录。

采用树状目录结构,可以用文件别名来实现文件的共享。如/home/zhang 想以文件名 k 来访问/home/wang 目录下的 d 文件,只需在/home/zhang/k 和/home/wang/d 之间建立一个链接,让/home/zhang/k 直接指向/home/wang/d。

树状目录结构具有很多优点,如层次清楚,便于组织和管理;搜索速度比单级、二级目录快很多;解决了文件重名问题,每个文件在文件系统中由其绝对路径名唯一确定;解决了文件别名问题。Windows 中的多级目录称为文件夹树,图 5.19 是一个文件夹树的片段。

Linux 采用了树状目录结构(见图 5.20)。使用命令 tree 可以查看。

在树状目录结构目录项中存放了文件 FCB 的所有信息,这将造成目录内容太多,使文

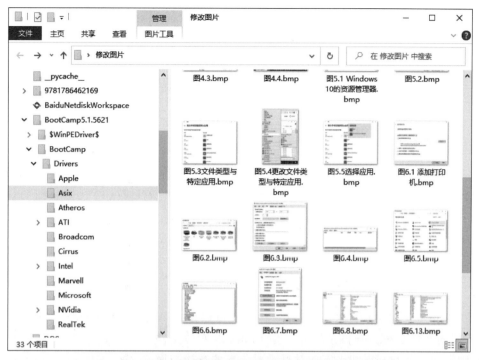

图 5.19 Windows 文件夹树的片段

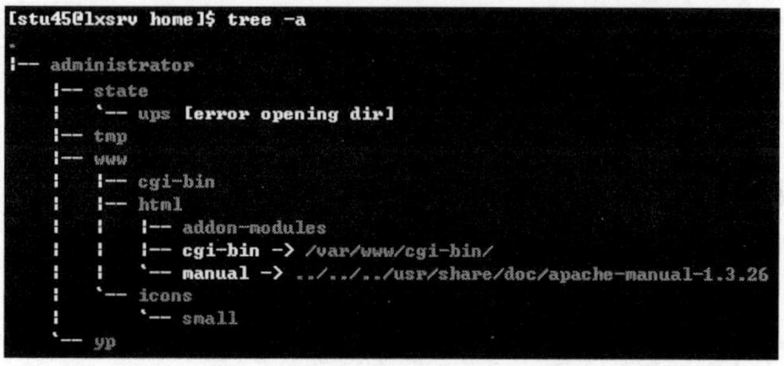

图 5.20 Linux 树状目录结构片段

件的操作变得复杂。为此可引入基本文件目录和符号文件目录来加以改进。

5.3.6 基本文件目录和符号文件目录

系统给所有文件赋予唯一的标识符,将文件目录的内容分为两部分:用符号文件目录来记录文件的相互关系,用基本文件目录来记录文件的说明信息。整个系统设置一个基本文件目录,每个用户对应一个符号文件目录。目录结构如图 5.21 所示。

基本文件目录中的 0、1、2 项固定赋予基本文件目录、空白文件目录和主目录。如要查找文件"/Wang/W1",通过基本文件目录找到主目录,在主目录中查找到 Wang 的符号文件目录的标识符为 3,于是到基本文件目录中读出标识符为 3 的 Wang 的符号文件目录,得到文件 W1 的标识符为 10,基本文件目录为 10 的表项中记录了文件 W1 的所有信息。

利用基本文件目录和符号文件目录,既减少了目录内容,也解决了文件重名和别名问题,且便于文件共享。Linux 文件系统中的 i 节点就是一种基本文件目录。

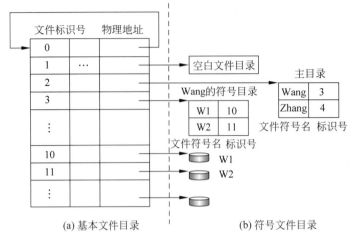

图 5.21 采用基本文件目录和符号文件目录的多级目录结构

5.3.7 Linux 目录结构的特点

（1）Linux 采用树状目录结构，目录树分支可以是一个磁盘、硬盘上的不同分区、光盘或者不同的文件系统。若目录树分支是 Linux 以外的文件系统，则需通过装载和拆卸来实现对目录树分支的挂接与撤销。mount 命令用来挂装各种文件系统，unmount 命令则完成对文件系统的拆卸。

（2）Linux 通过 i 节点的配合，采用硬链接解决目录树中同一文件系统的文件别名问题。每当建立一个硬链接，索引节点的引用计数值加 1，这样只要使用的计数位不为 0，就不能将这个文件删除，也可以防止用户删除其他用户正在使用的共享文件。图 5.22 为一个 i 节点中的信息及其分布。

① Mode：包括两组信息，即这个 i 节点描述了什么，以及用户对于它的权限。

② Owner Information：这个文件或目录的用户和组标识符。使文件系统能正确地进行文件访问权限控制。

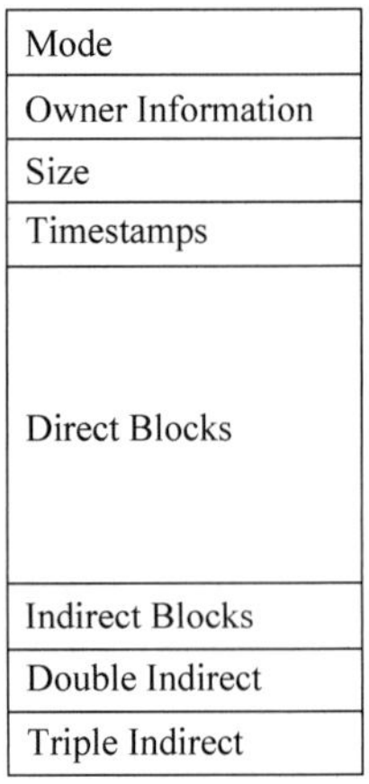

图 5.22　一个 i 节点中的信息及其分布

③ Size：文件的大小（字节）。

④ Timestamps：这个 i 节点创建的时间和它上次被修改的时间。

⑤ Direct Blocks：直接索引区，指向这个 i 节点描述的物理块的指针。直接索引区有 12 个索引项，可以索引 12 个物理块。

⑥ Indirect Blocks、Double Indirect 和 Triple Indirect 是 3 个间接索引区，分别指向各级间接索引表。这意味着文件越大，访问距离越长，小于或等于 12 个数据块大小的文件比更大的文件的访问更快。

5.3.8 Windows 10 文件系统的结构

Windows 10 的 NTFS 文件系统支持卷装配点。卷装配点允许将一个卷装配到一个已经存在的文件夹上,而不仅限于一个盘符的根部。通过为空的 NTFS 目录创建一个新的卷装配点,管理员就可以在无须额外盘符的情况下将新的卷嫁接到名称空间上。在系统发生改变的情况下,如从一台机器添加或删除设备等,卷装配点功能就显得非常强大和灵活。存储应用程序必须为处理由卷装配点功能所引起的名称空间的动态变化做好准备。

5.4 文件存储空间管理

为便于长期保存,文件通常都被存储在大容量的辅存上。因此,文件系统的重要任务之一就是要随时掌握存储空间的使用情况,以便有效而合理地分配空闲存储空间,并及时回收不用的存储空间。

5.4.1 文件系统常用的存储空间管理方法

1. 位示图

文件系统在内存中为每一个辅存设备建立一张称为位示图的表,通过该表来反映辅存设备中所有物理块的使用情况。这张表由若干字节组成,每个二进制位对应辅存设备中的一个物理块。若该二进制位的值为 0,则表示它对应的物理块为空闲;若为 1,则表示已分配使用。例如,现有一个文件 file1 需要分配不连续的 3 个物理块,于是系统到位示图中依次查找空闲块,把 2、3、5 块分配给了 file1,且把这些位的值设为 1,如图 5.23 所示。

图 5.23 位示图的变化

采用位示图的方法管理辅存空间较为简单,并且由于位示图占有空间很小,可放在内存中,访问速度较快,因此,如 CP/M、PDP-11 操作系统都采用了该方法。

2. 空白文件目录

辅存上的一片连续的空闲区,可视为一个空白文件,系统设置一张空白文件目录来记录辅存上所有连续空闲块的信息。每个目录项存放一个空白文件的信息,包括该空白文件第一个空闲块号、空闲块个数、该文件所有空闲块号等信息,如图 5.24 所示。

序号	第一个空闲块号	连续空闲块个数	空闲块号
1	2	2	2,3
2	5	3	5,6,7
3	16	5	16,17,18,19,20
⋮			

图 5.24 空白文件目录

为一个新文件分配辅存空间时,与内存的动态分区类似,根据系统的要求采用最先适应算法、最佳适应算法或最坏适应算法,在空白文件目录中找到一个最合适的空白文件,把它分配出去,然后在空白文件目录中调整该表项。

当要撤销一个文件时,就将文件占用的连续空间释放掉,然后将被释放空间的信息登记到空白文件目录中。这时涉及空闲块的合并问题,即如果释放的块和某个空白文件是相连的,就把它们合并为一个大的空白文件。显然这种方法适合于连续文件结构,但此方法有两个明显的缺点。

(1) 如果文件太大,在空白文件目录中将没有合适的空白文件能分配给它,尽管这些空白文件的总和能满足需求。

(2) 经过多次分配和回收,空白文件目录中的小空白文件越来越多,很难分配出去,形成了碎片。

3. 空闲链表法

该方法把所有的空闲块链接在一起,形成一个空闲块链表。空闲块链表法如图 5.25 所示。

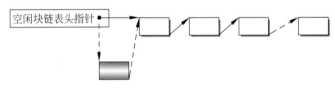

图 5.25　空闲链表法

当需要为一个文件分配存储空间时,系统从链头开始摘取所需要的空闲块,然后调整空闲块链表头指针。这样,只要文件大小不超过空闲块链总长度,系统总能为之分配足够的存储空间,且可让文件存放在不连续的存储空间,提高存储利用率。当要撤销文件时,只需把归还的块依次从链表头部链入即可。

空闲链表法的优缺点如下。

(1) 可实现不连续分配。

(2) 由于每个空闲块的指针信息都是存放在上一空闲块中的,这样就不用占用额外的存储空间,与空白文件目录管理方法相比节省了存储开销。

(3) 因为链接信息是存放在每个空闲块中的,每当在链上增加或删除空白块时需要很多输入输出操作,系统开销大。

(4) 对于大型文件系统,空闲链将会太长。

针对空闲链表法的缺点,还可以采用其他方法,如成组链接等,在此不再赘述。下面谈谈具体应用中系统对磁盘存储空间的管理。

5.4.2　FAT 磁盘格式

1. 基本概念

(1) 簇。

DOS 将若干连续扇区作为存储分配的单位,称为簇。不同的磁盘,簇的大小不一样,它随磁盘容量的增大而增大,如 512MB～1GB 的硬盘分区,每簇含 32 个扇区,1GB 以上分区每簇含 64 个扇区。

(2) 文件分配表 FAT。

DOS 采用称为文件分配表(File Allocation Table,FAT)的数据结构来管理所有簇。

2. FAT

FAT 在磁盘进行格式化时建立,磁盘经过格式化后,结构如图 5.26 所示。FAT 记录了所有簇的使用情况,由于 FAT 的重要性,采用两个完全相同的 FAT,一个受到破坏,还可使用另一个。FAT 的 0 号和 1 号表项由系统保留,0 号表项表示软盘类型,1 号表项为常数,从 2 号表项开始,每个表项存放一个簇的使用描述。由于表项序号就是簇号,故簇号从 2 开始。

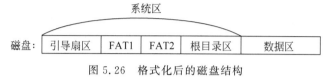

图 5.26 格式化后的磁盘结构

图 5.27 是 FAT 表项取值所代表的意义。

FAT 表项内容	描述
0000	空闲簇
0002-FFEF	下一个簇的簇号
FFF0-FFF6	保留不用的簇
FFF7	坏簇
FFF8-FFFF	盘簇链结尾标志

图 5.27 FAT 表项取值所代表的意义

FAT 还需要根目录表 FDT(File Directory Table)的配合才能完成对簇的管理。FDT 中的每个目录项占 32B,用来记录一个文件或目录文件 FCB 的内容。磁盘的数据区才是真正存放文件信息的地方,即由所有的簇构成数据区。

3. FAT 对磁盘空间的管理

图 5.28 表现了 FAT 是如何在 FDT 的配合下,完成对数据区中簇的管理的。

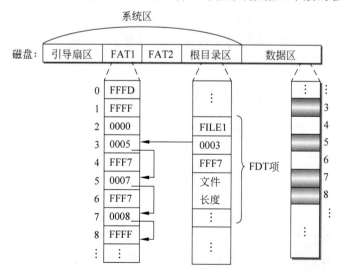

图 5.28 DOS 磁盘文件簇链

假设要访问根目录下的文件 FILE1。DOS 首先在根目录区找到 FILE1 文件的 FDT，得到 FILE1 的起始簇号为 3，然后到 FAT 表中找到 3 号表项，其中的值说明下一个簇是 5，5 号表项的数据说明下一个簇是 8，8 号表项的值为 FFFF，表示已到文件的结尾。于是可以知道 FILE1 在磁盘上的物理块为 3、5、7、8。这样很容易实现对整个文件的寻址。

如果用 Delete 命令删除文件 FILE1，DOS 只将 FILE1 的 FDT 的第一字节改为"E5"，并不修改 FAT，因此，在对应 FAT 未发生变化前，可以用 Undelete 命令恢复文件。

DOS 的 FAT 表中每个表项大小最初为 12 位，称为 FAT12，后来扩充为 16 位，称为 FAT16。FAT16 对磁盘空间的管理很有效，但它最多只支持 2GB 的硬盘分区，这显然不适合目前的硬盘容量。又由于 DOS 分配是以簇为单位，如果有一个只包含 1 字节的文件，也需分配一个簇给它，极易造成磁盘空间的浪费。加上 FDT 容量有限（最多只能有 512 项）等缺点，FAT16 逐渐被 FAT32 替代。在 Windows 中可采用 FAT32，顾名思义，它是 32 位的 FAT 表。

5.4.3 FAT32 磁盘格式特点

(1) 支持大硬盘及分区。FAT32 表的表项大小为 32 位，则最多可有 $2^{32}=4GB$ 个簇。对高于 8GB 的硬盘，分区大小为 1～2GB，簇的大小为 4KB。FAT32 能支持的磁盘分区可达 2TB，这对再大的硬盘也足够了。簇大小为 4KB，也减少了磁盘空间的浪费。所以当你将原来 FAT16 的硬盘转换为 FAT32 后，会发现硬盘的剩余空间增多了。

(2) 根目录下可容纳无数多个文件或目录。由于 FAT32 系统可将根目录表存于硬盘的任何位置，且大小不受限制，这样就没有了根目录只能有 512 项的限制。

(3) FAT32 采取对关键磁盘提供冗余备份，使分区不易损坏或造成数据崩溃。

但 FAT32 也有缺点，如不能与 FAT16 兼容而导致有些专为 FAT16 设计的文件没法在 Windows 下运行；不能格式化已压缩的驱动器；运行速度较慢等。

5.5 文件的操作

一个好的文件系统应该能提供种类丰富，功能强大的文件操作命令，以满足用户对文件的多种操作要求。而且，用户在使用这些命令时，希望简单方便，即能有一个良好的用户界面。这也是一个文件系统受欢迎的重要方面。

5.5.1 有关文件操作的系统调用命令

不同的操作系统，提供的有关文件操作的系统调用命令无论在数量上还是功能上都不可能完全一致。其中，有六条系统调用命令是所有文件系统都应具备的，即建立文件、打开文件、读文件、写文件、关闭文件、删除文件。

1. 打开文件和关闭文件的必要性

文件系统通过文件目录表和文件控制块(FCB)来对文件进行管理。当要使用某个文件时，文件系统通过文件名去查文件目录表，以便在那里找到对应文件的 FCB，获得文件的相关信息。因此，文件目录表的存放位置就会影响系统的工作效率，文件目录表应该放在内存还是外存呢？

通常把文件目录表作为文件存放在辅存，在对文件进行任何操作之前，可预先把该文件的 FCB 复制到内存,以后对文件的操作就可通过内存中的 FCB 获得所需文件信息,避免了频繁访问磁盘,提高了存取速度。复制到内存的 FCB,称为活动文件目录,所有活动文件目录构成了一个活动文件目录表。

把文件的 FCB 预先复制到内存的操作就是打开文件。所以,对一个已建立好的文件进行读写等任何操作之前,必须要执行打开文件操作。

内存中活动文件目录表的大小是有限的,当对文件执行完读、写等操作后,暂时不使用该文件的话,就应将它在活动文件目录表中占用的表目撤销,归还系统空间,以供打开别的文件使用。关闭文件主要就是完成撤销表目的工作。因此,对一个打开的文件,使用后别忘了将它关闭。

2. 文件系统基本调用命令

文件系统基本调用命令有如下执行顺序:建立文件→打开文件→读/写文件→关闭文件→撤销文件。

(1) 建立文件。

当用户希望在文件系统中建立一个新文件时,就需要使用建立文件命令。该命令将为新文件在相应的文件目录表中找一个空目录项,存放该文件的文件控制块(FCB),然后把文件名、文件属性、系统分配给文件的辅存地址等信息填入此目录项中,如图 5.29 所示,以后就可通过访问 FCB 获得文件信息。

当一个文件被创建后,它就一直存在于系统中,直到被撤销为止。

(2) 打开文件。

打开文件命令的工作,就是将该文件的目录项内容(即 FCB)复制到内存,形成活动文件目录,如图 5.30 所示。对文件进行读写操作时,通过活动文件目录即可获得文件信息,而不必访问外存的文件目录,提高了速度。在多用户系统中,如果要打开的共享文件已被其他用户打开,则只需将活动文件目录的当前用户计数加 1。

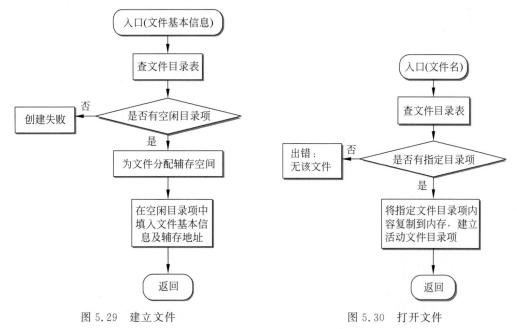

图 5.29 建立文件　　　　　　　图 5.30 打开文件

(3) 读/写文件。

文件打开后,就可根据用户的读、写命令对文件进行相应的读、写操作,如图 5.31 所示。

有些系统,将打开文件命令隐含在读/写命令中,即发读/写文件命令时,若在活动文件目录表中没找到对应的目录项,即文件还未打开,则先执行打开操作,然后才去读/写。

(4) 关闭文件。

一个文件使用完毕后,用户应关闭此文件。关闭文件命令的主要功能就是根据文件名,将文件在内存活动文件目录表中的目录项撤销,如果要撤销的目录项已被修改过,则还要写回辅存的文件目录中,这样,就能保证 FCB 中的信息是最新的。关闭文件的工作过程如图 5.32 所示。如果是共享文件,则先将当前用

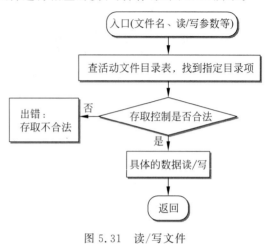

图 5.31　读/写文件

户计数减 1,如果计数等于 0,表示已无人使用该文件,这时才真正做撤销活动文件表目的操作,否则该目录项保留。

(5) 撤销文件。

当一个文件不再被需要时,用户执行撤销文件命令,收回文件占用的存储空间,撤销文件在辅存文件目录表中的目录项(即 FCB),文件于是真正消亡了。撤销文件的工作如图 5.33 所示。在多用户系统中,对于共享文件,只要将 FCB 中的共享用户计数减 1 即可,当计数值为 0 时才撤销该文件。

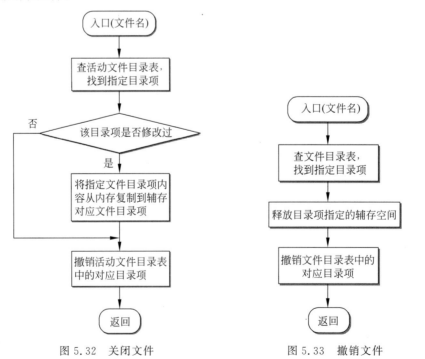

图 5.32　关闭文件　　　　　图 5.33　撤销文件

5.5.2 Linux 中的文件系统调用命令及工作过程

Linux 提供大量和文件操作有关的系统调用命令,如创建文件(Create)、打开文件(Open)、从文件中读取数据(Read)、向文件写入数据(Write)、关闭文件(Close)、挂装一个文件系统(Mount)、卸装文件系统(Umount)、设置文件系统的组标识符(Setfsgid)等。

本节主要介绍打开文件(Open)及其工作过程,其他系统调用命令的详细信息可查阅相关资料。

1. 目录文件、外存索引节点和文件存储块的关系

前面已经知道,对文件进行操作之前,都必须先调用 Open 来将指定文件打开,即将文件在外存中的有关目录信息、外存索引节点复制到内存。复制到内存的 i 节点称为内存索引节点或活动索引节点,由所有的内存索引节点构成内存索引节点表。Linux 系统利用文件描述符表和打开文件描述表这两个数据结构,配合内存索引节点表来完成 Open 系统的调用。三者关系如图 5.34 所示。

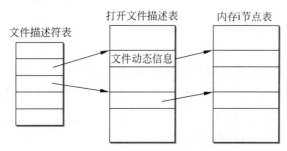

图 5.34 打开文件的三种数据结构的关系

2. 三种数据结构

三种数据结构如下。

(1) 内存索引节点。

内存索引节点的内容前面已介绍过。

(2) 打开文件描述表。

打开文件描述表的目录项称为打开的文件描述(Open File Description),打开的文件描述中包含指向内存索引结构的指针和文件的动态信息。

(3) 文件描述符表。

一个用户经常需要打开多个文件,这个情况记录在被称为文件描述符表的数据结构中。一个用户建立一个文件描述符表。该表中的每个目录项称为文件描述符(File Descriptors,FD),指向打开的文件描述表中的一个表项。

通过文件描述符,找到打开的文件描述,再通过打开的文件描述,就可找到内存索引节点,从内存索引节点中的地址索引数组,即能得到文件的真正物理地址。

5.5.3 Windows 中的文件系统

Windows 10 中使用的 NTFS 文件系统提供了许多 FAT 文件系统中没有的高级特征,

它支持文件级别安全、Unicode 文件名、文件压缩和文件系统恢复；提供磁盘限额指定，限额允许就给定的 NTFS 卷以用户为基础执行硬限制或软存储限制，以此限定用户的磁盘空间，在用户空间超过限额时拒绝或发出警报；引入了卷标装配点，使应用程序和用户通过多重卷标定位信息，而不需了解卷标的物理挂接。另有索引服务、分布式文件系统（DFs）、活动目录等。

Windows 文件系统提供了许多文件操作。创建或打开文件 CreateFile()，可以针对所有能用文件流动表示的对象，如文件、控制台、通信端口、目录、磁盘、邮件位或管道等；文件读取 ReadFile()，以同步或异步方式读取文件中的指定数目的字节；文件写 WriteFile()，以同步或异步方式向指定文件中写入指定数目的字节；获取文件大小 GetFileSize()，返回指定文件的大小；文件删除 DeleteFile()，删除由文件名指定的已有文件；另有其他一些文件操作，涉及对文件目录、临时文件的搜索及利用。

5.6 文件的共享与安全

5.6.1 文件的共享

文件共享指一个文件被若干用户共同使用，文件系统的一个重要任务就是为用户提供共享文件的手段，这样，避免了系统复制文件的开销，并节省文件占用的存储空间。

1. 实现文件共享的常用方法

实现文件共享的方法有以下两种。

（1）绕道法。

给每个用户一个当前目录，用户对所有文件的访问都是相对于当前目录进行的，用户文件的路径名就由当前目录到共享文件通路上所有各级目录的目录名加上该文件的符号名组成，并规定到达文件的通路可用往上走的方法，系统用"＊"表示一个给定目录文件的父目录。如在图 5.18 的目录树中，假定用户 wang 的当前目录为/home/wang，用户 wang 若要访问 zhang 的文件 a，使用路径名 ＊/zhang/a。

由于绕道法要花很多时间访问多级目录，导致搜索效率不高。可采用另一种共享方法——链接法。

（2）链接法。

在相应目录表之间进行链接，即将一个目录中的表目直接指向被共享文件所在的目录，则被链接的目录以及子目录所包含的文件都为共享的对象。

链接法的另一种形式是采用 5.3 节介绍的基本文件目录和符号文件目录。由于该方法将文件的符号名和文件说明信息分开，因此，如果一个用户要共享另一个文件，只需在他的符号文件目录中增加一个目录项，填上被共享文件的符号名和此文件的内部标识即可。

2. 实用系统中的文件共享方法

Linux 中采用硬链接和符号链接两种方法来实现共享，硬链接是基于索引节点的共享方式，符号链接则是利用符号链来实现共享的。

Windows 中采用了动态数据交换方法，即对象的链接与嵌入（Object Linking and

Embedding,OLE)方法实现共享。例如,用"复制"命令,把要共享的表格复制到剪贴板中,切换到 Word 工作报告中,选择"编辑"→"选择性粘贴"→"粘贴链接"命令,就成功地为表格和工作报告建立了链接。现在,电子表格仍然保存在 Excel 中,而且工作报告中只保存了指向该表格的链接。这种方法一方面节省了内存,更重要的优点是具有自动更新的能力,即当表格改变时,改动将自动反映到目标文档中,实现了共享。

但是 OLE 只能共享本机资源,为了共享网络资源,Windows 也使用了符号链的方法,只要给出文件所在计算机网络地址和文件路径名,我们就可以访问网上任何允许访问的文件。对文件共享的指定由文件创建者完成(双击"我的电脑"图标,右击磁盘符号或要共享的文件→"属性"→"共享"命令,见图 5.35)。

一旦完成文件共享的创建,在该文件或目录的所有图标显示中就会出现特殊的共享标记(见图 5.36),即磁盘左下角的双人图片。

图 5.35 磁盘共享的创建

图 5.36 共享标记

要查看本文件系统中的所有共享目录及文件,可选择"控制面板"→"管理工具"→"计算机管理"→"系统工具"→"共享文件夹"→"共享"命令就能完成(见图 5.37)。

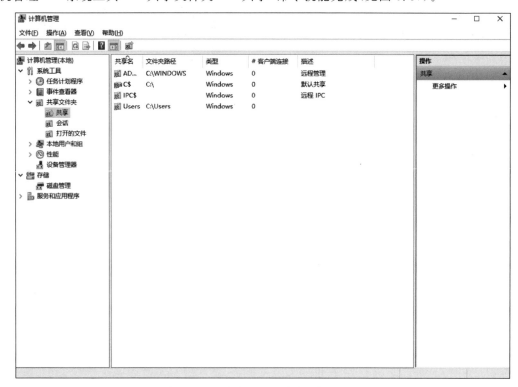

图 5.37　系统中的所有共享文件及目录

5.6.2　文件的安全

伴随着共享,文件的安全性成为一个重要的问题。面对错综复杂的用户,计算机要能识别出哪些用户是允许访问共享文件的,访问的权限有多大,而现在的黑客总是令人防不胜防。

因此,为了防止非法用户的访问,一个优秀的操作系统应该能提供层层保护功能,在多个级别中保证系统的安全性。文件的安全管理通常包含四个级别:系统级、用户级、目录级和文件级。

1. 系统级安全管理

这是第一层保护,即不允许非法用户进入系统。如果用户无法进入系统,就没法使用系统中的任何资源了。

在进入系统之前,所有用户都需要登录。因此,可设置一张用户注册表,里面存放允许登录的用户账号和密码。每次登录时,用户输入账号和密码,系统通过用户注册表进行验证之后,用户才能进入系统。

在 Linux 中,用户的各种信息是存放在口令文件/etc/passwd 中的,里面包含了用户名、口令密码、用户标识符、账号全名及其说明信息、用户主目录、用户的 shell。

用户账号的建立可以以 root 身份手工进行,也可以利用 Linux 系统提供的各种工具完成,如 adduser 命令。而 root 账号的建立则是在安装 Linux 的过程中建立的。

Windows 中可以在一台本地机上设置多个用户,图 5.38 显示了本地机用户的账户类型修改界面(通过选择→"控制面板"→"用户账户"命令)。

图 5.38　用户账户类型修改

账户类型决定了用户在系统中的权限。

2. 用户级安全管理

当用户通过系统级验证,成功登录后,又要面临用户级安全的考验。

用户级安全首先将所有用户进行分类,然后为指定用户分配文件访问权,即决定用户对哪些文件能执行什么操作。

(1) 用户分类。

不同的系统对用户的分类方法不完全一样,如有的系统把用户分为文件主、伙伴和一般用户。或按用户权限高低,将用户分为超级用户、系统操作员、用户和顾客。例如,Linux 系统中将用户分为四类。

① 超级用户 root：指系统特权用户类,在系统中拥有至高无上的权力,不受任何限制,对所有的文件和目录具有完全权限,可以做任何事,所以一定要慎用 root 账号。

② 文件主：指建立文件的用户。

③ 同组用户：和文件主在同一组的用户,他们具有相同的权限。

④ 其他用户：指不属于上面三类的所有其他用户。

Windows 中将用户分成若干组,每组的权利状态如图 5.39 所示。

图 5.39　用户分类状态

(2) 用户的资源访问权。

如果对某一个组名赋予某种权限,则该组中所有成员都具有这种权限。通常对文件可定义建立、打开、读、写、修改、删除权限,对目录可定义查询、建立、改名、删除权限。

3. 目录级安全管理

用户最终目的是为了访问文件,而文件都是存放在某个目录下,因此,用户必须先去访问目录。系统会为每个目录也设置权限,只有当用户权限和目录权限一致时,用户才能获得对这个目录的有效访问权。

Linux 中,对目录可以执行的操作有读、写、搜索,分别用 r、w、x 代表,其中读表示可以读包含在目录中的文件名称,写表示可以到目录中增加或删除某个文件,搜索表示能访问该目录所包含的文件或子目录。

在 Windows 中,右击文件夹,选择"属性"命令,在弹出的文件夹属性窗口中,可对文件夹的属性进行设置。

4. 文件级安全管理

通过前三个级别的检查后,用户权限和文件的属性一致时用户才能访问文件。

文件权限是由系统管理员或文件主设置的,通常可设只读、执行、读写、共享、隐含、系统等。在 Linux 中,文件属性有读、写、执行,分别用 r、w、x 表示。图 5.40 显示了 Linux 中文件对应不同用户的访问权。

图 5.40 中文件的访问权用 10 个字符表示,第一个字符指定了文件类型,后面 9 个字符每三个分别代表文件主、组用户和其他用户的访问权限。横线代表空许可,r 代表只读,w

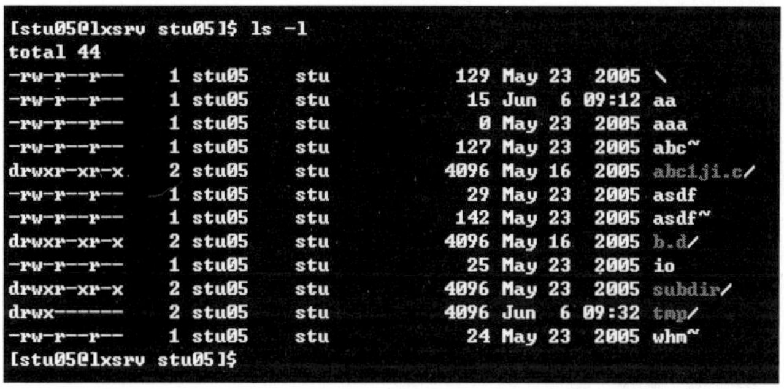

图 5.40　Linux 中文件对应不同用户的访问权

代表写，x 代表可执行。在通常意义上，一个目录也是一个文件。如果第一个字符是横线，表示是一个非目录的文件；如果是 d，表示是一个目录。

例如，文件 asdf 的访问权限为-rw-r--r--，表示它是一个普通文件，其文件主有读写权限，与文件主同组的用户只有读权限，其他用户也只有读权限。

在 Windows 中，右击文件名，选择"属性"命令，在弹出的文件属性窗口中，可对文件的属性进行设置（如图 5.41 所示），该文件可以设置的属性有只读和隐藏。

只有通过了四级安全控制，用户才能对文件进行访问，这样，文件的安全性大大增强了。

5.6.3　安全控制手段

为了实现四级安全管理，一般可利用四种控制手段：存取控制表、用户权限表、口令和密码。

1. 存取控制表

为每个文件设置一张存取控制表，存放在文

图 5.41　文件属性设置

件的 FCB 中。存取控制表中包含文件主、同组用户、其他用户对该文件的存取控制权限，如图 5.42 所示。UNIX、Linux 系统都采用该方法。

如果文件数很多，每个文件都设一张存取控制表，会增加系统空间开销。

2. 用户权限表

存取控制表是以文件来考虑用户的存取权限，现在以用户为主考虑可对哪些文件有存取权限。

为每个用户在特定区域建立一张用户权限表，把用户或用户组所要存取的所有文件名及对应的存取权限都放在该表中，如图 5.43 所示。

当用户对一个文件提出存取要求时，系统可到相应的文件权限表中进行查找，以确定用户的存取权限是否合法。该方法的缺点之一是当用户对大量的文件都有存取权时，用户权限表将很长。

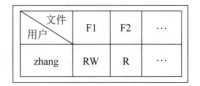

图 5.42　存取控制表　　　　图 5.43　用户权限表

3. 口令

存取控制表和用户权限表都会占用大量的存储空间,因此,可采用另一种较简单的方法——口令。

用户为自己的每个文件设置一个口令,存放在文件的 FCB 中。任何用户要存取该文件,都必须提供和 FCB 中一致的口令,才有权存取。

设置口令,管理简单,使用方便,且口令所占用存储空间少。但由于口令存放在 FCB 中,很容易被窃取,保密性差,而且如果文件主更改了口令,需要重新通知其他允许存取文件的用户,这就不太方便了。

4. 密码

在文件建立保存时,加密程序根据用户提供的密钥对文件进行编码加密,在读取文件时,用户提供相同的密钥,解密程序根据该密钥对加密文件进行译码解密,恢复为源文件。

只有知道密钥的用户才能正确访问文件,由于密钥不存放在系统中,该方法保密性很强。但耗费大量编码、译码时间,系统开销大而且降低了访问速度。

一般可将几种安全控制手段综合应用。

Windows 的 NTFS 提供一种核心文件加密技术,该技术用于存储已加密的文件。对加密该文件的用户,加密是透明的。这表明不必在使用前手动解密已加密的文件。然而,获得未经许可的加密文件和文件夹物理访问权的入侵者将无法阅读文件和文件夹中的内容。如果入侵者试图打开或复制已加密文件或文件夹,入侵者将收到拒绝访问消息。

正如设置其他任何属性(如只读、压缩或隐藏)一样,通过为文件夹和文件设置加密属性,可以对文件夹或文件进行加密和解密。如果加密一个文件夹,则在加密文件夹中创建的所有文件和子文件夹都自动加密。

如果将加密的文件复制或移动到非 NTFS 格式的卷上,该文件将会被解密。如果将非加密文件移动到加密文件夹中,则这些文件将在新文件夹中自动加密。然而,反向操作不能自动解密文件。

Windows 还提供系统文件保护,通过对操作系统文件进行保护来阻止对重要系统文件的替换。一旦发生系统文件被删除或重写的情况,系统文件保护功能可用原始文件来替换已被删除或重写的系统文件,而这些原始文件则来自于系统文件保护功能所维护的缓冲内存或安装媒介。

5.6.4　备份

为避免系统遭受严重损坏后数据的流失,备份是一个不错的方法。备份就是创建逻辑驱动器或者文件夹中数据的副本,然后将数据存储到其他存储设备。如果硬盘上的原始数据被意外删除或覆盖,或因为硬盘故障而不能访问该数据,则可以十分方便地从存档副本中还原该数据。图 5.44 为 Windows 的备份工具(选择"控制面板"→"系统和安全"→"备份和还原(Windows 7)"命令)。

图 5.44　Windows 的备份工具

由于没有做任何备份,因此图 5.44 中未显示任何备份信息。

5.7　科技前沿——银河麒麟

银河麒麟(KylinOS)是一个由国防科技大学研发的国产服务器操作系统,拥有层次式内核,其安全等级达到结构化保护级,能支持多种微处理器和多种计算机体系结构,可与 Linux 目标代码兼容。

经过对该系统的严格测评,其结果表明:银河麒麟不仅具备典型服务器操作系统的全部功能,还具有高安全性、高可用性、强实时性、可扩展性和软硬件适配性等。其系统整体性能与国际主流 UNIX 操作系统相当,部分性能指标以及实时性指标表现更好。该系统已通过自由标准组织的 Linux 标准基认证,并在国内率先通过公安部等有关部门的安全认证。

国防科技大学已与联想集团等签署银河麒麟的产业化合作协议,并将其成功应用于金融、政府、教育、国防等领域。

5.8 本章小结

文件系统的主要功能是对大量的文件进行管理,涉及对文件逻辑结构和物理结构的转换,对文件目录、文件存储空间的管理,并提供对文件的共享和安全机制,通过文件系统还可对文件进行多种操作。文件逻辑结构有无结构的流式文件和记录式有结构文件,受存储设备类型的影响,文件有连续文件、串联文件(包括文件映照)和索引文件三种物理结构。为便于管理、组织大量的文件,现代计算机系统大都采用树形目录结构。对文件存储空间的管理有位图、空白文件目录、空闲链表法。DOS 采用了 FAT 格式对文件存储空间进行管理,Windows 采用改进的 FAT32 文件系统和 NTFS 文件系统,Linux 则用 EXT2 进行管理。通过文件系统,对文件可进行创建、打开、读、写、关闭、撤销等操作。文件系统还提供对文件的共享手段和多级安全控制。

习题

5.1 什么是文件?实用系统中文件命名有何规则?

5.2 文件有哪些逻辑结构?各有什么意义?

5.3 文件有哪些类型?为什么要将文件分类?

5.4 以 Windows 和 Linux 为例,你认为实用系统中文件分类的依据是什么。

5.5 将一些外部设备也看成文件,其根据是什么?将给用户带来哪些好处?

5.6 什么是文件系统?文件系统具有哪些功能?

5.7 从文件系统功能的角度谈一谈实用系统中的文件系统。

5.8 有哪些文件的存储方法?文件逻辑结构与文件的存储方法有何联系?

5.9 文件的物理机构是什么?文件的物理结构与文件的存储介质有何关系?

5.10 连续文件、串联文件、文件映照、索引文件有何异同点?为什么?

5.11 在 Linux 操作系统中,是如何存放巨型文件的?

5.12 文件控制块的作用是什么?包含哪些内容?你认为 Linux 的索引节点是什么?

5.13 文件目录的作用是什么?

5.14 假设某系统现有两个用户 user1 和 user2 共用其文件系统。假定 user1 有四个文件,其文件名为 A、B、C、D;user2 也有四个文件,其文件名为 A、E、F、G。已知:user1 的文件 A 和 user2 的文件 A 实际上不是同一个文件,user1 的文件 C 和 user2 的文件 E 是同一文件。要求如下。

(1) 画出该系统的文件目录结构,使这两个用户能共享该文件系统而不致造成混乱。

(2) 此题中有无重名问题?如有,是如何解决的?

(3) 此题中有无文件共享问题?如有,是如何解决的?

5.15 多级目录是如何解决文件重名和查找速度慢的问题的?

5.16 什么是路径?什么是绝对路径?什么是相对路径?一个文件能否同时拥有这几种路径?

5.17 为什么要引入基本文件目录和符号文件目录的概念?
5.18 Linux 系统的目录结构是如何构造的?采用索引节点的方法有何意义?
5.19 从占用空间、访问速度和管理三方面比较位示图、空白文件目录和空闲链表法。
5.20 简要说明 FAT 文件系统。
5.21 为什么文件操作中设立了打开和关闭环节?可否去掉这两个操作原语?
5.22 说明文件创建和撤销的步骤,及其每一步的作用。
5.23 通过实验说明 Windows 或 Linux 中的文件系统调用命令的意义和使用过程。
5.24 有哪些文件共享的方法?以 Linux 为例说明这些方法的应用。
5.25 可以将文件的安全管理分为几个级别?用实用系统中的例子说明这些安全管理的内容。
5.26 比较四种控制手段:存取控制表、用户权限表、口令和密码。
5.27 为什么需要文件备份?如何完成文件备份?

第 6 章 设备管理

严格定义的计算机主机只包含处理器和主存储器,但用户接触计算机是各种输入输出及存储设备。计算机系统中,通常把处理机和主存储器之外的部分统称为外围设备,简称外设。由于外设种类繁多,功能各异,且广泛地涉及机、电、光、磁、声、自动控制等多种学科,因此,操作系统必须提供设备管理功能,让用户能简便、有效地使用各种外设。

设备管理是操作系统中最繁杂的一部分。本章主要介绍设备独立性、设备驱动程序的概念,计算机和外部设备的数据传送控制方式,设备的分配以及在设备管理中所涉及的一些重要技术,如中断技术、缓冲技术、Spooling 技术等。

6.1 概述

一台基本的计算机是由计算机主机和显示器、键盘、鼠标、硬盘驱动器、光盘驱动器构成的。通常可以为这台计算机配上不同的外设,让它的功能变得更加强大。例如,配上声卡和音箱,就可以欣赏音乐、播放影碟,让计算机变得"有声有色";安装调制解调器,就可以进行网上冲浪;配上扫描仪和打印机,在家里也可办公了;再装上一个摄像头,就可以使自己和远方的朋友面对面交谈。正是由于有了各种各样的外设,使计算机变得越来越丰富,其功能越来越强大。

与这些外设硬件直接打交道的是操作系统的设备管理部分。对不同的外设,设备管理利用不同的程序进行控制。有一些外设由于硬件特性很接近,可以归为一类,设备管理只需用相同的程序或改动很少即可管理它们,因此,设备管理把外设按类别进行管理。

6.1.1 外设的分类

可以从不同的角度来对外设进行分类。

1. 按设备的从属关系分类

(1) 系统设备。

它是指操作系统生成时,即安装操作系统时就纳入系统管理范围的各种标准设备,如键盘、显示器、磁盘驱动器等。当把 Windows 操作系统装入计算机时,Windows 要做的第一件事就是对标准设备进行配置,因此,装好操作系统后,就能立刻使用所有标准外设了。

(2) 用户设备。

它是指系统设备之外的非标准设备，在安装操作系统时没有配置，而由用户自己安装配置，并且用户还应该向操作系统提供这些设备的有关使用程序（如设备驱动程序），这样才能通过操作系统管理这些设备。大部分外设都属于用户设备，如网卡、CCD 条码阅读器、绘图仪、调制解调器等。

2．按分配方式分类

(1) 独享设备。

这类设备一旦分配给某个实体（用户、作业、任务或进程）使用，在没被释放前，其他实体不得使用，如键盘、打印机等传输速度较慢的外设。独享设备的利用率是较低的。

(2) 共享设备。

共享设备是指允许多个进程或作业同时使用的设备，这些设备大都属于高速、可直接存取的设备，如硬盘、光盘、光盘塔等。在多用户系统中，多个用户可以同时共享主机硬盘的信息。

(3) 虚拟设备。

通过一定的辅助存储器和控制程序，可将一台独享设备模拟为共享设备，这个具有了新特性的设备就称为虚拟设备。

3．按使用特性分类

(1) 存储设备。

它是计算机用来存储永久性信息的设备，如磁带、磁盘、光盘、U 盘等。它们的存取速度比内存慢，但容量可以大得多，也称为外存。

(2) 输入输出设备。

该设备分为输入设备和输出设备两类。输入设备是将外部信息送给计算机的设备，如键盘、鼠标、扫描仪、手写笔、摄像头、麦克风等。输出设备是将计算机加工好的信息传送给外界的设备，如显示器、打印机、绘图仪、投影仪等。

4．按信息组织、传送单位分类

(1) 字符设备。

字符设备是以字符为单位来组织、处理信息的设备，如键盘、打印机等慢速设备，一次只能传输一个字符。

(2) 块设备。

块设备是以数据块为单位来组织、处理信息的设备，如磁带、磁盘、光盘等速度较快的设备。数据块的大小取决于数据在设备中的物理分布情况，在磁盘、光盘等辅助存储器中通常以 512～1024B 为一个数据块。对于高速设备的数据块传送请求，CPU 应及时响应，并给予处理，否则有可能造成数据的丢失。

按操作系统对设备安装的支持程度，还可分为即插即用(PnP)设备和非即插即用设备。安装即插即用设备时，系统会自动对该设备进行检测和配置，分配合适的资源给它，使之能正常工作，减轻了用户的安装负担。Windows 和 Linux 都能支持即插即用设备，但 Linux 在这方面功能还不够完善。

Linux 中的设备分为字符设备、块设备。在第 5 章已提到，Linux 的一个重要特点是将外部设备看作文件,这种文件称为设备文件,它以设备名作为文件名。任何一个物理设备在用 mount 命令挂装到目录树上(称为加载)后,才能被访问,使用完毕,还得用 umount 命令从目录树卸下(称为卸载),才可取走该设备。要挂装到目录树上,就需要有一个作为挂装点的目录,系统通常已准备了一些常用挂装点,如果挂装点不存在,必须要用 mkdir 命令建立,然后才可进行挂装。

6.1.2 设备管理的功能

设备管理的功能有哪些呢?下面可通过 Windows 中打印作业的整个过程来举例说明。

1. 设备管理应为每一类设备提供相应的设备驱动程序

要打印作业,必须要有打印机。在买回打印机以后,是否将它和主机连接就可以用了呢?当然不是,安装打印机,除了要考虑硬件连接,还要考虑软件因素。就像操作系统是计算机的灵魂一样,打印机的灵魂是一个专门为它设计的称为打印机驱动程序的软件,只有在打印机驱动程序的管理下,打印机才能真正运作起来。因此,设备管理应能提供相应的设备驱动程序,从而对设备进行管理。

设备驱动程序可能是操作系统自带的,或者是由设备生产厂提供的。Windows 提供了打印机安装引导程序——打印机向导,在其运行过程中有一个步骤,就是让用户把驱动盘中的驱动程序复制到系统中。图 6.1 展示了 Windows 10 系统的"添加打印机"界面,在完成指定选项后,系统会要求用户指定驱动程序所在的位置。

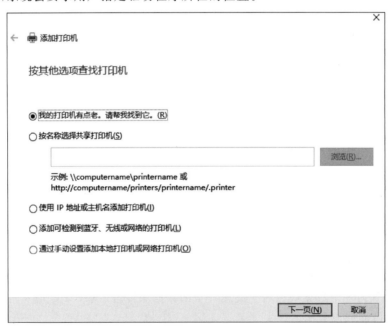

图 6.1 选定打印机型号

2. 提供设备独立性

当打印机安装好后,在打印机文件夹窗口上会出现打印机的图标,图标下面是用户在安装过程中给打印机起的名字,它代表了这台打印机,这个名字称为打印机的逻辑名。逻辑名是面向用户的,是可以修改的,用户只需双击该名字,然后输入新名字即可。用户可通过逻辑名来使用打印机。例如,要打印一个文件,直接选择菜单中的打印命令,在打开的"打印"对话框中出现的打印机名就是逻辑名。用户只需单击"确定"按钮即可,至于具体的工作,就由系统全权负责,用户不用关心打印机的任何物理特性,也不用和物理硬件打交道。图 6.2 展示的是打印机的名称和图标,可以看到,打印机表现为一个普通的逻辑名称,所有的逻辑打印机统一存于"打印机"文件夹中。

图 6.2　逻辑打印机

特别是在编程时,用户可以根据惯例使用设备的逻辑名。例如,在用户程序中使用打印机的逻辑名时,系统会在所拥有的多台打印机中,根据打印机的使用情况,自动选择一台合适的打印机分配给用户程序。系统为了识别其管理的所有设备,给每个设备一个唯一的不可更改的识别号,称为设备的物理名。因此,系统需要将打印机的逻辑名转换为物理名,然后调用设备驱动程序来具体管理这台物理打印机。用户面对的设备与实际使用的设备无关,称为设备的独立性。通过逻辑设备名和物理设备名,提供设备独立性,这是设备管理的一项重要任务。

3. 对缓冲区进行管理

一般情况下 CPU 的速度远远高于外设的速度。例如,利用打印机打印一篇文章,如果 CPU 送一个字符,打印机打印一个字符,那么在打印机打印字符的时候,CPU 只能处于等待状态。这样,在整个打印过程中 CPU 大部分时间都在消极等待,这是资源的浪费。为了解决 CPU 和打印机速度不匹配的问题,采用设置缓冲区的方法,即设置一个缓冲区,CPU 在打印机就绪后,可把数据输出到缓冲区,打印机则从缓冲区取出数据打印,就这样一边送一边打,提高 CPU 的利用率。并且由于一次可以送一批数据到缓冲区,因而节省了 CPU 的数据传送时间。

缓冲区可设置在内存中,称为"软件缓冲",也可让外设自带专用的寄存器作为硬件缓冲器。为了解决速度不匹配问题,大部分外设采用设置缓冲区的方法。打印机一般都自带有缓冲寄存器,打印机处于就绪状态后,CPU 一次可将一批数据送到打印机的缓冲寄存器区中,打印机则开始进行打印。打印机将数据取空后,CPU又送一批数据进来。因此,对缓冲区的管理成为设备管理的又一项重要任务。

4. 对 Spooling 技术的支持

通过采用缓冲技术,一定程度上缓解了CPU和打印机速度不匹配问题,但在整个打印过程中,CPU仍然没法去做其他事,为此,Windows特别提供了后台打印的方式。打开"打印机"文件夹,右击打印机图标,从快捷菜单中选择"属性"→"高级"命令,选中"属性"对话框中的"使用后台打印,以便程序更快地结束打印"单选按钮,就可以实现后台打印,以此结束CPU的等待,同时提高了打印机的性能,如图6.3所示。

图6.3 使打印机为后台打印方式

在图6.3中,"立即开始打印"单选按钮表示只要打印机空闲,打印的文件已开始传送给打印队列,打印机立即开始工作;如果选择"直接打印到打印机"单选按钮,则要求CPU和打印机同步完成数据的传送与打印,请求打印时如果没有空闲打印机或打印速度慢,将导致CPU等待。

Windows的设备管理采用何种技术来支持后台打印的呢?

设备管理采用的这种技术称为 Spooling(Simultaneous Peripheral Operations Online),也称为假脱机技术。此技术主要利用了大容量的磁盘,在磁盘上专门开辟一个区域,当采用后台打印方法时,CPU无须等到打印机处于就绪状态,就可直接将要打印的所有作业存放到磁盘中,排成打印队列,然后CPU返回继续做其他事,以后等到合适的时候由专门的程序(在Windows中称为后台进程)把要打印的信息从磁盘送到打印机,并管理打印机的打印工作。例如,若选择"在后台处理完最后一页时开始打印"单选按钮,则CPU将要打印的最后页面都放到磁盘后,后台进程才开始向打印机传输数据。

打印机本来是独享设备,即只能在一个作业使用完后,才给另一个作业使用。现在采用

Spooling 技术后,不管有多少作业提出打印要求,系统都能立即响应它们,因此给人的感觉好像每个作业都有一台打印机。其实用户的打印文件只是进入了打印队列(见图 6.4),打印还是要一个一个地进行。也就是说,该技术将一台独享设备模拟成了共享设备,这是 Spooling 技术最大的优点。就设备管理而言,支持 Spooling 技术意味着支持虚拟设备。

图 6.4　等待打印机的队列

5. 进行设备分配

多个进程或作业都要求使用某种设备(如打印机)时,设备管理根据一定的算法进行设备分配,对暂时不能获得设备的,系统将它们排在该设备请求队列中,排队顺序决定了获得设备的次序。而当设备使用完毕,设备管理要及时回收。

6. 提供中断处理机制

如果打印过程中出现问题,如打印机掉电、缺纸、脱机等,需要 CPU 进行紧急处理,而这时 CPU 正在干其他事情,并不知道打印机出现问题。为此,系统采用了一种称为中断的技术来解决这个问题,即当某个事件发生时,系统中止现行程序的运行,转去执行相应的事件处理程序,处理完毕,返回被中断处继续执行。

当出现问题时,打印机立即向 CPU 发出一个中断信号,在接到信号后,CPU 赶紧放下手中的工作,转去处理这个紧急事件,处理完后,CPU 继续执行刚才停下的工作。中断技术在计算机系统中的用途是非常广泛的,设备管理应能提供中断处理机制。

6.2　设备标识与设备驱动程序

6.2.1　逻辑设备与物理设备

用户程序在使用设备时,不愿涉及设备的具体物理特性。因此,设备管理引入了逻辑设备和物理设备的概念。

1. 逻辑设备和物理设备的含义

(1) 逻辑设备。

逻辑设备是对实际物理设备属性的抽象,它并不限于某个具体设备。用户在编程时,不用关心系统具体配置了哪些设备,也无须了解各种设备的物理特性,而只要按照惯例为所用到的设备起个逻辑名字,称为逻辑设备名。至于实际由哪台物理设备来完成用户所要求的工作,这是设备管理的事情。

(2) 物理设备。

物理设备是具体的设备。系统为了能识别全部外设,给每台外设分配一个唯一不变的名字,称为物理设备名。系统在实际工作时,使用物理设备名。

通过引入逻辑设备和物理设备,可实现设备独立性。

2. 设备独立性

设备独立性也称为设备无关性,是指用户编程时所使用的设备与实际使用的设备无关,用户编程时使用逻辑设备名。

用户程序以逻辑设备名来请求使用某类设备时,系统将在该类设备中,根据设备的使用情况,将任一台合适的物理设备分配给该程序。如果用户程序是以物理设备名来请求指定某台设备,假如该设备有故障或正在被其他进程使用,则用户程序只能一直等待。可见,采用逻辑设备名,可以使用户程序独立于分配给它的某类设备的具体设备。

另一方面,通过使用逻辑设备名,还能使用户程序独立于所使用的某类设备。例如,在Linux 系统环境下,系统提供标准输入输出,在用户程序中的输入输出都使用这两个标准的I/O,实际运行时,可根据具体情况而定。如果配备打印机,可将输出信息送到打印机打印;如果没有配备打印机,就把输出重定向到某个指定文件,把要打印的信息送到该文件中。

3. 设备独立性的优点

(1) 方便用户编程。

(2) 便于程序移植。

(3) 提高资源利用率。如果一台设备很忙,或出了故障,则可换另一台,从而使设备得到充分利用。

(4) 能适应多用户多进程的需要。

6.2.2 实用系统中的逻辑设备和物理设备

通常使用的操作系统都能提供逻辑设备和物理设备的概念,下面看看 Linux 是如何做的。

Linux 的一个重要特点是将外部设备看作文件,这种文件称为设备文件,它以设备名作为文件名,于是就可用 open()、read()、close()等文件系统调用来实现对设备的操作,而不必涉及设备的具体物理特征,这些设备文件名就可看作系统规定的逻辑设备名。

通常,硬件的设备文件放在系统的/dev 目录中。下面介绍这些文件名称与具体的硬件是如何对应的。

(1) 以 fd 开头的文件是软盘设备,如/dev/fd0 代表第一个软盘驱动器,/dev/fd1 代表第二个软盘驱动器。另外一些文件甚至指明了软盘的类型,如文件/dev/fd1h1440 用于访问第一软驱中的高密软盘。

(2) 以 hd 开头的文件是 IDE(集成开发环境)硬盘设备。/dev/hda 是指第一硬盘,而 hda1 是指第一个硬盘/dev/hda 的第一个分区。在系统中可能有多个 IDE 硬盘,它们的设备名依次为 hda、hdb、hdc……。

(3) /dev/ttys 和/dev/cua 文件用来访问串行端口。例如,/dev/ttys 是指串行端口

COM1,/dev/cua 用来访问调制解调器。

（4）以 lp 开头的文件是并行端口设备。例如,/dev/lp0 指 LPT1。

还有以 tty 开头的文件是系统的虚拟终端,以 pty 开头的文件是伪终端,用来提供一个终端进行远程登录。假如你的计算机在一个计算机网络中,利用 telnet 远程登录时就要用到/dev/pty 设备,/dev/console 文件用于访问系统的控制台,即直接与系统相连的显示器和键盘。

Windows 中的设备是以不同形式的图标来区分的,这些图标代表逻辑设备,打开"控制面板"窗口,各种设备一目了然（见图 6.5）,对逻辑设备的管理等同于对文件的管理。

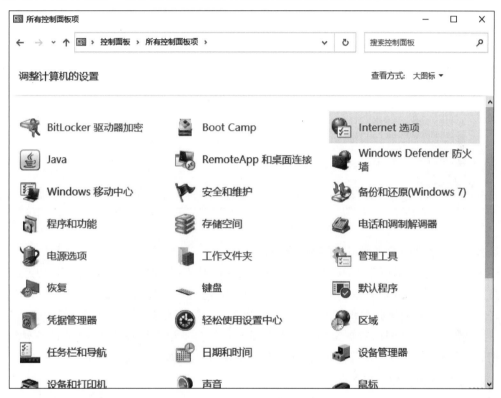

图 6.5 Windows 中的设备

对于设备的更具体的细节（物理设备）,可以选择"控制面板"→"管理工具"→"计算机管理"→"设备管理器"命令查看（见图 6.6）。

6.2.3 设备驱动程序

设备驱动程序是驱动物理设备直接进行各种操作的软件,它可看作 I/O 系统和物理设备的接口,所有进程对于设备的请求都要通过设备驱动程序来完成。要了解设备驱动程序,先要了解设备控制器。

1. 设备控制器

外设一般由机械部件和电子部件组成,通常将电子部件独立出来,称为设备控制器或适配器,如显卡。剩下的机械部分为设备本身,如显示器。设备只有在设备控制器的控制下才

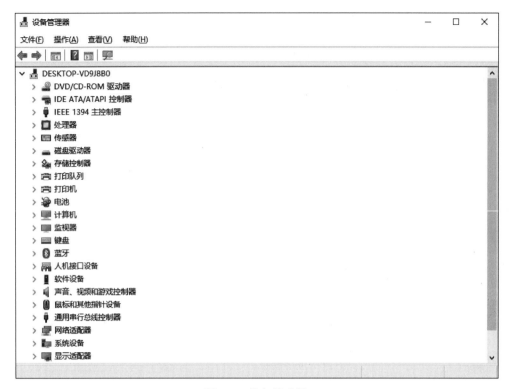

图 6.6　设备管理器

能运行,且一个设备控制器可以控制几台同类设备。

由于设备控制器处于 CPU 和设备之间,它接收从 CPU 发出的命令,然后去控制设备运行,因此,设备控制器主要包含控制寄存器、状态寄存器、数据寄存器、地址译码器等。其中,控制寄存器用来接收和识别 CPU 发来的命令;数据寄存器用来实现控制器与 CPU 之间、控制器和外设之间的数据交换;状态寄存器则是为了记下设备的状态(如设备就绪、设备忙、操作错误等),供 CPU 了解;地址译码器是为了识别每个设备的地址。

2. 设备驱动程序的引入

将用户命令中的逻辑设备名转换为物理设备名,系统只是完成了第一步工作,至于要具体操纵这台物理设备,就复杂多了。操作系统设计者把与物理设备直接有关的软件部分独立出来,构成设备驱动程序系列,一般由设备商和软硬件开发商提供的针对某一种具体设备的驱动程序组成。系统和用户可根据需要,灵活配置物理设备,选择相应的驱动程序装载。

3. 设备驱动程序的处理过程

(1) 将抽象要求转换为具体要求。关于设备控制器中具体物理细节,用户及上层软件是不知道的,操作系统中只有设备驱动程序才清楚这些细节,如控制器中有多少寄存器,每个寄存器的作用,使得设备驱动程序可以将用户的抽象要求转换成对硬件的具体要求。

(2) 检查 I/O 请求的合法性。

(3) 检查设备状态。设备驱动程序可从设备控制器的状态寄存器中读出所需要的设备状态,看设备是否满足用户要求。例如,是否处于空闲状态等。

(4) 传送必要的参数。除了要将具体命令传送给控制器,还需传送一些为完成该任务所必需的参数。

（5）启动 I/O 设备。在一切就绪后，设备驱动程序就可向设备控制器中的命令寄存器传送控制命令，将外设启动，然后可由设备控制器来控制外设进行基本 I/O 操作。

由于设备驱动程序和设备的特性紧密相关，对于不同类型的外设，驱动程序是不一样的。即使是同一类的外设，不同厂商生产的驱动程序也不完全一样。因此，在购买外设时，别忘了索取该设备的驱动程序，否则设备可能难以正常运行。可见设备驱动程序就像设备的灵魂，通过它，设备才有生命力。

4．实用系统中的设备驱动程序

Windows 给大家提供了方便的安装硬件的向导，即"控制面板"中的"添加新硬件"，在执行过程中就会提示用户装入设备驱动程序。

如果想查看某个设备的驱动程序情况，则可选择"控制面板"→"管理工具"→"计算机管理"→"设备管理器"→"指定设备"→"属性"→"驱动程序"→"驱动程序详细信息"命令来完成。图 6.7 中可看到关于该设备驱动程序详细资料。

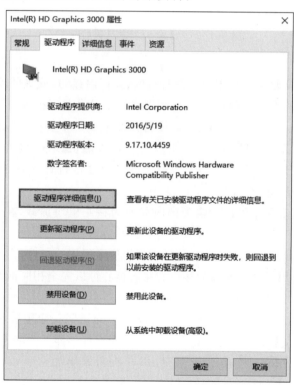

图 6.7　设备驱动程序详细资料

在外设不改变的情况下，如果用了更新版本的设备驱动程序，可以提高外设的性能，也可添加一些新功能。因此，还可单击"更新驱动程序"按钮来完成升级功能。

如果要了解有关设备及其驱动程序更详细的情况，选择"开始"→"程序"→"附件"→"系统工具"→"系统摘要"→"组件"→"指定设备"命令即可，如图 6.8 所示。

Windows 中驱动程序的概念并不局限于前面提到的外设的设备驱动程序，驱动程序还有核心驱动程序、文件系统驱动程序等，这些驱动程序用来构建特殊的系统平台以实现各种

图 6.8　Windows 设备及其驱动程序

工作模式。

　　Linux 核心的设备驱动程序本质上是特权的、驻留内存的、低级的硬件控制例程的共享库。Linux 支持 3 类的硬件设备：字符、块和网络。字符设备直接读写，没有缓冲区，例如系统的串行端口/dev/cua0 和/dev/cua1。块设备只能按照一个块（一般是 512B 或者 1024B）的倍数进行读写。块设备通过 buffer cache 访问，可以随机存取，也就是说，任何块都可以读写而不必考虑它在设备的什么地方。块设备可以通过它们的设备特殊文件访问，但是更常见的是通过文件系统进行访问。

　　大多数的设备驱动程序可以在需要的时候作为核心模块加载，在不需要的时候卸载。这使得 Linux 核心对于系统资源非常具有适应性和效率。

　　每一类的设备驱动程序（字符、块和网络）都提供了通用的接口，供 Linux 核心在需要请求它们服务的时候使用。这些通用的接口意味着核心可以完全相同地看待通常是非常不同的设备和它们的设备驱动程序。

　　字符设备是 Linux 最简单的设备，可以像文件一样访问。应用程序使用标准系统调用打开、读取、写和关闭，完全好像这个设备是一个普通文件一样。当字符设备初始化的时候，它的设备驱动程序向 Linux 核心登记，在 chrdevs 向量表增加一个 device_struct 数据结构条目。这个设备的主设备标识符（例如，对于 tty,设备是 4），用作这个向量表的索引。一个设备的主设备标识符是固定的。chrdevs 向量表中的每一个 device_struct 数据结构包括两个元素：一个登记的设备驱动程序的名称的指针和一个指向一组文件操作的指针。块文件操作本身位于这个设备的字符设备驱动程序中，每一个块设备都处理特定的文件操作,如打开、读、写和关闭。

　　块设备也支持像文件一样被访问。这种为打开的块特殊文件提供正确的文件操作组的机制和字符设备的十分相似。Linux 用 blkdevs 向量表维护已经登记的块设备文件。它像 chrdevs 向量表一样,使用设备的主设备号作为索引。blkdevs 向量表中的内容也是 device_ struct 数据结构。每一个块设备驱动程序必须提供普通的文件操作接口和对于高速缓存的接口。

网络设备是发送和接收数据包的实体。通常是一个物理的设备，如一个以太网卡。网络设备特殊文件在系统的网络设备发现并初始化的时候自然出现。它们的名字是标准的，每一个名字都表示了它的设备类型。同种类型的多个设备从 0 向上依次编号，因此以太网设备编号为/dev/eth0、/dev/eth1、/dev/eth2 等。

6.3 输入输出控制方式

CPU 是计算机的心脏，整个计算机系统都要在它的控制下，才能有条不紊地工作。许多外设运行速度都较慢，如果把大量的 CPU 时间都消耗在与外设的交互上，是极大的浪费。怎样提高 CPU 和 I/O 设备的并行度，让 CPU 尽量减少对 I/O 设备的控制，成为一个重要的问题。随着计算机技术的发展，CPU 对 I/O 设备的控制方式有了较大的发展和变化，总的趋势是 CPU 和 I/O 设备的并行程度越来越高，因而整个计算机系统的效率也越来越高。

6.3.1 程序控制输入输出方式

程序控制输入输出方式又称为状态驱动输入输出方式或应答输入输出方式。它采用程序查询的方式直接参与数据的输入输出。早期的计算机系统采用过该方式，虽然操作简单，但效率低。

CPU 是通过设备控制器，即 I/O 控制器来和 I/O 设备打交道的。CPU 对 I/O 设备发的命令，实际是发给 I/O 控制器，再由 I/O 控制器去控制 I/O 设备完成实际操作。

在 I/O 控制器里设置有状态寄存器、数据寄存器等。状态寄存器用来表示当前设备的状态，其中设有多个标志位，如忙/闲标志位表示设备是否正在工作，完成标志位表示设备是否完成一次操作。而数据寄存器则是用来存放 CPU 与 I/O 设备之间传送的数据，输入设备要输入数据时，先将数据送入 I/O 控制器的数据寄存器，再由 CPU 把其中的数据取走。

下面以输入设备——键盘的控制方式为例，来说明程序控制输入输出方式的工作原理。首先 CPU 向键盘的控制器发一条输入命令，启动键盘进行输入操作，并将状态寄存器的"忙/闲位"置 1，表示忙。然后 CPU 就用一段程序不断测试状态寄存器的完成位，看键盘是否完成了输入。由于敲击键盘的速度相对于 CPU 的运算速度来说非常低，因此，CPU 需要不停地测试很多遍，直到键盘已将数据输入键盘控制器的数据寄存器中，状态寄存器的完成位变为 1 时，CPU 才停止测试，然后取走数据寄存器中的输入数据。对于 IDE 接口硬盘，这种传输方式仍在使用，称为 PIO(Programming Input/Output)模式，它是 IDE 驱动器提供的一种内置程序控制输入输出的传输模式。

计算机中连接了大量的外部设备，利用程序控制输入输出方式可以同步地驱动这些设备，即发出一个请求执行一些操作，然后等待操作结束。虽然这种方式可以工作，但是非常没有效率，当操作系统等待每个操作完成的时候会花费大量时间"忙于什么也不做"(busy doing nothing)。采用程序控制方式，CPU 大部分时间都处于检查和等待状态，无法实现 CPU 和 I/O 设备的并行工作，整个计算机系统的效率十分低下。现在的微型计算机系统中，已不再采用这种方式,需要用其他控制方式将 CPU 从查询等待中解脱出来。

6.3.2 中断输入输出方式

一个好的、更有效的方法是 CPU 先提出设备请求,再去做其他更有用的事情,然后当设备完成请求的时候被设备中断。在这种方案下,系统中同一时刻可能有许多设备的请求在同时发生。

所谓中断,就是指当某个事件发生时,向系统发出一个中断信号,于是系统中止现行程序的运行,转去执行相应的中断处理程序,完毕后返回断点继续执行。为此,需要在 CPU 和每一个设备控制器之间增加一条中断请求线,并在设备控制器的控制寄存器中增加一个中断允许位。还是以键盘输入为例,看看中断输入输出方式的处理过程。

(1) 首先,进程需要数据时,通过 CPU 把启动位和中断允许位为 1 的控制字写入键盘控制状态寄存器中,启动键盘。当中断允许位为 1 时,中断程序可以被调用。

(2) 进程应等待键盘输入完成,故放弃 CPU 进入等待状态,由进程调度程序调度其他就绪进程使用 CPU。

(3) 键盘启动后,将准备好的数据输入键盘控制器的数据寄存器,当数据寄存器装满后,键盘控制器通过中断请求线向 CPU 发出中断信号。

(4) CPU 暂停正在进行的工作,转向执行中断处理程序,取出数据寄存器中的输入数据,送到内存特定单元,并等待输入完成的进程唤醒。

(5) 执行完整个中断处理程序后,CPU 返回断点继续执行。

(6) 以后某个时刻,进程调度程序选中正处于就绪状态的那个进程,该进程从特定内存单元中取出所需的数据继续工作。

中断输入输出方式的处理过程如图 6.9 所示。

由于中断输入输出方式使 CPU 无须等待数据传输完成,而是在 I/O 设备实现传输时与其并行工作,因此 CPU 的利用率得到了提高。同时,利用中断,CPU 能够处理意外事件,如电源掉电、非法指令、地址越界等。

但是该方法仍然占用了 CPU 相当多的时间。因为 I/O 设备每当传送满数据寄存器时,就要向 CPU 发出一次中断请求,CPU 在响应中断后,还需要时间来执行中断服务程序。如果连续传送一块较大的数据块,则需要经过多次中断,让 CPU 把大量的时间都花在处理中断上,这样 CPU 的效率仍然不能得到很好发挥。所以当传送的数据量大时,中断方式也不能满足要求,故中断输入输出方式一般用于低速外设,如键盘、打印机、低速 Modem 等,而对于高速外设的访问,宜采用直接存储器访问方式。

6.3.3 直接存储器访问方式

直接存储器方式又称为 DMA(Direct Memory Access)方式。它在外部设备和主存之间建立了直接数据通路,即外设和主存之间可直接读写数据,且数据传送的基本单位是数据块。整块数据的传输在一个称为 DMA 控制器的控制下完成。数据传输期间不需 CPU 干预,仅在传送一个或多个数据块的开始或结束时,才需 CPU 处理。DMA 控制方式如图 6.10 所示。

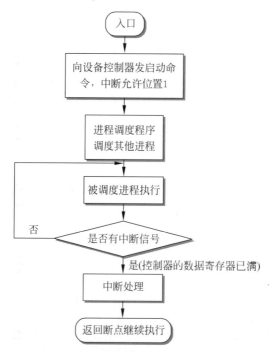

图 6.9　中断输入输出方式的处理流程

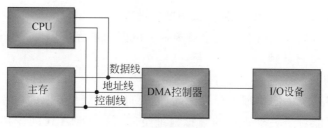

图 6.10　DMA 控制方式

DMA 控制器中,包含数据寄存器、控制状态寄存器、主存地址寄存器、传送字节数寄存器。DMA 数据输入处理过程(见图 6.11)如下。

(1) 当进程要求设备输入数据时,CPU 要对 DMA 进行初始化工作,它将准备存放输入数据的内存起始地址送入 DMA 控制器的内存地址寄存器,将要传送的字节总数送入 DMA 控制器的传送字节计数器,把允许中断位和启动位为 1 的一个控制字送入控制寄存器,从而启动 DMA 控制器开始进行数据传送。

(2) 要求输入数据的进程进入等待状态,进程调度程序调度其他进程运行。

(3) 整个数据传送都由 DMA 控制器进行控制。当输入设备把一个数据送入 DMA 控制器的数据缓冲寄存器后,DMA 控制器立即取代 CPU,接管地址总线的控制权,根据送入 DMA 控制器的内容,将数据送入相应的内存单元,这称为窃取 CPU 的工作周期。

(4) DMA 控制器硬件自动将传送字数寄存器减 1,把内存地址寄存器加 1,并恢复 CPU 对主存的控制权。重复执行步骤(3)和步骤(4),直到传送字数寄存器的值为 0,即所要求的一批数据全部传送完为止。

(5) DMA 向 CPU 发出中断信号,并停止 I/O 操作。

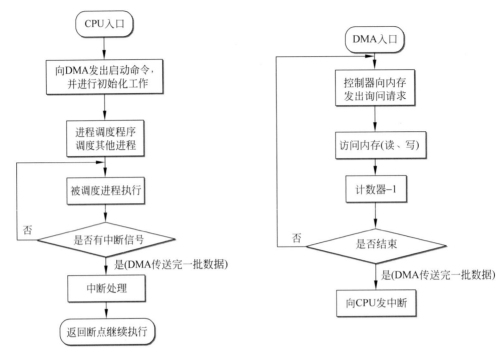

图 6.11　DMA 数据输入处理过程

（6）中断处理结束后，CPU 返回到被中断的进程。

（7）如果将来自处于就绪态的这个要求输入数据的进程被调度，它就到指定的内存起始地址对输入数据进行处理。

使用 DMA 的时候设备驱动程序必须小心。首先，所有的 DMA 控制器都不了解虚拟内存，它只能访问系统中的物理内存。因此，需要进行 DMA 传输的内存必须是物理内存中连续的块，即不能对于一个进程的虚拟地址空间进行 DMA 访问。其次，DMA 控制器无法访问全部的物理内存，DMA 的地址寄存器的位数决定了它能访问的内存地址。

下面将 DMA 与中断输入输出方式进行比较。

- DMA 方式只有在所要求传送的数据块全部传送结束时，才要求 CPU 进行中断处理，而中断方式则是在数据寄存器满之后就发送中断请求，因此，DMA 方式大大减少了 CPU 进行中断处理的次数。
- 采用 DMA 方式，数据传送是在 DMA 控制下进行的，提高了与 CPU 的并行度。而中断方式中将数据传送到内存，则是 CPU 进行中断处理时进行的。
- DMA 仅限于数据块的输入输出操作，而中断方式除了用于输入输出外，还可用于故障诊断等任务，意义广泛得多。
- 在 DMA 过程中，若遇到出错信号或收到新的启动输入输出指令，仍可中断现行程序，进入中断服务程序。而中断除了可对 DMA 控制器工作前及工作后提供处理外，还可通过测试 DMA 的状态或中断条件，以实施对 DMA 及有关设备控制器的监控。可见，DMA 和中断是可以并存的。

在小型、微型计算机系统中，采用中断和 DMA 两种方式进行系统的输入输出控制是行之有效的，特别是 DMA 输入输出控制方式，在很大程度上实现了 CPU 和外设的并行。但对于大中型计算机系统而言,采用 DMA 输入输出控制方法并不是明智之举。其原因如下。

- 大中型计算机的外设数量众多,如果为这些外设都配置 DMA 控制器,硬件的成本将大幅度增加。
- 每台外设的 DMA 控制器都需要 CPU 用较多的 I/O 指令进行初始化,对 CPU 来说这是一种浪费。
- 由于 DMA 控制器实际上是使用窃取 CPU 工作周期的方法进行工作的,它工作时,CPU 被挂起。如果众多外设都采用 DMA 方式工作,接连不断地窃取周期,则会使 CPU 长时间被挂起,从而降低了 CPU 的效率。

因此对于大中型计算机系统,则需要更加独立的传输控制方式。

6.3.4 通道方式

从 IBM 360 系列机开始,普遍采用通道处理技术。目前,在几乎所有的 IBM 公司研制的计算机系统中都采用了通道处理机技术。

1. 通道的概念

通道是独立于 CPU 的专管输入/输出控制的处理机,它控制设备与内存直接进行数据交换。由于通道本质上是处理机,因此,它有自己的一套简单的指令系统,称为通道指令。每条通道指令规定了设备的一种操作,通道指令序列便是通道程序,通道执行通道程序来完成规定动作。

在硬件方面,通道处理机具有与 DMA 控制器类似的硬件结构,由寄存器部分和控制器部分组成。寄存器部分有数据寄存器、主存地址寄存器、传输字节寄存器、通道命令寄存器和通道状态寄存器。控制器部分有分时控制、地址分配、数据传送等控制逻辑。正是由于这些硬件,以及通道程序软件的配备,通道控制器的功能比 DMA 控制器更强大,它能够承担外设的大部分工作。

2. 通道的种类

可将通道分为字节多路通道、选择通道和数组多路通道,如图 6.12 所示。

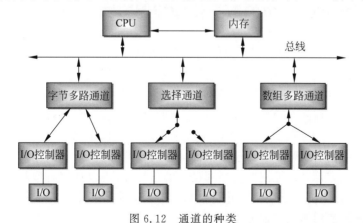

图 6.12 通道的种类

(1) 字节多路通道。

这是一种简单的共享通道,主要为多台低速或中速的字符设备服务。字节多路通道以字节为传输单位,可以分时地执行多个通道程序。当一个通道程序控制某台设备传送一个字节之后,通道硬件就转去执行另一个通道程序,控制另一台设备的数据传送。

(2) 选择通道。

它用开关来控制对高速外设的选择,在一段时间内单独为一台外围设备服务。一旦选中某一台设备,通道就进入"忙"状态,直到该设备的数据传输工作全部结束,然后通道再选择另一台外设为其提供服务。

(3) 数组多路通道。

它分时地为多台外围设备服务,每个时间片传送一个数据块。可以同时连接多台高速存储设备,因此,它能够充分发挥高速通道的数据传输能力。

3. 通道工作过程

CPU 根据进程的 I/O 请求,形成有关通道程序,然后执行 I/O 指令启动通道。通道处理机则开始运行 CPU 存放在主存中的通道程序,独立负责外设和主存之间的数据传送。当整个 I/O 过程结束,才向 CPU 发出中断请求。CPU 响应中断,进行关闭通道、记录相关数据等工作。

采用通道方式,CPU 基本上摆脱了 I/O 控制工作,大大增强了 CPU 和外设的并行处理能力,有效地提高了整个系统的资源利用率。

4. 通道和 DMA 控制器的区别

通道和 DMA 控制器的区别如下。

(1) DMA 控制器是借助硬件完成数据交换的,而通道是执行通道程序完成数据交换的。

(2) 一个 DMA 控制器只能连接同类外设,且如果是多台同类外设,则它们只能是以串行方式工作。一个通道可以连接多个不同类型的设备控制器,而一个设备控制器又可以管理一台或多台外围设备,这就构成了典型的多级层次结构,众多外设均可在通道控制下同时工作。

(3) DMA 控制器需要 CPU 对多个外设进行初始化(包含 DMA 控制器本身),而 CPU 只需发一个 I/O 指令启动通道,由通道自己完成对外设的初始化。

6.3.5 Windows 中的数据传输控制方式

Windows 支持多种数据传输控制方式。在使用外设的通路上,要通过如下几个部分。

1. 端口

外设都是通过接口和系统相连的,接口中有数据寄存器、状态寄存器、命令寄存器等,每个寄存器被分配一个称为 I/O 端口的地址编码加以区分,故一个外设常有多个 I/O 端口地址,计算机通过不同的 I/O 端口来选择外设,并通过端口和外设进行通信。端口是设备和处理器之间传输数据的通路。对处理器来说,端口作为发送或接收数据的一个或多个内存地址出现。另外又有计算机控制器与外部设备的连接点,可以连接将数据传入和传出计算机的设备。例如,打印机一般连接到并行端口,调制解调器一般连接到串行端口。图 6.13 显示了显示适配器使用的端口地址。

2. 中断向量

中断向量是当设备准备接收或发送信息时,可以用来发送信号以使处理器注意的硬件

图 6.13　显示适配器使用的端口地址

线路。每条线路用一个中断向量 IRQ 来标志。每个设备都必须有唯一的 IRQ 线路。图 6.14 显示了所有的 IRQ 及其对应的设备。

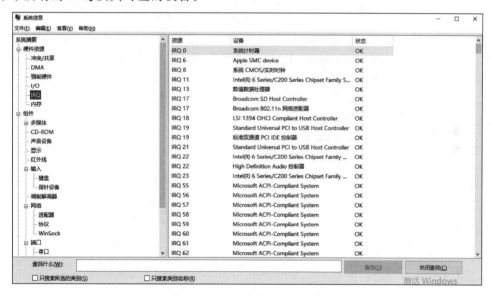

图 6.14　IRQ 及其对应的设备

图 6.14 中提供 24 条中断请求线，IRQ0 分配给定时器，IRQ1 分配给键盘，IRQ3 用于总线控制器。连接在中断线上的设备都可通过中断和 CPU 进行联系。

3．DMA

DMA 是不涉及处理器的内存访问，经常用于内存和外围设备（如磁盘驱动器）之间的直接数据传输。在计算机中，DMA 控制器通常集成到大规模 IC 芯片中，一个 DMA 控制器只有 4 个独立的 DMA 通道，为了使用更多的 DMA 通道，可由两个 DMA 控制器组成组联方式，将第二个 DMA 控制器连到第一个 DMA 控制器的第四个通道，因此一共有 7 个

DMA 通道可供使用，软盘设备固定使用 DMA 通道 2（见图 6.15）。

图 6.15　DMA 通道

综上所述，如果一个设备要能正常工作，就必须为它分配合适的 I/O 端口地址、IRQ、DMA 通道等资源。当然，对于不使用 DMA 方式的设备，只需 I/O 端口和 IRQ 即可。

不同设备如果分配的 I/O 端口、IRQ、DMA 资源有重复，必然会发生资源冲突，导致设备不能正常工作，甚至系统崩溃。通过查看资源分配情况，就可为设备分配合适的资源。不同设备也有共享 IRQ 的情况。在"系统信息"对话框中，选择"硬件资源"→"冲突/共享"命令可以查看发生冲突和共享的设备，如图 6.16 所示。

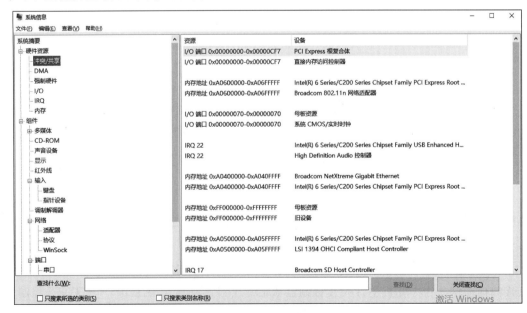

图 6.16　冲突与共享

Windows 10 是具有即插即用功能的操作系统。所谓即插即用(PnP)功能,就是指系统增加一个新设备时,Windows 10 会根据设备的需要,自动为设备分配所需的 IRQ、DMA 通道和 I/O 端口等系统资源。

6.4 设备分配

由于外设、设备控制器、通道等资源有限,对多个请求使用设备的进程,设备管理应能合理、有效地进行设备的分配。

6.4.1 设备分配中的数据结构

为了能进行设备分配,必然先要知道系统中所有设备的基本情况,因此,需要建立一些数据结构以记录设备的相关信息。为了适应不同的计算机系统,除了分配的设备,可能还包含该设备相应的控制器和通道。为此,系统需要建立 4 个数据结构:设备控制块(DCB)、控制器控制块(COCB)、通道控制块(CHCB)、系统设备表(SDT)。设备分配的数据结构如图 6.17 所示。

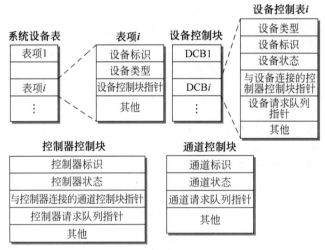

图 6.17 设备分配中的数据结构

1. 设备控制块(Device Control Block,DCB)

就像进程控制块 PCB、作业控制块 JCB 一样,系统为每个设备建立一个设备控制块 DCB,主要用来记录本设备的各种情况,一般是在系统生成时或该设备连接时创建,DCB 中的主要内容如下。

(1) 设备类型:指明该设备的特性,如字符设备、块设备、网络设备等。

(2) 设备标识:系统用来识别设备的名字,即设备的物理名。

(3) 设备状态:标志设备是忙还是闲。

(4) 与设备连接的控制器控制块(COCB)指针:指向与之相连的控制器控制块。如果是多通道的 I/O 系统,即一台设备可以连接到多个控制器上,则要把所有与之相连的控制器控制块地址都填上。

(5) 设备请求队列指针:等待使用该设备的所有进程将被放入等待队列中,该指针指向这个队列首进程的 PCB。

（6）其他：设备地址等，如 I/O 地址。

不同系统的设备控制块 DCB 包含的内容也不一定完全相同，而且 DCB 中的内容也会根据系统执行情况而被动地修改。为便于管理，又将所有 DCB 放在一起，构成一张设备控制器表。

2. 控制器控制块（COntroller Control Block，COCB）

在 COCB 中，控制器标识是指控制器的物理名，控制器状态是指控制器是忙还是闲，与控制器连接的通道控制块指针是指向控制器所连接的通道控制块（需要注意的是，如果是 DMA 方式，不需要通道，就没有这一项），控制器请求队列指针是指向该控制器的等待队列首部，以及其他信息。

3. 通道控制块（CHannel Control Block，CHCB）

在 CHCB 中有通道标识、通道状态、通道请求队列指针和其他信息等。当然，只有在通道控制方式下，该控制块才存在。

4. 系统设备表（System Device Table，SDT）

整个系统有一张系统设备表 SDT，存放系统的所有设备，每个设备占一个表项，内容有设备标识、设备类型、设备 DCB 指针，可能还包含设备驱动程序入口等内容。

系统通过 DCB、COCB、CHCB 和 SDT 这些数据结构对各种设备进行记录，再通过合适的分配策略和算法，就能实施有效的设备分配。只有当一个进程经过系统的设备分配，获得了通道、控制器和所需设备后，才具备了进行 I/O 操作的物理条件。

6.4.2 设备分配思想

首先要明确设备分配的总原则，那就是能充分提高设备的利用率，在不导致死锁的情况下尽量满足用户的要求。为提高系统的适应性，还应考虑设备独立性问题，即能接受用户提出的逻辑设备分配的要求，把它转换为对物理设备的分配。

1. 设备分配方式

一个用户进程运行过程中，必然会用到多个设备，设备分配有静态分配和动态分配。采用静态分配方式时，在进程刚建立就把其需要的设备全部分配给它，直到整个进程运行后被撤销才释放这些设备。采用动态分配方式时，进程在运行过程中，通过系统调用提出对设备的请求，系统根据合适的分配策略和算法，为这个进程分配所需的设备，一旦该进程使用完这个设备，立刻释放出来给别的进程。

对于单用户单任务操作系统而言，任何时候只有一个作业在运行，不存在设备的争夺，静态分配方式是可行的。它的优点是不会产生死锁，因为它破坏了产生死锁的"部分分配"条件。

在 Windows、UNIX、Linux 等多任务操作系统中，多个进程并发执行，如果采取静态分配的方式，则设备的使用效率太低。分配给某个作业的设备，可能作业一直都未使用，其他需要该设备的作业和进程只能排入等待队列，这不满足设备分配的设备高利用率的原则，因此可采用动态分配方式。这样设备的利用率得到很大提高，但这种方式如果采取的分配算法不当,则有可能会导致死锁。

如果将独享设备虚拟为共享设备,破坏产生死锁的互斥条件,那么死锁就不会产生了。

2. 独享设备调度算法

面对众多对同一设备提出请求的进程,应该怎样调度才合理?系统通常针对不同的设备类型采用不同的调度算法。对于独享设备,通常有两种调度算法。

(1) 先来先服务。

当有多个进程对同一台设备提出分配请求时,根据进程对某设备提出请求的时间顺序,将这些进程控制块排成一个设备请求队列,处于队首的进程最先获得使用权。

Windows 中,如果有多个文档都申请打印机,则系统会将所有的文档按照提出请求的时间顺序排列,放到打印队列中,然后依次送到打印机输出。

(2) 优先级高者先服务。

请求设备的进程按优先级排入设备请求队列,在优先级相同的情况下,再按时间顺序排列,设备总是分配给队首具有最高优先级的进程使用。

3. 共享设备调度算法

共享设备的典型代表为磁盘,磁盘物理块的地址由柱面号、磁头号、扇区号来指定,完成磁盘某一个物理块的访问要经过 3 个时间段:寻道时间 T_s、旋转延迟 T_w 和读写时间 T_{rw}。

寻道时间 T_s 是磁头从当前磁道移动到目标磁道所需的时间;旋转延迟 T_w 是当磁头停留在目标磁道后,目标物理块从当前位置旋转到磁头位置的时间;读写时间 T_{rw} 是目标物理块内容与内存中对应区交换的时间。磁盘调度的原则是公平和高吞吐量,衡量指标有访问时间 T 和平均访问时间 T_a:

$$T = T_s + T_w + T_{rw}$$
$$T_a = T_{sa} + T_{wa} + T_{rwa}$$

由于读写时间 T_{rw} 为电子速度,而寻道时间 T_s 和旋转延迟 T_w 为机械速度,访问时间中的读写时间可以忽略不计,于是有计算式:

$$T = T_s + T_w$$
$$T_a = T_{sa} + T_{wa}$$

寻道时间和旋转延迟成为调度算法的主要考虑因素。减少访问时间就是要减少寻道时间和旋转延迟。

(1) 先来先服务(First Come First Serve,FCFS)。

FCFS 将申请磁盘服务的进程按先后顺序排队,每次调度选择位于队首的进程运行。假定当前磁头处在第六道,等待服务的进程有 7 个,它们请求的磁道先后顺序是 8、1、24、2、32、5、18。可以计算所有进程运行后磁头一共移动的磁道数:

$$2+7+23+22+30+27+13=124$$

(2) 最短寻道时间优先(Shortest Service Time First,SSTF)。

SSTF 算法选择离当前磁头位置最近的目标物理块优先访问,以保证最短的寻道时间。依然以前面的进程访问序列为例,采用 SSTF 算法后的调度序列变为 8、5、2、1、18、24、32。可以计算所有进程运行后磁头一共移动的磁道数:

$$2+3+3+1+17+6+8=40$$

该算法的优点是降低了系统的平均寻道时间,提高了系统吞吐量,缺点是磁盘内外边缘的磁道访问频率降低,有失公平性。

(3) 电梯算法。

磁头向一个方向移动的过程中,选择离磁头最近的目标物理块访问,直到没有要访问的物理块,然后磁头变换移动方向,以同样的方式选择访问磁盘的进程。假定磁头的初始方向是由低磁道向高磁道,采用电梯算法后的调度序列变为 8、18、24、32、5、2、1。可以计算所有进程运行后磁头一共移动的磁道数:

$$2+10+6+8+27+3+1=57$$

显然电梯算法兼顾了公平性和高吞吐量。

4. 分配程序的实现

在一个有通道的计算机系统中要实现对独占设备的分配,系统首先为进程分配合适的设备,然后为之分配控制器,再为之分配通道,这样分配才算真正成功。设备分配流程如图 6.18 所示。

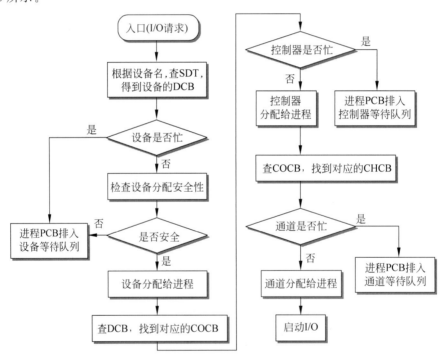

图 6.18 设备分配流程图

(1) 分配设备。

① 当进程提出 I/O 设备请求,首先根据设备名,去查找系统设备表 SDT,以获得该设备的设备控制块 DCB。

② 得到该设备的 DCB 后,查看 DCB 中的设备状态。若设备忙,则将该进程 PCB 排入设备请求队列。

③ 为防止死锁的产生,就算设备是空闲的,系统还要根据一定的算法,判定分配此设备给进程是否安全。若不安全,将进程 PCB 也排入设备请求队列。

④ 只有设备闲,且分配又是安全的,才可将设备分给该进程。

(2) 分配控制器。

① 从设备的 DCB 中,找到与此设备连接的控制器控制块 COCB。

② 从 COCB 中查看控制器是否忙。若控制器忙,将进程 PCB 排入控制器请求队列,否则可将控制器分给该进程。

(3) 分配通道。

① 通过控制器的 COCB,找到与之相连的通道控制块 CHCB。

② 查看通道状态是否忙。若闲,就可将通道分给进程;若忙,则将进程 PCB 排入通道请求队列。

完成上述 3 个步骤后,进程就可启动 I/O 设备,执行通道程序,进行具体的 I/O 操作。

在这个设备分配程序中,进程是以物理设备名提出 I/O 请求的。而事实上进程应采用逻辑设备名来提出设备请求,以保证设备独立性。因此,系统要将逻辑设备名和分配到的系统设备物理名填入一张称为逻辑设备表 LUT(Logical Unit Table)的表项中。这样,就建立了逻辑设备名和物理设备名的对应关系,实现了逻辑设备名到物理设备名的转换。

在多用户系统中,每个用户进程有一张 LUT,该表在用户进程的 PCB 中。这样,当以后进程再利用逻辑设备名请求 I/O 操作时,系统通过查找 LUT,即可找到对应的物理设备。

独占设备除了能独占使用外,还能共享使用,不过它需要 Spooling 技术的支持。

6.4.3 Spooling 技术

Spooling 又称假脱机技术,现代操作系统都支持该技术,它主要实现将独享设备虚拟为共享设备。Spooling 技术在大容量外存的支持下,由预输入进程和预输出进程来进行数据传输(见图 6.19)。

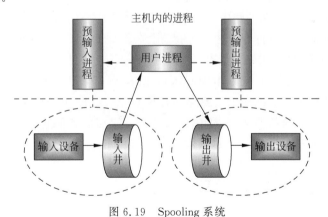

图 6.19 Spooling 系统

1. 实现原理

Spooling 技术实现原理如下。

(1) 在磁盘上开辟两个空间,分别称为"输入井"和"输出井"。

(2) 预输入进程将输入设备的数据写到磁盘输入井上。

(3) 当用户进程需要输入数据时,直接从输入井读入内存。

(4) 用户进程将要输出的数据送到磁盘输出井上。

(5) 预输出进程从输出井中取出数据,送给输出设备进行输出。

通过该方法,当用户进程需要输入设备时,可直接到共享设备磁盘输入井中去取数据;当用户进程要输出数据时,将输出数据放入输出井即可。由于输入井、输出井可以共享,于是独享的输入/输出设备被模拟成可共享的设备。这种被模拟成的共享设备称为虚拟设备。

2. 实用系统中的 Spooling 技术

在 Windows 中使用打印机,假脱机方式是系统的默认选项,前面已进行过介绍。Linux 系统也采用该方法对打印机进行管理。

Linux 为每台打印机都在磁盘上定义了一个输出缓冲区,即输出井,要打印的作业以文件的形式存放到输出缓冲区,若有多个文件,就排成队列的形式,即打印队列。预输出程序(Linux 中称为打印机守护程序)定期扫描打印缓冲区,将打印队列中的文件按先进先出依次送入打印机,完成实际的打印工作。

如果要用网络的共享打印机进行远程打印,则先将要打印的作业存放到本机的打印缓冲区,然后由打印机守护程序把打印作业通过网络传输到指定的打印机中。

Linux 文件系统中/usr/bin 目录下有五个有关打印的程序,分别为 lpd、lpr、lpq、lpc、lprm。

lpd 守护程序可以说是打印机的灵魂,所有的打印作业都是由它来进行处理的。如果这个程序没有运行,就不能进行任何打印操作,打印队列就只能一直保留在打印缓冲区中。要打印文件,首先要将文件放到打印缓冲区,这个工作由提交打印作业命令 lpr 来完成。作业提交后,每个作业被赋予一个唯一的作业号,使用 lpq 命令就是显示打印缓冲区中所有的作业及作业号清单。通过 lpq 命令知道了特定作业的作业号后,可用 lprm 命令从打印缓冲区中删除该作业。lpc 命令的功能非常强大,它是打印系统的控制程序,使用该命令,能检查打印队列及守护进程的状态。如果是 root 用户,甚至能启动和停止打印机的假脱机状态,使打印机不能工作以及重新安排打印队列中作业的顺序。因此,这个命令要小心使用。

整个打印系统都围绕着打印缓冲区进行工作,那么打印缓冲区到底在磁盘的什么位置呢?其实,打印缓冲区就是在磁盘上建立的一个目录,打印队列信息就存放在该目录下。Linux 系统采用的方法是设多个打印缓冲区目录,一台打印机对应一个打印缓冲区目录。所有的打印缓冲区目录集中到一个主打印缓冲区目录下。假如/usr/spool/lpd 作为主打印缓冲区目录,则每个单独的打印机都在该目录下有与这台打印机同名的目录,如名为 printer1 的打印机,它的打印缓冲区目录就是/usr/spool/lpd/print1。

6.5 设备管理涉及的常用技术

设备管理是建立在各种针对性硬件机制基础上的,如中断和缓冲技术。不同的操作系统在相同的硬件平台上实现各种处理程序和技术。在人机联系、故障处理、实时处理、程序调试与监测、任务分配等方面都需用到中断技术。在设备管理中,没有中断技术就不可能实现设备与主机、设备与设备、设备与用户、设备与程序的并行。为了解决外设和 CPU 的处理速度不匹配的问题,还需要缓冲技术。事实上,凡是在两种不同速度的实体(包括硬件、软件、进程、作业等)之间传输信息时,都可使用缓冲技术。

6.5.1 中断技术

中断技术在操作系统中的各个方面起着不可替代的作用,它是事件驱动实现的基础,除了在设备管理中广泛使用外,还用于对系统中各种异常进行处理。

1. 中断及中断源的概念

中断是指某事件发生时,CPU 中止现行程序的运行,转去执行相应的事件处理程序,处理完毕返回断点继续执行。

引起中断发生的事件称为中断源。中断源向 CPU 发出的请求中断处理信号称为中断请求。CPU 收到中断请求后,中断正在运行的程序并转向相应的事件处理程序称为中断响应。相应的事件处理程序称为中断服务程序。执行中断服务程序的过程称为中断处理。

中断源的数目很多,一般有几十至几百个。常见的中断源有如下几种类型。

(1) 外设引起的中断,如外设采用 DMA 完成一个数据块的传送工作之后,或者外设在输入输出过程中出现错误等。

(2) CPU 引起的中断,如除数为零、非法数据格式、数据校验错、算术运算操作溢出等。

(3) 存储器引起的中断,如非法地址错、主存储器页面失效等。

(4) 控制器引起的中断,如非法指令、操作系统中用户态和核心态的转换等。

(5) 各种总线引起的中断。

(6) 实时时钟的定时中断。当需要定时时,CPU 发出命令,命令时钟电路开始工作,待规定的时间到了,时钟电路发出中断申请,由 CPU 加以处理。

(7) 实时控制引起的中断。

(8) 故障引起的中断,如电源故障、机器硬件故障等。

(9) 为调试程序而设置的断点。

中断源又可分为可屏蔽中断和不可屏蔽中断两类。可屏蔽中断一般是指那些仅影响局部的中断事件,如外设的中断请求、定时器的中断请求等。这些中断可以被屏蔽,没有得到处理机响应的中断请求被保存在中断寄存器中不会丢失,当屏蔽解除后,仍然能够继续得到响应和处理。这样做的目的是保证在执行一些重要的程序时(如系统调用原语)不响应中断,以免引起致命性错误。例如,在系统启动执行初始化程序时,就屏蔽键盘中断,使初始化程序能够顺利进行,这时,敲任何键系统都不会响应。

当然,有一些重要的中断是不能屏蔽的,如电源故障、重新启动、总线错、CPU 地址错,这些中断将影响整个系统的运行,这类中断一旦产生,处理机必须响应并给予处理。

2. 中断的分类

根据中断源的不同,将中断分为硬中断、内中断和软中断。

凡是来自于处理机及内存外部的中断,都称为硬中断或外中断,如输入输出中断、操作员对机器进行干预的中断、各种定时器引起的时钟中断、调试程序中设置断点引起的调试中断等。

在处理机和内存内部产生的中断称为内中断,也称为陷入或异常,如非法指令、数据格式错误、主存保护错、地址越界错误、各种运算溢出错误、除数为零错误、数据校验错、进程用户态向系统态转换等。

由程序中执行了中断指令引起的中断称为软中断。UNIX 系统也提供了软中断的处理功能,该中断又称为信号处理机构,它是 UNIX 系统提供的一种进程通信机构,利用它,进程之间可相互通信。

3. 中断优先级

中断源的中断请求一般是随机的,有可能几个中断源同时发出中断请求。这时,CPU 必须安排一个响应和处理中断的优先顺序,即确定中断的优先级,否则将导致混乱。当系统中同时存在若干个中断请求时,CPU 按它们的优先级从高到低进行处理。对属于同一优先级的多个中断请求,按预先规定顺序处理。

当 CPU 响应一个中断源的请求,在进行中断处理时,如果又有新的中断源发出中断请求,CPU 是否响应该中断请求,则取决于中断源的优先级。当新中断源的优先级高于正在处理的中断源时,CPU 将暂停当前的中断服务程序,响应高级中断(称为中断嵌套)。在处理完高级中断后,再继续进行暂停的中断服务程序。当新中断源的优先级和当前处理的中断源同级或更低时,CPU 则将低优先级的中断屏蔽掉,不予响应,直到当前中断服务程序执行完毕,才去处理新的中断请求。

中断优先级的确定主要由下列因素来决定。

(1) 中断源的紧迫性,如电源故障、总线错误。这些影响整个系统的中断一般要安排在最高优先级,而像外设的输入/输出中断请求,这些影响局部的中断,其优先级可安排低一些。

(2) 设备的工作速度。高速设备应及时响应,以免造成数据丢失,故其优先级可安排高一些。

(3) 数据恢复的难易程度。数据丢失后无法恢复的设备,其优先级应高于能自动或手动恢复数据的设备,故内存的优先级肯定比外存高。

4. 中断处理过程

当 CPU 响应了某个中断请求以后,直到这个中断请求全部处理完毕,其主要过程如图 6.20 所示。

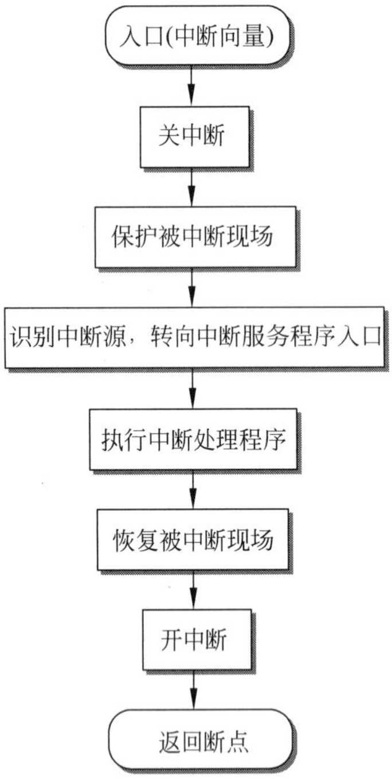

(1) CPU 关中断。将 CPU 内部的处理机状态字 PSW 的中断允许位清除,这样 CPU 不再响应其他任何中断源的中断请求。

(2) 保护被中断现场。将程序计数器 PC、处理机状态字 PSW、堆栈指针 SP 等内容存入系统堆栈,或保存到主存特定单元,以便中断服务完成后,能返回到原来的程序中去。

(3) 识别中断源,转向中断服务程序入口。不同的中断源对应不同的中断服务程序,系统专门在内存用一张表存放所有中断服务程序的入口地址,称为中断向量表,通过该表,系统很快找到中断源对应的中断服务程序入口地址。

(4) 执行中断处理程序。

(5) 恢复被中断现场。将步骤(2)中保存的信息又放回原来的相应位置处。

图 6.20 中断处理过程

(6) CPU 开中断。返回到断点,至此中断处理过程全部结束。

6.5.2 缓冲技术

1. 缓冲技术的引入

引入缓冲技术的主要原因是为了缓和 CPU 和外设速度不匹配的矛盾。例如,使用 CD-ROM 时,为了提高 CD-ROM 的读取速率,可在 CD-ROM 和 CPU 之间设置缓冲区。CD-ROM 先将信息写入缓冲区中,CPU 需要这些信息时,可直接从缓冲区中读取,而不用进行实际的读盘操作,从一定程度上解决了 CD-ROM 和 CPU 的速度不匹配问题。

如果计算机的内存容量配置得足够多,则将高速缓存设置为最大。由此可以发现 CD-ROM 的回放更为平滑,回放期间停顿较少。

几乎所有的外设在与处理机交换数据时,都使用了缓冲区,以缓和 CPU 和外设速度不匹配的矛盾,提高了 CPU 和外设之间的并行性。实际上,缓冲区的用途已不仅仅局限于外设和 CPU 交换数据。例如,当浏览网页时,系统会把浏览过的网页内容自动保存在下载文件缓冲区中,方便以后再打开相同的网页时,加快网页的加载速度。

2. 缓冲的实现方法

(1) 硬件缓冲。

硬件缓冲采用专用硬件缓冲器,一般由外设自带的专用寄存器构成。因此,在购买外设时,硬件缓冲器的大小也成为衡量设备性能的一个指标。但硬件缓冲器价格较昂贵。

(2) 软件缓冲。

在内存中专门开辟若干单元作为缓冲区。系统通常采用这种方法。

3. 缓冲的种类

根据缓冲区设置个数的多少,可以分为单缓冲、双缓冲、环形缓冲和缓冲池。

(1) 单缓冲。

单缓冲即在发送者和接收者之间只有一个缓冲区,这是最简单的一种缓冲形式,如图 6.21 所示。

图 6.21 单缓冲

发送者往缓冲区发送数据后,接收者就可从缓冲区中取出该数据。这种方法有一个明显的缺点,发送者和接收者不能并行工作。因为缓冲区是临界资源,不能同时对它进行操作。由于只有一个缓冲区,发送者只有等到接收者将数据取走后,才能再发送,否则将会覆盖掉原有数据。而接收者也只有等待发送者输入数据才能取走,否则会重复取出同一数据(如果缓冲区事先已有数据)。假如发送者和接收者速度不匹配,将会浪费大量的等待时间,因此,通常不采用单缓冲。

图 6.22 双缓冲

(2) 双缓冲。

双缓冲可在发送者和接收者之间设两个缓冲区 Buffer1 和 Buffer2,如图 6.22 所示。

发送者将数据送到 Buffer1 后,在接收者从 Buffer1 取数据时,发送者则可将数据送入 Buffer2,当接收者将 Buffer1 取空后,又可到 Buffer2 中取数据,这时发送者再将数据送入 Buffer1。于是,发送者和接收者交替使用两个缓冲区,达到了并行工作的目的。

但是,当发送者和接收者的速度相差很大时,双缓冲还是不能解决两者并行工作问题。例如,发送者速度远高于接收者速度,将两个缓冲区很快装满后,发送者就无事可做,直到接收者慢慢取空一个缓冲区后,发送者才能继续工作。反之,若接收者速度太快,很快将两个缓冲区取空后,只能守着两个空缓冲区等待发送者送来数据。因此,双缓冲在实际系统中采用得很少。

(3) 环形缓冲。

在系统中设置多个缓冲区,将所有缓冲区链接起来,最后一个缓冲区的指针指向第一个缓冲区,形成了一个环,故称为环形缓冲,如图 6.23 所示。

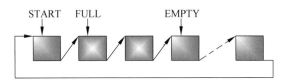

图 6.23 环形缓冲

共设置 3 个指针 START、EMPTY、FULL,其中 START 指向链首缓冲区,EMPTY 指向可存放数据的第一个空缓冲区,FULL 指向可取数据的第一个满缓冲区。系统初始时,START=EMPTY=FULL,即 3 个指针同时指向链首缓冲区。

环形缓冲用于输入时,将外设的输入数据送入 EMPTY 指向的缓冲区,填满后,让 EMPTY 指向下一个空缓冲区。每次申请一个空缓冲区时,要判断 EMPTY 是否与 FULL 相等,若相等,表示系统中已没有空缓冲区,输入进程需要等待。

当进程需要取数据时,直接到 FULL 所指缓冲区中提取,然后让 FULL 指向下一个满缓冲区。同样需判断 FULL 是否和 EMPTY 相等,若相等,表示系统已无数据可取,输出进程等待。

环形缓冲用于输出时,进程将需要输出的数据送入 EMPTY 指向的缓冲区,当外设空闲时,到 FULL 所指缓冲区取出数据进行输出,和上述方法类似。

环形缓冲一般是每个设备的专用资源,有两个缺点。

① 如果系统的设备较多,就要占用大量的缓冲区,增加内存开销。

② 缓冲区利用率不高,可能会出现某个设备的缓冲区不够用,而其他设备有多个空缓冲区。

(4) 缓冲池。

缓冲池由多个大小相同的缓冲区组成,缓冲池中的缓冲区被系统中所有进程共享使用,由管理程序统一对缓冲池进行管理。当某个进程需要使用缓冲区时,由管理程序将缓冲池中合适的缓冲区分配给它,使用完毕,再将缓冲区释放回缓冲池。

为便于管理,系统将相同类型的缓冲区链成一个队列,缓冲池中共有 3 种队列。

① 空缓冲队列:该队列由所有空缓冲区链接在一起。

② 输入队列:该队列由所有装满输入数据的缓冲区链接在一起。

③ 输出队列:该队列由所有装满输出数据的缓冲区链接在一起。

这 3 种队列各有指向其首缓冲区的队首指针和指向尾缓冲区的队尾指针。系统根据需要从这 3 种队列中取出缓冲区,对缓冲区进行读、写操作。这些缓冲区称为工作缓冲区,缓冲池中有 4 种工作缓冲区。

收容输入工作缓冲区:该工作缓冲区用于收容设备的输入数据。
提取输入工作缓冲区:该工作缓冲区用于提取设备的输入数据。
收容输出工作缓冲区:该工作缓冲区用于收容系统要输出的数据。
提取输出工作缓冲区:该工作缓冲区用于提取系统要输出的数据。
缓冲池的工作过程如图 6.24 所示。

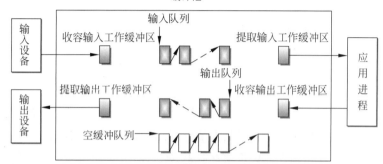

图 6.24　缓冲池的工作过程

- 当输入设备要进行数据输入时,输入进程从空缓冲区队列的队首摘下一个空缓冲区,把它作为收容输入工作缓冲区,在其装满输入设备的输入数据后,将它挂到输入队列的队尾。
- 当某个计算进程需要输入数据时,从输入队列中取一个缓冲区作为提取输入工作缓冲区,进程从中提取数据,取空后,将该缓冲区挂入空缓冲区队尾。
- 当某个计算进程想输出数据时,从空缓冲区队首摘下一个空缓冲区作为收容输出工作缓冲区,在其装满计算进程的输出数据后,将它挂到输出队列的队尾。
- 当输出设备进行数据输出时,从输出队列取下一个缓冲区作为提取输出工作缓冲区,当其数据全送到输出设备后,再将它挂到空缓冲队列尾。

采用公用的缓冲池,统一管理,动态分配,用少量缓冲区为多个进程服务,提高了缓冲区的利用率,并进一步缓解了 CPU 和外设速度不匹配问题,改善了 CPU 和外设的并行工作程度。因此,目前的实用系统中普遍采用了该方法。

从单缓冲、双缓冲、环形缓冲到缓冲池,缓冲技术的发展是逐步缓解 CPU 和外设的速度不匹配矛盾,提高 CPU 和外设的并行度。当然,CPU 和外设的速度如果相差太大,缓冲技术的有效性会受到一定制约。

4．缓冲技术的应用

Linux 为块设备和字符设备分别设置了块设备缓冲池和字符设备缓冲池。

Linux 管理着大量的文件,这些文件都存储在如磁盘这样的存储设备上,对文件系统的存取操作实质是通过对磁盘的读写来实现的,为了调节磁盘读写和 CPU 之间的速度不匹配,减少对磁盘的存取频率,Linux 构造了一个由高速缓冲区组成的块设备缓冲池,缓冲区以磁盘物理块大小为单位。

从磁盘读取的数据存放到高速缓冲区中,CPU 需要磁盘数据时,先到高速缓冲区中读数据,若数据不在高速缓冲区中,则启动磁盘 I/O,并将从磁盘读取的数据存放到高速缓冲区中。要往磁盘上写数据时,CPU 也是先往高速缓冲区中写,以防随后还要访问这些数据,等到将来不再需要时才真正将数据写回到磁盘上。

Linux 还设置了字符设备缓冲池,供键盘、打印机等字符设备使用,字符缓冲区的大小以字节为单位。

6.6 Windows 和 Linux 中的设备管理

6.6.1 Windows 的设备管理

Windows 10 具有强大的设备管理功能,它具有良好的兼容性和易管理性。

1. Windows 设备管理的特点

(1) 对即插即用功能的支持。Windows 自动安装了一个即插即用设备及其设备驱动程序。大多数 1995 年以后生产的设备都是即插即用的。这意味着能够将某个设备连接到计算机并立刻使用它,而无须配置该设备或安装其他软件。系统将自动为新硬件分配不发生冲突的 I/O、IRQ、DMA 等资源,并为其安装合适的设备驱动程序。

(2) Windows 具有动态设备驱动程序机制,支持动态加载设备驱动程序。系统只在需要时才加载设备驱动程序,不需要该设备驱动程序时可把它从内存中清除掉。例如,当设备和主机相连时加载它的设备驱动程序,设备一旦和主机断开,系统自动将其在内存的设备驱动程序删除,这样可支持热插拔技术。可以将这种类型的设备插入适当的端口或扩展槽中,无须重新启动计算机,Windows 就可以识别到该设备并对其进行配置。同样,当断开这种类型设备的连接时,只需要告诉 Windows 正在弹出、卸除或拔出设备,而不需要关闭或重新启动计算机。这种类型的设备典型代表是使用 USB(通用串行总线)接口的各类设备。

(3) Windows 采用了缓冲技术来缓和主机和外设的速度不匹配问题,如使用磁盘高速缓存提高了磁盘存取速率,改善了系统整体性能。Windows 10 还利用 Spooling 技术,使打印机能实现后台打印。

(4) 在 Windows 中,用户可通过控制面板调整系统设置,如增加新硬件,更改键盘、鼠标、显示器的设置等。而实际上,无论对硬件还是软件的所有管理都可利用注册表来进行。注册表是 Windows 10 中的核心数据库,因此,下面对注册表进行介绍。

2. Windows 的注册表

操作系统使用何种硬件及其驱动程序和参数? 到哪里去装入硬件的驱动程序? 设备可以使用哪些中断及端口? 用户对资源有哪些权限? 计算机上安装了哪些程序? 每个程序可以创建的文档类型? 这些问题都必须有明确的记录。Windows 将其配置信息存储在一个称为注册表的数据库中。该注册表包含计算机中每个用户的配置文件、有关系统硬件的信息、安装的程序及属性设置。Windows 在其运行中不断引用这些信息。注册表中包含了有关计算机如何运行的信息。Windows 将它的配置信息存储在以树状格式组织的数据库(注册表)中。

注册表按层次结构组织,形成子树,注册表子树被划分成配置单元。子树是包含项、子项和值项的主要节点。项是注册表中的文件夹。项可以包含子项和值项。值项定义了当前所选项的值。值项有 3 个部分：名称、数据类型和值本身。配置单元位于注册表层的顶部，作为文件出现在硬盘上的注册表的一部分。配置单元受 systemroot\System32\Config 或 systemroot\Profiles\username 文件夹中的单个文件和 .log 文件支持。默认情况下，大多数配置单元文件（Default、SAM、Security 和 System）存储在 systemroot 文件夹中。

注册表是以数据库的形式组织的，不能用普通字处理程序来打开阅读。Windows 提供了一个注册表编辑器来观看和修改注册表的内容：按 Window＋R 组合键，输入 REGEDIT，单击"确定"按钮后即可启动注册表编辑器，如图 6.25 所示。

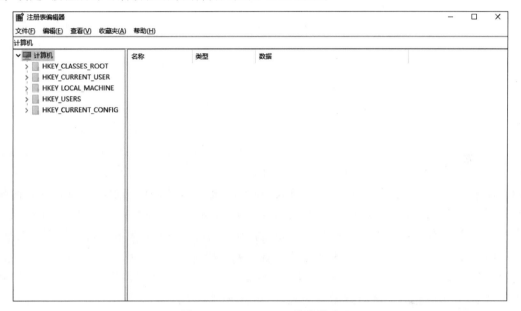

图 6.25　Windows 10 的注册表

图 6.25 中，注册表由 5 个树状结构的子树组成，每个子树又可包括二级项，二级子树下是三级项……构成树状层次结构，而右边窗格中则是所选项下的值项，包含名称类型与数据。5 个子树的含义如下。

（1）HKEY_CLASSES_ROOT，是 HKEY_LOCAL_MACHINE\Software 的子项。此处存储的信息可以确保当使用 Windows 资源管理器打开文件时，将打开正确的程序。

（2）HKEY_CURRENT_USER，包含当前登录用户的配置信息的根目录。用户文件夹、屏幕颜色和"控制面板"设置存储在此处。该信息被称为用户配置文件。

（3）HKEY_LOCAL_MACHINE，包含针对该计算机的配置信息。

（4）HKEY_USERS，包含计算机上所有用户的配置文件的根目录。HKEY_CURRENT_USER 是 HKEY_USERS 的子项。

（5）HKEY_CURRENT_CONFIG，包含本地计算机在系统启动时所用的硬件配置文件信息。

在系统监视器上所看到的系统资源使用情况，实际上就是存放在 HKEY_LOCAL_MACHINE 主键中。

注册表包含了上千个键，每个键对应着系统的不同信息，可通过直接修改键值来更改整个系统的设置。可以说注册表将操作系统和软硬件紧密结合起来,它包含了操作系统的设备管理等多种功能。

6.6.2 Linux 的设备管理

(1) 设备文件是 Linux 很重要的一个特色。Linux 把每一个 I/O 设备都看成一个文件,与普通文件一样处理,这样可以使文件与设备的操作尽可能统一。从用户的角度来看,对 I/O 设备的使用和一般文件的使用一样,不必了解 I/O 设备的细节。设备文件可以细分为块设备文件和字符设备文件。前者的存取是以一个个字符块为单位的,后者则是以单个字符为单位的。用户可直接对设备文件使用文件操作命令,而不必涉及设备的物理特性,给用户带来极大的方便。任何设备都必须通过挂装点挂装到目录树上才能被访问。当使用完毕后,还要将它从目录树卸下,才能取走该设备,否则可能会造成系统混乱。

(2) Linux 支持一定的即插即用功能,但没有 Windows 10 那么完善。

(3) Linux 的设备驱动程序是作为系统内核的一部分运行的,它的执行效率会从根本上影响系统的整体性能。Linux 的设备驱动程序具有动态性、可装载性,在需要时可作为内核模块装入,不需要时卸载即可。对同一类设备可使用相同的设备驱动程序,由设备的主设备号确定要调用的设备驱动程序,在驱动程序内部通过设备号来区分具体设备。Linux 使用主设备号表和一些系统表(如字符设备表 chrdevs)把系统调用中传递的设备特殊文件映射到这个设备的设备驱动程序中。设备驱动程序向 Linux 核心或者它所在的子系统提供一个标准的接口,使用标准的核心服务。例如,利用内存分配、中断转发和等待队列完成工作。

(4) Linux 采用了缓冲技术来改进块设备的数据传输速度和效率,读、写块设备主要和高速缓存打交道。如果不用卸载命令就取走磁盘,系统来不及将缓存的磁盘最新信息复制到磁盘上,则可能会造成磁盘数据的丢失。Linux 还采用 Spooling 技术提高了打印机的工作效率。

(5) Linux 是具有设备独立性的操作系统,它的内核具有高度适应能力,设备独立性的关键在于内核的适应能力。其他操作系统只允许一定数量或一定种类的外部设备连接。而设备独立性的操作系统能够容纳任意种类及任意数量的设备,因为每个设备都是通过其与内核的专用连接独立进行访问。随着更多的程序员加入 Linux 编程,会有更多硬件设备加入各种 Linux 内核和发行版本中。另外,由于用户可以免费得到 Linux 的内核源代码,因此,用户可以修改内核源代码,以便适应新增加的外部设备。

6.7 科技前沿——龙芯

龙芯自 2001 年以来共开发了 1 号、2 号、3 号这 3 个系列处理器和龙芯桥片系列,在政企、安全、金融、能源等应用场景得到了广泛的应用。"龙芯 1 号"系列为 32 位低功耗、低成本处理器,主要面向低端嵌入式和专用应用领域,是我国首枚拥有自主知识产权的通用高性能微处理芯片。"龙芯 2 号"系列为 64 位低功耗单核或双核系列处理器,主要面向工控和终端等领域。"龙芯 3 号"系列为 64 位多核系列处理器,主要面向桌面端和服务器等领域。

2015 年 3 月 31 日,中国发射首枚使用"龙芯"北斗卫星。

2019年12月24日,龙芯3A4000/3B4000在北京发布,它使用了与上一代产品相同的28nm工艺,通过设计优化,实现了性能的成倍提升。龙芯坚持自主研发,芯片中的所有功能模块,包括CPU核心等的所有源代码均实现自主设计,所有定制模块也均为自主研发。

2020年3月3日,360公司与龙芯中科技术有限公司联合宣布,双方将加深多维度合作,在芯片应用和网络安全开发等领域进行研发创新,并展开多方面技术与市场合作。

2021年4月,龙芯自主指令系统架构(Loongson Architecture),简称为龙芯架构(LoongArch),其基础架构已通过国内第三方知名知识产权评估机构的评估。

6.8 本章小结

由于外设的多样性和复杂性,设备管理是操作系统最为繁杂的一个部分。为了方便用户使用外设,系统通过引入逻辑设备名和物理设备名,实现了设备独立性,并且根据一定的算法和策略对设备进行合理分配。在设备管理中,设备驱动程序起了重要的作用。CPU对I/O设备的输入输出控制方式有4种,发展过程是尽量减少CPU对外设的干预。设备管理中还引入了中断、缓冲、Spooling等重要技术。Windows 10和Linux的设备管理功能不仅都很强大,而且还各具特色。

习题

6.1 设备管理的目的是什么?
6.2 为什么要进行设备分类?可以将设备分为哪几类?
6.3 什么是独享设备、共享设备和虚拟设备?用比较的方式说明它们的异同和联系。
6.4 Linux系统中将设备分为字符设备和块设备,有何意义?
6.5 简述设备管理的功能及其作用。
6.6 什么是逻辑设备?什么是物理设备?系统中可否不区分逻辑设备与物理设备,而采用一个统一的设备标识?为什么?
6.7 什么是设备独立性?为什么操作系统要提供设备的独立性?
6.8 Windows和Linux的设备命名和操作有何异同?
6.9 什么是设备驱动程序?设备驱动程序要完成哪些工作?
6.10 能否在系统中安装一个针对所有设备的驱动程序?为什么?
6.11 Windows和Linux的设备驱动程序存放在何处?有何异同?
6.12 依据CPU介入程度比较程序控制输入输出方式、中断输入输出方式和直接存储器方式。
6.13 什么是DMA方式?什么是通道方式?比较它们的异同点。
6.14 通道有哪些分类?各用于什么样的设备?有何特点?
6.15 简述通道的工作过程。
6.16 Windows中采用了哪些数据传输控制方式?
6.17 说明描述设备的各种数据结构及其相互关系。

6.18 为什么独享设备和共享设备有不同的调度算法?它们的调度与作业调度(进程调度)有何异同?

6.19 假定当前磁头处在第 34 道,等待服务的进程有 9 个,它们请求的磁道先后顺序是 41、3、36、1、18、10、22、15、38。分别采用先来先服务、最短寻道时间优先和电梯算法对其调度,通过计算所有进程运行后磁头一共移动的磁道数,说明调度算法的优缺点。

6.20 设备分配程序的功能是什么?要完成哪些具体工作?

6.21 简述 Spooling 技术的原理及意义,并举一实例。

6.22 用流程图描述设备中断的处理过程。

6.23 什么是缓冲技术?比较几种具体的缓冲技术方案。

6.24 Windows 中的注册表起什么作用?包含哪些内容?

第7章 操作系统的整体设计

作为一种关键的系统软件,除了操作系统的基本原理外,操作系统的整体设计经历了系统开发和程序设计的各个阶段,它是伴随着系统工程和程序设计方法的发展而成长的。当进行设计时,需要考虑选择何种设计模型才能最佳地表达操作系统的全部含义;当面对不同的硬件系统及需求时,需要考虑不同类型操作系统所针对的特殊功能。本章要谈的是在研究与实用领域中操作系统要面对的各种概念与技术,由此来达到对操作系统有一个更全面、更深入了解的目的。

7.1 操作系统的各种模型

对于操作系统的设计者来说,在系统设计的初期并没有一个一成不变的模型可以依赖。相反,操作系统的研究人员不断尝试着新的模型以求获得对系统的最佳控制与管理。随着计算机技术的不断发展与进步,各种新技术与概念也不断涌现,这也给操作系统的设计人员提供了可以借鉴的样板。由于操作系统是程序的集合,操作系统的模型必然要决定程序之间的相互关系。

根据程序之间的调用关系可以将操作系统分为网络模型、层次模型,根据程序作用范围及包装手段可将操作系统分为面向过程的模型、面向对象的模型。

7.1.1 网状结构与层次结构

在划分操作系统的结构之前,需要了解构成操作系统程序的基本单元——模块。

1. 模块

将整个操作系统根据设计所要求的子功能划分成单独命名、独立编址的程序部分,这些程序部分称为模块。对每一个模块按照所要求的功能进行设计,就形成了对某个具体问题的解决方案,将所有操作系统的模块组装起来就形成一个完整的系统。采用模块化的方法可以使设计者更清晰地了解整个系统的结构,并且可以采用分而治之的方法来完成每个程序段的设计。

在模块的划分与设计时,必须考虑模块的独立性。所谓独立性是指每个模块只涉及操作系统所要求的某一个或某几个具体的子功能,并且有唯一的入口和出口,模块与模块之间的接口简单明了。在模块内部,各个功能部分的联系代表模块的内聚性,联系越紧密,内聚程度越高。而在模块之间,相互交流信息与控制的程度代表耦合性,模块间的联系越高,耦合程度越高。一个良好的系统结构要求高内聚低耦合。

操作系统各功能模块之间必然存在数据和控制的转移。例如,在运行进程建立模块时需调用存储分配模块来为进程分配存储空间,在存储空间不够时需调用换进、换出模块来调整内存以获得足够的空间等。模块之间的调用关系可以有不同的组织方式,最典型的有网状结构和层次结构。

2. 网状结构

如果任意两个模块之间可以相互调用,并且系统没有明确的上级模块和下级模块的区别,该系统的结构称为网状结构(见图 7.1)。

图 7.1 中的系统服务代表操作系统所提供的面向用户的功能和界面,而中间的模块代表各种操作系统的子功能。各个子功能之间根据需要可以形成相互的调用关系,既可以横向调用,也可以上下调用。

采用网状结构的好处是:可以很轻松地从一个子功能转向另一个子功能,这给系统的运行带来了灵活性。由于模块没有级别上的限制,模块设计者可以最大限度地利用其他模块来实现所需要的功能。

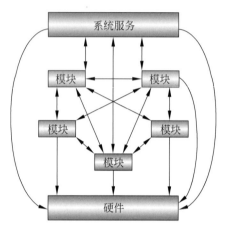

图 7.1 操作系统网状模型

如果对网状结构不加限制,由于模块之间可以任意的相互调用,整个系统结构将变得十分复杂,并且有可能形成循环调用的情况,以至于破坏系统安全。而操作系统是计算机系统的最核心的支撑软件,结构的复杂性将导致系统开销的增大,而安全的隐患随时可能导致系统的崩溃。

3. 层次结构的操作系统

依据操作系统各子功能与计算机系统不同种类的资源之间的相互关系,将操作系统程序模块划归于不同的层次,层次之间形成单向调用关系,如规定只有上层模块可以调用下层模块,下层模块不可以调用上层和同层模块(见图 7.2)。

图 7.2 中的箭头代表调用方向,系统服务处于最上层,它通过调用下层的作业管理来实现对用户的交互和控制。当需要使用信息资源时,由作业管理调用文件系统来实现数据的存储与流动,而文件存储与流动所涉及的存储介质的使用需调用内存管理和 I/O 设备管理模块,上层各个模块的实现又必然是不同进程的实现,因此,需要调用处理机调度模块。处理机调度处于系统的底层,它只能被上层的各个模块调用而不能调用上层模块。

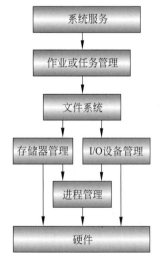

图 7.2 操作系统层次模型

采用层次结构以后,模块的调用只能朝一个方向进行,因此,不会产生循环调用的情况。对不同种类的系统资源的使用是通过不同层次的模块来进行的，如果按层次对模块赋予对应的权限，就很容易实现对资源的保护。正是由于以上特性，许多操作系统都采用了层次结构。本书实验中所使用的两个操作系统（Windows 和 Linux）都采用了层次结构进行设计。

不过也有这种情况，在采用层次结构的同时不排除在同层模块之间使用少量的网状结构。例如，UNIX 系统就存在这种现象，有些底层模块之间可以相互调用。从理论上讲，采用这种方式在安全上不是最好的办法，但是它增加了系统的灵活性，这可能是某些操作系统的设计者经过权衡以后采用的办法。

7.1.2 面向过程与面向对象

结构代表着对程序功能的划分，但程序和数据之间的联系决定了程序的编制方法。传统的面向过程的方法与目前流行的面向对象的方法在数据与对数据的操作划分与组合上有很大的不同。

1. 面向过程的操作系统

在设计操作系统时，将代表各种系统资源的数据与实现各种功能的程序分开设计。首先针对不同资源的特性设计出各种变量与数据结构，然后设计程序来对这些变量和数据结构进行处理以实现系统要求的功能，不同功能的程序对相同数据的处理与操作将产生不同的系统效果。由于数据是公用的，因此，系统中存在着大量的全局变量与数据结构。

早期的操作系统都是采用面向过程的设计方法。

在面向过程的操作系统中，要查看资源的使用状况非常容易，只需要找到代表该资源的数据结构就可以对资源的情况一目了然。如果想实现对某个资源的新的动作，只需要针对该数据结构再编制一段程序就可以完成了。

采用面向过程的设计方法的最大问题是，一个数据结构可以有多个程序来对它进行操作，只要其中任何一个程序操作发生失误，该结构中的数据就可能代表着错误的信息。该错误信息又可以随着程序之间的相互调用不断扩大，最后扩展到整个系统，导致整个系统错误的发生。虽然在面向过程的设计方法中采用了模块化的设计，但模块之间会因为数据的流动而产生影响，这种影响可能导致对整个系统的破坏。这就是传统的操作系统在性能的改善和功能的扩展上所受的局限。

另外，由于采用了大量的全局变量，任何人都能查看和修改这些变量所代表的数据，因此，系统安全性受到威胁。如果能有一种安全屏障将数据局限在授权使用该数据的实体之中，系统的安全性将得到极大的提高。这就是下面要介绍的面向对象的操作系统。

2. 面向对象的操作系统

采用对象、类、继承、通信等概念来设计和实现的操作系统，称为面向对象的操作系统。

（1）对象。

对象是一组属性和一组针对该属性的操作。属性一般只能通过执行对象的操作来改变，操作也称为方法或者服务。如果和面向过程的操作系统相比较，属性相当于局部变量，相当于子程序要处理的数据；操作相当于函数或过程，相当于每一个子程序。不过在面向对象方法中，数据和程序不再分离，它们被封装在一个特殊的对象之中，属性和操作在对象内部相互作用，对象的状态通过属性的值来体现，每一次对操作的调用都可能改变对象的状态。而在对象外部,如果不经特许无法了解对象的内部结构,只能通过对象所提供的外部接口来获知对象的状态。

在操作系统中,可以将某个用户、某个文件、某个设备等设计为对象,这些对象不仅包含有描述该实体的数据,还包含了对该数据进行处理的方法。例如,某个文件作为一个对象(见图 7.3),其属性是通过文件控制块、基本文件目录和符号文件目录等来描述的,其操作包含有文件的建立、文件的打开、文件的读写、文件的关闭,以及文件的撤销。

图 7.3 文件对象

图 7.3 中有两个对象:文件 A 和文件 B,针对各对象的文件类型、文件大小和文件创建者,它们有各自的属性值,文件 A 代表一个文本文件,文件 B 代表一个图表文件。对这些属性值可以使用打开、读、写、关闭等操作。

(2) 消息。

当需要启动对象的操作时,往往是一个对象向另一个对象发送消息,因此,消息是对象之间的通信单元。当一个对象接收来自外部的消息时,可根据消息中指定的操作与传递的参数来对对象中的属性进行操作,从而改变对象的属性。

还是以文件为例,当某个用户对象向某个文件对象发出消息(见图 7.4),针对文件打开的操作传来了调用要求和文件名等参数,文件对象接收消息并使用打开操作,处理文件控制块、文件目录等数据结构中的内容,结果会导致这些内容发生改变,于是该对象的状态也发生了改变。

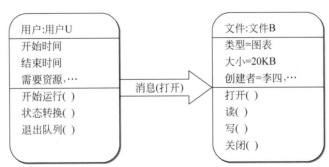

图 7.4 对象之间消息传递

图 7.4 中有两个不同的对象用户 U 和文件 B,由用户 U 向文件 B 发送消息,从而启动文件 B 的打开操作。要启动两个对象中的各种不同的操作,都需通过发送消息来完成,不过要注意的是,消息发送的主体也可以是任意对象,接收消息的对象必须含有消息所对应的操作,否则消息发送失败。

(3) 类。

类是一组具有相同数据结构和相同操作的对象的集合,因此,它是对对象的抽象。类中同样定义了一组属性和针对该属性的一组操作。不过一般情况下类中的属性没有具体的值来代表,而只是一个数据结构框架。类的实例称为对象,因此,对象是类的实现。

如果将文件设计成一个类,该类的数据结构包括文件类型、大小、创建者等,文件的操作包括文件的建立、文件的打开与关闭、文件的读写、文件的撤销等。当该类没有被实例化时,以上的数据结构只代表对数据的安排方式。一旦实例化(见图 7.5)该类就成为对象,如文件 A、文件 B 或其他文件名,这些具体的文件必然有其文件名称、文件大小、文件的建立日期及时间等,它们代表属性在数据结构中的属性值。

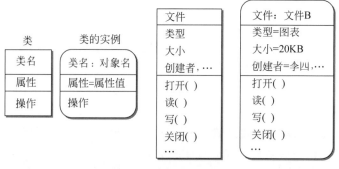

图 7.5　类与对象的关系

类和对象的表现形式相似,都是由名称、属性和操作构成的,通常用方角方框代表类,用圆角方框代表对象。文件 B 是对文件类的实例化,它对属性中的类型、大小、创建者赋予了(图表、20KB、李四)等值。

(4) 继承。

在某一个既存类的基础上经过添加新的属性或操作生成一个新类,新类直接继承既存类的属性和操作,因此称为对既存类的继承。使用类与类之间的继承特性,可以极大地简化对属性和操作的设计工作量。同时一个新类并不会对既存类产生影响,因此,操作系统的扩展将不会影响原有系统的功能。

假定文件作为一个已经存在的类,在文件原有属性基础上通过对文件类型的分解产生新类文本文件、图形文件、声音文件、三维动画文件等(见图 7.6)。这些新类在继承既存类文件的所有属性和操作的基础上,还增加了属于自己特有的内容。

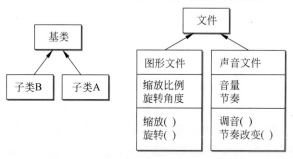

图 7.6　类的继承

文件作为一个既存类被继承形成两个新类：图形文件类和声音文件类，其中图形文件除了拥有原来的属性"类型、大小、创建者"和"打开()、读()、写()、关闭()"操作外，还添加了新的属性"缩放比例、旋转角度"及新的操作"缩放()、旋转()"等。"图形文件"作为一个新类并不影响它所继承的既存类"文件"，同样可以在文件类的基础上继承产生新的类"声音文件"。

有了以上关于面向对象的概念以后，就可以根据面向对象的设计方法来设计新的操作系统。

（5）面向对象操作系统的设计方法。

采用面向对象的方法来设计操作系统将经过如下几个步骤。

① 分析。此步骤分析了所要设计的操作系统的类型、应用范围和要达到的系统目标等，确定了操作系统的逻辑模型。

② 设计。此步骤进行了系统结构设计，根据资源的分类将系统分层，确定每层要完成的任务，确定对类进行描述所依据的模型。

③ 类的设计与实现。对类进行定义与设计，包括类的设计、复用、继承，确定类与类之间要传送的消息格式与时机。

④ 对类进行实例化。它主要是依据不同计算机的硬件资源的规格、型号以及其他参数将类实例化为对象，由这些对象来代表具体的资源。

⑤ 系统组装与测试。以类和对象为部件按操作系统的设计要求组装完整的系统，并根据预先设计好的测试流程进行系统测试，测试通过以后操作系统完全生成。

⑥ 维护。在操作系统的运行过程中针对发现问题进行修正、补丁、扩展等。由于采用的是面向对象的方法，维护往往只针对指定的类或者对象，因此涉及范围很小。

在 Windows 中采用了面向对象的方法，用户可直接对对象进行建立、嵌入、删除等操作。系统还提供了称为控件的可复用部分，用户可根据自己的需求进行实例化并将其应用在自己的程序中。

7.2 分布式操作系统

在讨论操作系统的原理时，这里只针对一个 CPU 和一个主存储器的情况，这样有助于了解操作系统的最基础部分。但是计算机的发展并不局限于这种称为集中式系统的单处理机和单存储器的形式，为了达到更大程度的并行，系统可能使用多个处理机甚至多台主机。因此，必须了解分布式系统。

7.2.1 分布式系统定义

分布式系统是由多个物理上分布的处理机或计算机经过连接构成的计算机系统，这些组成部件可以合作完成一个共同的任务，以透明的方式在用户面前呈现出一个整体形象。分布式操作系统是建立于分布式系统基础之上的，对所有分布式资源进行管理和控制的操作系统。

面对分布式系统，分布式操作系统完成对这个系统中的进程、文件以及对其他实体的管理、控制、协调、通信等工作。由于增加了分布特性,操作系统需要增加进程间的数据交换、全局性的保护机制、各个物理位置上的数据一致性、任务分布与协调等功能,以实现资源共享、开放性、并发性、容错性和透明性。

7.2.2 分布式操作系统的设计目标

1. 资源共享

资源共享并不是分布式系统所独有的,集中式系统中也存在资源的共享,但分布式系统的资源共享指的是对分布式资源的共享。

分布式资源本身的特性要求操作系统首先解决如下问题:采用何种管理手段来记录分布于不同地理位置上的资源?当多进程同时需要对同类资源使用时,由谁及采用何种调度策略来对进程与资源进行连接?如何实现远程资源与用户的交互?目前讨论得比较多的有两种模型:客户机/服务器模型和面向对象模型。

选择分布式系统的一个节点用来对集中式文件和数据进行管理,该节点称为服务器。其他节点上的计算机可以对服务器数据进行访问并利用自己的开发工具进行二次处理,这些节点称为客户机。客户机与服务器之间交互采用的是服务请求/服务响应的形式,客户机执行应用程序并对服务器提出服务请求,服务器完成客户机所委托的公共服务,并且把需要的文件和数据结果返回给客户机。服务器负责提供数据和文件管理、打印、通信接口等标准化服务。客户机运行前端应用程序,提供应用开发的工具,同时还可以获得服务器的服务,共享服务器上的共享资源。

采用面向对象模型,资源作为属性与对资源的操作被封装在同一个对象之中。任何程序要对资源进行访问,只需要向代表该资源的对象发送消息,然后接受该对象反馈回来的消息便能完成。

2. 开放性

由于分布式系统是通过对不同地理位置上的计算机的连接来构成的,它应该能够允许连接数量的变化、软件功能的增减、服务分布的变化、节点之间的沟通等,而不导致系统功能的削弱或破坏。如果能够实现上述要求,则称该分布式系统是开放的。要实现开放系统必须有标准的数据通信格式、可移植的系统软件、统一的用户界面。

3. 并发性

在分布式系统中,各个节点拥有自己的 CPU,在物理上它们是并行的;系统中存在着许多进程,这些进程既存在物理上的并行,也存在逻辑上的并行;在节点与节点之间又存在大量的数据并发流动。这一切对操作系统的并发控制能力提出了要求,要尽量减少并发行为之间可能发生的冲突,保证资源的安全使用,实现各进程之间的协调运作。

4. 可靠性

相对于传统的计算机系统,分布式系统具有较高的可靠性,硬件的可靠性可以利用相同部件的相互替代来保证,数据的可靠性可以通过一定程度的冗余与备份来实现。另外,对于整个系统的容错能力,需要操作系统具有错误检测和恢复功能。

5. 数据一致性

相同的数据可能分布于不同的节点上,而各个节点又有独立地对数据处理的能力,特别是在对数据的处理过程中发生了故障,那么相同的数据可能已经发生了偏差。这种偏差将影响整个系统运行的正确性,因此是不允许的。保证数据一致性的办法通常是保证事务处理的原子性,即在事务处理过程中如果发生中断,则取消该事务的处理,并让系统恢复到处理之前的状态。原子性避免了事务在处理过程中产生的错误。另外,对分布于不同位置的相同数据定期刷新也可以保证一定程度上的数据一致性。

6. 透明性

透明性指用户在使用分布式系统时,不需要了解系统的资源、进程、动作、服务等任何数据与行为所处的位置。当用户提出请求时,只需要通过操作系统界面提交自己的任务,不需要指出实现该任务所需要的物理或逻辑部件。分布式系统表现为一个单一的系统,其内部的分布特性由操作系统来统一管理。

与集中式操作系统相比,分布式系统集中了各部分资源的优势,因此,运行速度更快、系统处理能力更强、资源共享范围更广、更易于进行功能扩充并且有更高的可靠性。但分布式系统管理复杂、系统安全保密实现困难、软件太少等都对分布式系统的发展与应用有影响。

除了专门设计的分布式系统以外,网络也可以作为分布式系统的基础,但分布式操作系统是其他操作系统所不能替代的。

7.3 网络操作系统

计算机发展到今天,网络已成为通信和信息处理的基本支撑环境,尤其是信息高速公路的构建,对未来人们的生活、工作和互相沟通的方式都将产生巨大的影响。因此,对计算机的研究,不可能忽视网络的存在。下面要讨论的是网络的定义、网络的结构和网络操作系统的功能。

7.3.1 什么是网络

计算机网络是按照网络协议通信,以共享资源为目的,将地理上分散且自主的计算机互相连接的集合。网络的构成包含3个要素:网络的物理架构、通信协议、一系列独立的计算机。网络的主要功能如下。

(1) 在计算机与计算机之间进行通信或数据传输。
(2) 实现对数据、软件和硬件资源的共享。
(3) 提高计算机的可靠性和可用性。
(4) 便于进行分布式处理。

按照覆盖范围进行划分,计算机网络主要分为3类:局限于近距离传输,覆盖范围一般在10km 以内的局域网;覆盖范围一般从几十千米到几万千米,数据传输可以跨城市,甚至跨国家实现的广域网;介于局域网与广域网之间的一般覆盖一个城市范围内的城域网。

7.3.2 网络的结构

1. 网络拓扑结构

网络在物理上表现为通信子网对网络节点的连接,其中通信子网的结构称为网络拓扑结构。常用的网络拓扑结构如图 7.7 所示。

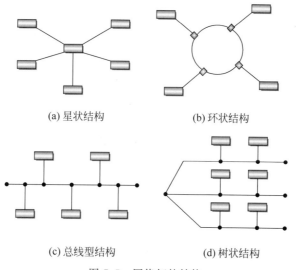

图 7.7　网络拓扑结构

星状结构一般是通过一个中央交换机实现对网络各节点的连接,所有的数据通信都必须经过交换机的控制与转接来实现。总线型结构中的所有节点都连接到一条公用的数据通路上(称为总线),节点之间的数据通信靠各节点对总线信息的分辨与获取来实现。环状结构是将各节点连接成环,通过节点争取环路使用权来完成信息通信的。目前使用较多的还有树状结构,它往往采用星状的连接方式与总线型的通信手段来实现通信。

2. 网络体系结构

在计算机网络节点之间进行数据交换,每个节点都必须遵守一些事先约定好的规则,这些规则便是网络协议。由于协议非常复杂,涉及范围广泛,因此有必要按照协议的作用域来进行划分与组织。一个由国际标准化组织提出的不依赖于任何具体系统的,能够体现计算机网络及其部件所应完成功能的体系结构是开放系统互连(Open Systems Interconnection,OSI)参考模型(见图 7.8)。它采用了分层的结构化技术,将网络的通信功能分为 7 层。

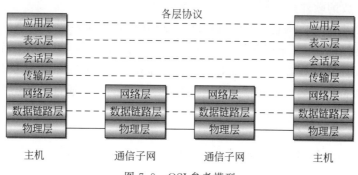

图 7.8　OSI 参考模型

OSI 模型各层的基本功能如下。

(1) 物理层。物理层提供为建立、维护和拆除物理链路所需的机械的、电气的、功能的和规程的特性,提供有关在传输介质上传输二进制位流及物理链路故障检测指示。

(2) 数据链路层。数据链路层为网络层实体提供点到点无差错帧传输功能,并进行流量控制及链路管理。

(3) 网络层。网络层接受来自数据链路层的服务,并为传输层建立、保持及释放连接和数据传送提供数据交换、流量控制、拥挤控制、差错控制及恢复、路由选择等功能。

(4) 传输层。传输层为会话层实体提供透明的、可靠的数据传输服务,保证端到端的数据完整性;按本层需要选择网络层能提供的服务;提供建立、维护和拆除传输连接功能。

(5) 会话层。会话层提供面向用户的连接服务,对不同系统会话层实体提供组织和同步所必需的手段,以便对数据的传送提供控制和管理。

(6) 表示层。表示层为应用层进程提供能解释所交换信息含义的一组服务,如代码转换、格式转换、文本压缩、文本加密与解密等。

(7) 应用层。应用层为 OSI 进程提供服务,如文件传送、电子邮件、EDI 等,保证网络的完整透明性。

7.3.3 网络操作系统概述

网络操作系统是针对网络环境设计的、具有 OSI 上层功能的、能同时对网络服务器及工作站进行管理的并实现网络节点之间通信功能的操作系统。因为网络的目的是实现资源共享与数据通信,在文件共享和进程通信方面有许多工作要做。一般情况下,网络操作系统必须具有如下功能。

(1) 用户管理功能。用户管理功能包括用户账号的建立、修改和删除。在用户账号中,可以设立用户对资源使用权限,以保障网络系统的安全。

(2) 系统容错措施。系统容错措施通常包括数据冗余方案、数据修复方案、原子事务处理。

(3) 服务连接维护和数据访问同步。服务连接维护和数据访问同步包括对服务连接的建立与释放、端到端数据无差错传输、系统时钟等。

(4) 文件、目录服务,除基本文件及目录管理外,还包括文件传输协议、远程通信等。

(5) 网络计费、安全与维护。

(6) 提供开放的软件开发环境。

虽然分布式系统可以构建于网络基础之上,但分布式操作系统和网络操作系统并不是一回事。在表现形式上,分布式系统表现为功能强大的单机系统,而网络系统表现为若干分立的计算机及其连接。在分布式系统的各个处理部件上运行的是相同的操作系统,而网络上的各台计算机都可以运行自己独立的操作系统。分布式系统通过在进程之间传递消息来实现通信,而网络的通信是采用文件共享的形式。分布式系统要求文件有统一的组织与形式,而网络系统允许文件的多样化。

目前应用比较多的网络操作系统有 UNIX、Windows Server、Linux 等。下面将通过对两个具体网络操作系统介绍来进一步加深印象。

7.4 Windows 操作系统

为了适应网络的迅速发展以及家庭或工作的不同计算需要,Windows 系列逐渐分化为两类产品。其中,以 Windows 10 为代表的是面向家庭计算机用户的操作系统;以

Windows Server 为代表的是面向高端应用的操作系统;随着处理器位数不断增长,Windows 操作系统也在不断更新。

作为一个网络操作系统,Windows 以其友好的图形界面、强大的管理功能、易于扩展及适应性强等特点深受用户的喜爱,下面我们就其体系结构、功能组织、系统特性等方面进行说明。

7.4.1 网络构成

Windows 适应于各种拓扑结构的局域网,它主要采用客户机/服务器模式来构建点到点对等网。图 7.9 是常见的 Windows 网络构造形式。

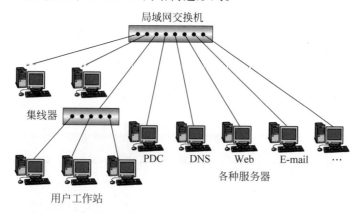

图 7.9 常见的 Windows 网络构造形式

采用局域网交换机作为 Windows 网络的中央交换机和实现二级连接的集线器构成星状网络拓扑结构,内部采用总线网信道策略实现数据通信。图 7.9 中的计算机模型代表各个节点,这些节点可以是提供各种服务的服务器,也可以是请求服务的工作站,还可以是运行单机操作系统的个人机。服务器中必须有主域控制器(PDC),要完成其他功能还应该有域名服务器(DNS)、邮件服务器、Internet 服务器(Web)、文件服务器和数据库服务器等。服务器和工作站组合可以构成单个域或者多个域,以适应不同的工作与安全要求。

7.4.2 Windows 结构

作为一个操作系统,Windows 涉及模块化方法、层次结构及面向对象的技术。图 7.10 是 Windows 操作系统结构图。

Windows 可划分成用户模式和核心模式两大部分。用户模式中有环境子系统和集成子系统,每个环境子系统代表一个用户态服务器,通过提供一组可调用的 API 来形成应用程序的操作平台,如 MS-DOS 子系统提供 DOS 应用程序运行平台,Win32 子系统提供 Windows API。每个集成子系统是完成操作系统功能的服务器,如安全子系统记录作用于本机的安全性策略,内容有用户账号数据库的维护、用户登录信息、资源审查状态、报警审查等。

核心模式称为执行体,内容包括:对象(资源)管理器,拥有内核对象,这些对象具有获得创建应用程序所需要的核心服务的手段;安全引用监视器,为系统资源提供一致的安全

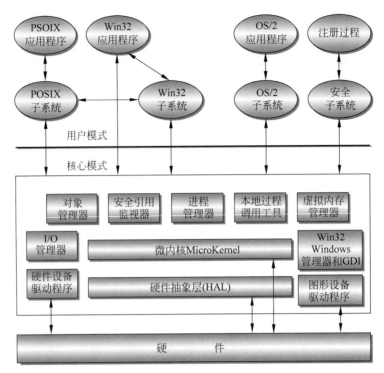

图 7.10 Windows 操作系统结构图

检查和实施;进程管理器,管理线程和进程的寿命,承担安排执行时间的责任;虚拟内存管理器(VMM),为每个进程提供统一的、私有的地址空间;本地过程调用工具,向同一计算机上的客户和服务器提供简单的消息传送手段;I/O 管理器,为所有的进程提供访问硬件驱动程序、文件系统和网络的方法;窗口管理器,创建用户熟悉的界面并为进程提供访问图形设备接口的方法。这些部分以对象管理方式相互交互,每个组成部分通过一组内部子程序来调用其他组成部分。

在 Windows 的微内核和硬件抽象层采用了层次操作系统模型,提供了线程调度、中断、异常调度及多处理机同步。

Windows 执行体中的对象管理程序负责创建、删除、保护和跟踪 Windows 对象。Windows 使用对象来表示系统资源。任何多个进程可以分享的系统资源(包括文件、共享内存和物理设备)都是作为一个对象来完成的,并且都是通过使用对象服务来操作的。

7.4.3 Windows 管理职能

Windows Server 对网络的管理是通过活动目录来进行的。活动目录是 Windows 2000 Server 中出现的一个新概念。活动目录是一种目录服务,它存储有关网络对象的信息,这些对象是用户、域、组织单元、树和森林,网络上的所有可用资源信息都被集成于这些对象之中,利于管理员和用户方便地查找和使用,在有利于用户对网络的管理的同时,加强了网络的安全性。通过活动目录,用户可以对用户和计算机、域和信任关系,以及站点和服务进行管理。

域(Domain)是对计算机及用户的一种组织,任何用户只要在域中有一个账户,就拥有了对该域网络资源的使用权力。一个域作为一个完整的目录，域之间能够通过信任关系建立起树状连接，使单一账户可享用该树状结构中的任何信息。活动目录服务又把域详细划分成组织单元，组织单元是一个逻辑单位，它是域中一些用户和组、文件与打印机等资源对象的集合。

可使用组织单位创建管理模型，该模型可调整为任何尺寸。可授予用户对域中所有组织单位或单个组织单位的管理权限。组织单位的管理员不需要域中任何其他组织单位的管理权限。

组织单元中还可以再划分下级组织单元，并且下级组织单元能够继承父单元的访问许可权。每一个组织单元可以有自己单独的管理员并指定其管理权限，分别管理不同的任务，从而实现了对资源和用户的分级管理。组织单位可包含其他组织单位，因此容器的分层结构可扩展，用来建立域中组织分层结构的模型。使用组织单位将有助于把网络所需的域的数量减至最小。

域中有许多平等的域控制器（Domain Controller），Windows 任何一个域控制器上的目录库的变更都会自动复制到其他域控制器上的副本中。Windows 的活动目录把 DNS 作为其定位服务，因此是直接面向 Internet 的。

目录管理的基本对象是用户和计算机，还包括文件、打印机等资源。活动目录完全采用了 Internet 标准协议，进行网络登录时，可使用"用户名@域名"的用户账号。单个域目录树中的所有域共享一个等级命名结构。一个子域的域名就是将该子域的名称添加到父域的名称中。

1. 安装活动目录

Windows 提供了图形化的向导程序来安装 Windows Server 活动目录，引导用户一步一步地建立域控制器，可以新建一个森林、一棵树，或者仅仅是域控制器的另一个备份，非常方便。在安装 Windows Server 时，系统并没有安装活动目录。为使自己的服务器具有活动目录的作用，用户要将自己的服务器配置成域控制器，系统提供了活动目录安装向导帮助用户配置自己的服务器。如果网络没有其他域控制器，可将服务器配置为域控制器，并新建子域，新建域目录树或目录森林。用户也可以将域控制器降格至成员服务器或独立服务器，只要删除服务器上的活动目录便可。

在活动目录安装之后，主要有 3 个活动目录的管理界面（MMC），一个是活动目录用户和计算机管理，主要用于实施对域的用户和计算机进行管理；一个是活动目录的域和域信任关系的管理，主要用于管理多域的委托和信任关系；还有一个是活动目录的站点管理，可以把域控制器置于不同的站点进行管理。

2. 域控制器管理

域定义了一个安全边界，未经授权的其他域中的用户不得访问本域中的资源。活动目录由一个或多个域组成。每个域均拥有与其他域相关的安全策略和安全关系。

活动目录可由一个或多个域组成，每个域可以又拥有若干对象，域之间还有层次关系，可以建立树和森林，进行无限地域扩展。

目录树中的域通过双向、传递的委托关系连接在一起。由于这些委托关系是双向和传递的，加入目录树的域会立即与目录树中的每个域建立委托关系。这些委托关系允许单个用户登录以验证用户并授权验证用户访问与权限相应的网络。这使得目录树中所有其他域中具有适当凭据的用户和计算机可以使用目录树所有域中的所有对象。

域控制器用于存储域目录信息,因此每一个域中必须有一个域控制器,域控制器的运行状态直接关系到网络的正常运行。域控制器管理内容包括查找域控制器目录内容、连接到其他域、更改域控制器、用户和计算机账户管理等。

每一个域都设置一定的安全策略,其内容包括账户策略、本地策略、事件日志、受限制的组、系统服务、注册表、文件系统、公钥策略和IP安全策略,可通过选择"控制面板"→"管理工具"→"用户安全策略"命令查看及操作(见图7.11)。

图7.11 域安全策略

3. 用户和计算机账户管理

在Windows网络中,当接入的计算机拥有计算机账户,登录的用户拥有用户账户,用户和计算机之间就具有了访问与被访问的权利。设置用户或计算机账户的目的是验证用户或计算机的身份,授权对域资源的访问,审核使用用户或计算机账户所执行的操作等。用户账户是用来记录用户的用户名和口令、隶属的组、可以访问的网络资源,以及用户的个人文件和设置。加入域的计算机只有具有计算机账户,才能进行域连接,实现域资源的访问。计算机账户也提供验证和审核计算机登录到网络以及访问域资源的方法。一个计算机系统只能使用一个计算机账户,一个用户可拥有多个用户账户,且可在不同的计算机上使用自己的用户账户进行网络登录。用户和计算机账户管理包括创建用户和计算机账户,删除用户和计算机账户,停用用户和计算机账户,为用户和计算机账户添加组,重设用户密码等方面。

当有新的用户需使用网络资源时,网管必须在域控制器中为其添加一个相应的用户账户,创建内容如图7.12所示。

图 7.12　创建用户

4．活动目录的特性

（1）信息安全性。

安全性与活动目录完全集成在一起，不仅可以针对目录中的每个对象定义访问控制，还可对其每种属性进行操作。通过更改对象属性的权限，可以指定哪些组用户可以查看或使用对象，以及可针对对象进行何种操作。默认情况下，权限是可继承的。指定给某特定对象的权限会自动应用于该对象的所有子对象。活动目录为安全策略提供应用程序的存储和范围。管理员可将某些特殊管理权利分派到其他个人和组。

（2）基于策略的管理。

活动目录的目录服务包括数据存储以及逻辑结构与分层结构。作为逻辑结构，它为策略应用程序提供上下文分层结构。作为目录，它存储指定给特定上下文的策略（称为组策略）。组策略表达一组业务规则，它包含应用于上下文的设置，它可确定对目录对象和域资源的访问，用户可使用的域资源以及配置这些域资源。

（3）扩展性。

活动目录是可扩展的，这意味着管理员可以将对象的新类添加到规划中，而且还可以将新属性添加到已有的对象类中。可以使用活动目录规划插件或通过创建基于 ADSI 或 LDIFDE 或 CSVDE 命令行实用程序的脚本将对象和属性添加到目录中。

（4）可调整性。

活动目录可包括一个或多个域，每个又都带有一个或多个域控制器，这要求目录可调整以便满足任何网络的要求。多域可组合成域目录树或森林。目录将规划和配置信息分配给目录中的所有域控制器。该信息存储在初始域控制器中,而且可复制到目录中任何其他域控制器中。当目录配置成单域时,添加域控制器可在不涉及其他域的情况下调整目录。如果将目录配置成域目录树或森林,则可以针对不同策略上下文实现对目录的名称空间进行分区,并调整目录使其容纳大量资源和对象。

(5) 信息复制。

活动目录使用多主复制。目录存储在初始域控制器中,其内容可复制到域、域目录树或森林的每个域中。对目录数据所做的更改将复制到所有域控制器中。每个域控制器存储和保留一个目录的完整副本。复制提供信息的有效性、容错、加载平衡和性能优点。在一个域中分派多个域控制器可提供容错和加载平衡。如果域中的某个域控制器减慢、停止或失败,同一域中的其他域控制器可提供必要的目录供访问,其原因是它们包含着相同的目录数据。

(6) 与 DNS 集成。

活动目录使用域名解析系统 DNS(Domain Name System)。DNS 是一个 Internet 的标准服务,它可以很容易地将可读主机名称翻译成数字的 IP 地址。

(7) 与其他目录服务的互操作。

由于活动目录是基于工业标准的目录访问协议,如 LDAP version 3(Lightweight Directory Access Protocol)和 NSPI(Name Service Provider Interface),它可以与使用这些协议的其他目录服务实现互操作。LDAP 是用于查询和检索活动目录信息的目录访问协议。由于它是基于工业标准的目录服务协议,使用 LDAP 的程序可以发展成与其他目录服务共享活动目录信息,这些目录服务同样支持 LDAP。NSPI 协议用于 Microsoft Exchange 4.0 和 5.x 客户机,活动目录对其进行支持以便为交换目录提供兼容性。

(8) 灵活的查询。

用户和管理员可在搜索功能中指定网络邻居、活动目录用户和计算机来快速查找网络上的对象,使用对象属性。可通过使用活动目录生成的全局目录优化查找信息。

7.4.4 Windows Server 的安全与监视

Windows Server 提供了许多安全机制,如备份、事件查看、性能监视、系统监视及网络监视。

备份是为了防止数据因设备的故障而丢失,通过选择"开始"→"程序"→"附件"→"系统工具"→"备份"命令可以完成磁盘乃至整个系统数据的备份(见图 7.13)。

事件查看器可查看系统对应用程序、安全和系统本身的记录,使管理者警觉系统的异常。事件查看效果如图 7.14 所示。

通过选择"开始"→"程序"→"管理工具"→"性能"命令可查看系统性能日志(见图 7.15)。

系统监视器是将系统性能用用户指定的办法展示的平台,用户可对其参数自行调整,以完成所需的性能分析(见图 7.16)。

网络监视器提供了网络活动的瞬态视图,图 7.17 显示了通过选择"开始"→"程序"→"管理工具"→"网络监视器"命令捕获的网络即时信息。

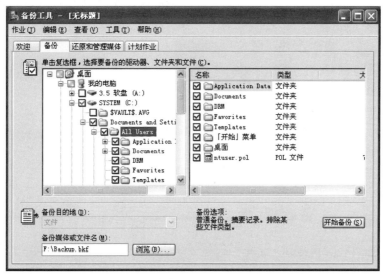

图 7.13 备份

图 7.14 事件查看器

图 7.15 性能监视

图 7.16　调整系统监视器

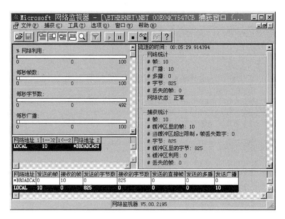

图 7.17　网络监视器

7.5　Linux 操作系统

Linux 是一个符合 PSOIX 标准的,能在计算机上实现全部 UNIX 特性的,具有多任务、多用户能力的操作系统。Linux 是在 Internet 开放环境中开发的,并由世界各地的程序员设计和实现的。其目的是建立不受任何商品化软件的版权制约的、全世界都能自由使用的 UNIX 兼容产品。Linux 属于自由软件,用户不用支付任何费用就可以获得它和它的源代码,并且可以根据自己的需要对它进行必要的修改,无约束地继续传播。Linux 具有 UNIX 的全部功能,任何使用 UNIX 操作系统或想要学习 UNIX 操作系统的人都可以从 Linux 中获益。

7.5.1　Linux 体系结构

Linux 一般有 4 个主要部分：内核、shell、文件结构和实用工具。图 7.18 为 Linux 体系结构。

1. Linux 内核

内核(kernel)是系统的心脏,是运行程序和管理计算机硬件的核心程序。它包括文件系统、设备驱动程序和进程控制,它接受 shell 传来的系统调用命令并把命令送给内核去执行。

2. Linux 文件结构

文件结构是文件存放在磁盘等存储设备上的组织方法,主要体现在对文件和目录的组织上。

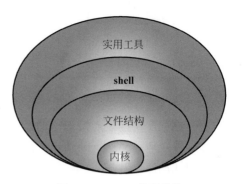

图 7.18　Linux 体系结构

目录提供了管理文件的一个方便而有效的途径,能够从一个目录切换到另一个目录,而且可以设置目录和文件的权限,设置文件的共享程度。

3. Linux shell

shell 是系统的用户界面,提供用户与内核进行交互操作的接口。它接收用户输入的命令并把它送入内核去执行。

实际上 shell 是命令解释器,它用于解释由用户输入的命令并且把它们送到内核。不仅如此,shell 有自己的编程语言用于对命令的编辑,它允许用户编写由 shell 命令组成的程序。shell 编程语言具有普通编程语言的很多特点。例如,它也有循环结构和分支控制结构等,用这种编程语言编写的 shell 程序与其他应用程序具有同样的效果。

内核、shell 和文件结构一起形成了基本的操作系统结构,它们使得用户可以运行程序、管理文件以及使用系统。

4. Linux 实用工具

Linux 操作系统还有许多称为实用工具的程序,辅助用户完成一些特定的任务。标准的 Linux 系统都有一套叫作实用工具的程序,它们是专门的程序,如编辑器、执行标准的计算操作等。用户也可以制作自己的工具。

7.5.2　Linux 模块化加载

Linux 的内核(kernel)可以认为是一个单一的巨大程序,其功能组件可以访问它的所有的内部数据结构以及例程。Linux 允许在需要的时候动态地加载和卸载操作系统的组件。Linux 的模块是可以在系统启动之后任何时候动态连接到内核的代码块,它们可以在不需要的时候从内核删除并卸载。可以使用 insmod 和 rmmod 命令明确地加载和卸载 Linux 内核模块,或者在需要这些模块的时候由内核自己要求内核守护进程(kerneld)加载和卸载这些模块。

内核在内核符号表中保存了所有内核资源的列表,所以当模块加载的时候它可以解析模块中对于这些资源的引用。当每个模块加载的时候,内核修改它的符号表,把这个新加载的模块的所有输出资源或符号加到内核符号表中。这意味着,当下一个模块加载的时候,它可以访问已经加载的模块的服务。当模块卸载的时候,内核把这个模块输出到内核符号表中所有的符号都删除。

当内核发现需要一个模块的时候,内核会请求内核守护进程加载合适的模块。内核守护进程通常是拥有超级用户特权的一个普通的用户进程,当它启动的时候(通常是在系统启动的时候启动),它打开一个通向内核的 IPC 通道。内核使用这个连接向 kerneld 发送消息,请求它执行大量的任务。kerneld 的主要功能是加载和卸载内核模块,它调度程序 insmod 来完成工作。insmod 命令必须找到它要加载的被请求的内核模块。内核模块和系统中的其他程序一样是连接程序的目标文件,但是它们被连接成可以重定位的映像,就是没有连接到特定地址去运行的映像。内核的输出符号表放在内核维护的模块列表中的第一个 module 数据结构,用 module_list 指针指向。只有在内核编译和连接的时候特殊指定的符号才加到这个表中。

当 insmod 整理完了模块对于输出的内核符号的引用之后,它向内核请求足够的空间放置新的内核。又是通过特权的系统调用,内核分配一个新的 module 数据结构和足够的内核内存来存放这个新的模块,并把它放置到内核的模块列表的最后。新的模块也向内核输出符号,insmod 建立一个输出映像表。每个内核模块必须包含模块初始化和模块清除的历程,这些符号必须是专用的而不是输出的,但是 insmod 必须知道它们的地址,能把它们传递给内核。所有这些做好之后,insmod 现在准备初始化这个模块,它执行一个特权的系统调用,把这个模块的初始化和清除历程的地址传递给内核。最后,模块的状态被设置为 RUNNING。

7.5.3 内核数据结构

操作系统可能包含许多关于系统当前状态的信息。当系统发生变化时,这些数据结构必须做相应的改变以反映这些情况。例如,当用户登录进系统时将产生一个新的进程。内核必须创建表示新进程的数据结构,同时将它和系统中其他进程的数据结构连接在一起。大多数数据结构存在于物理内存中,并只能由内核或者其子系统来访问。数据结构包括数据和指针,还有其他数据结构的地址或者子程序的地址。它们混在一起让 Linux 内核数据结构看上去非常混乱。尽管可能被几个内核子系统同时用到,每个数据结构都有其专门的用途。这些结构代表了系统中的所有资源。可以认为操作系统的任务就是管理和改变这些数据结构的值。表 7.1 列出了 Linux 主要的数据结构。

表 7.1 Linux 主要的数据结构

数 据 结 构	说　　明
block_dev_struct	向内核登记块设备
buffer_head	关于 buffer cache 中一块缓存的信息
device	表示系统网络设备
device_struct	用来向内核登记的块设备和字符设备
file	表示每个打开的文件
files_struct	描述被某进程打开的所有文件
gendisk	关于某个硬盘的信息
inode	描述磁盘上一个文件或目录的信息
irqaction	用来描述系统的中断处理过程
Linux_binfmt	用来表示可被 Linux 理解的二进制文件格式

续表

数 据 结 构	说　明
mem_map_t	用来保存每个物理页面的信息
mm_struct	用来描述某任务或进程的虚拟内存
pci_bus	表示系统中的一个 PCI 总线
pci_dev	表示系统中的某个 PCI 设备
request	用来向系统的块设备发送请求
rtable	用来描述向某个 IP 主机发送包的路由信息
semaphore	保护临界区数据结构和代码信号灯
sk_buff	用来描述在协议层之间交换的网络数据
sock	包含 BSD 套接字的协议相关信息
task_struct	用来描述系统中的进程或任务
timer_list	用来为进程实现实时时钟
tq_struct	任务队列结构
vm_area_struct	表示一个进程的一个虚拟内存区域

7.5.4　设备驱动

设备驱动组成了 Linux 内核的主要部分。像操作系统的其他部分一样，它们运行在高权限环境中，一旦出错将引起灾难性后果。设备驱动控制操作系统和硬件设备之间的交互，并负责处理所有设备相关细节。Linux 的一个基本特点是它抽象了设备的处理。所有的硬件设备都像常规文件一样看待：它们可以使用和操作文件相同的、标准的系统调用来进行打开、关闭和读写。系统中的每个设备都用一个设备特殊文件代表。例如，系统中第一个 IDE 硬盘用/dev/had 表示。对于块（磁盘）和字符设备，这些设备特殊文件用 mknod 命令创建，并使用主和次设备编号来描述设备。网络设备也用设备特殊文件表达，但是它们由 Linux 在找到并初始化系统中的网络控制器的时候创建。同一个设备驱动程序控制的所有设备都由一个共同的主设备编号。次设备编号用于在不同的设备和它们的控制器之间进行区分。

Linux 支持 3 类的硬件设备：字符、块和网络。字符设备直接读写，没有缓冲区，如系统的串行端口/dev/cua0 和/dev/cua1。块设备只能按照一个块（一般是 512B 或者 1024B）的倍数进行读写。块设备通过 buffer cache 访问，可以随机存取。块设备可以通过它们的设备特殊文件访问，但是更常见的是通过文件系统进行访问。一个块设备可以支持一个安装的文件系统。网络设备通过 BSD socket 接口访问。

Linux 有许多不同的设备驱动程序，但是它们都具有以下的一般属性。

（1）内核代码。设备驱动程序和内核中的其他代码相似，是内核的一部分，如果发生错误，可能严重损害系统。一个写错的驱动程序可能破坏文件系统，丢失数据，甚至可能摧毁系统。

（2）内核接口。设备驱动程序必须向 Linux 内核或者它所在的子系统提供一个标准的接口。例如，终端驱动程序向 Linux 内核提供了一个文件 I/O 接口，而 SCSI 设备驱动程序向 SCSI 子系统提供了 SCSI 设备接口，接着向内核提供了文件 I/O 和 buffer cache 的接口。

（3）内核机制及服务。设备驱动程序使用标准的内核服务。例如，利用内存分配、中断转发和等待队列完成工作。

(4) 可按需加载。大多数的设备驱动程序可以在需要的时候作为内核模块加载,在不需要的时候卸载。这使得内核对于系统资源非常适应并具有较高效率。

(5) 可配置。设备驱动程序可以建立在内核。哪些设备建立到内核在内核编译的时候是可以配置的。

(6) 动态性。在系统启动,每一个设备启动程序初始化的时候查找它所管理的硬件设备。如果一个设备驱动程序所控制的设备不存在也没有关系,这时,这个设备驱动程序只是多余的,占用很少的系统内存,而不会产生危害。

7.5.5 文件系统

1. Linux 文件结构

Linux 使用标准的目录结构,在安装的时候,安装程序就已经为用户创建了文件系统和完整而固定的目录组成形式,并指定了每个目录的作用和其中的文件类型。

Linux 采用的是树状结构。最上层是根目录,其他的所有目录都是从根目录出发而生成的。表 7.2 列出了 Linux 中一些主要目录的功能。

表 7.2 Linux 中一些主要目录的功能

目录名	说明
/bin	二进制可执行命令文件
/dev	设备特殊文件
/etc	系统管理和配置文件
/etc/rc.d	启动的配置文件和脚本
/home	用户主目录的基点,如用户 user 的主目录就是 /home/user
/lib	标准程序设计库,又称为动态链接共享库
/sbin	系统管理命令,这里存放的是系统管理员使用的管理程序
/tmp	公用的临时文件存储点
/root	系统管理员的主目录
/mnt	系统提供这个目录是让用户临时挂载其他的文件系统
/lost+found	这个目录平时是空的,系统非正常关机而留下"无家可归"的文件
/proc	虚拟的目录,是系统内存的映射。可直接访问这个目录来获取系统信息
/var	某些大文件的溢出区,如各种服务的日志文件
/usr	最庞大的目录,要用到的应用程序和文件几乎都在这个目录
/usr/X11R6	存放 X-Window 的目录
/usr/bin	众多的应用程序
/usr/sbin	超级用户的一些管理程序
/usr/doc	Linux 文档
/usr/include	Linux 下开发和编译应用程序所需要的头文件
/usr/lib	常用的动态链接库和软件包的配置文件
/usr/man	帮助文档
/usr/src	源代码,Linux 内核的源代码就放在 /usr/src/Linux 里
/usr/local/bin	本地增加的命令
/usr/local/lib	本地增加的库

2. Linux 文件系统

Linux 系统中每个分区都是一个文件系统,都有自己的目录层次结构。Linux 会将这些分属不同分区的、单独的文件系统按一定的方式形成一个系统的总的目录层次结构。一个操作系统的运行离不开对文件的操作,因此必然要拥有并维护自己的文件系统。

Linux 文件系统使用索引节点来记录文件信息,索引节点是一个结构,它包含了一个文件的长度、创建及修改时间、权限、所属关系、磁盘中的位置等信息。一个文件系统维护了一个索引节点的数组,每个文件或目录都与索引节点数组中的唯一一个元素对应。系统给每个索引节点分配了一个号码,也就是该节点在数组中的索引号,称为索引节点号。

Linux 文件系统将文件索引节点号和文件名同时保存在目录中。所以,目录只是将文件的名称和它的索引节点号结合在一起的一张表,目录中每一对文件名称和索引节点号称为一个连接。

对于一个文件有唯一的索引节点号与之对应,对于一个索引节点号,却可以有多个文件名与之对应。因此,在磁盘上的同一个文件可以通过不同的路径去访问它。这种别名方法称为连接。

连接有软连接和硬连接之分,软连接又称为符号连接。硬连接是使别名文件指向与原文件相同的索引节点。目录不能有硬连接;硬连接不能跨越文件分区,删除文件要在同一个索引节点属于唯一的连接时才能成功,因此可以防止不必要的误删除。符号连接是 Linux 特殊文件的一种,作为一个文件,它的数据是它所连接的文件的路径名。可以删除原有的文件而保存连接文件,没有防止误删除功能。

3. 装载文件系统

Linux 系统中每个分区都是一个文件系统,都有自己的目录层次结构。Linux 会将这些分属不同分区的、单独的文件系统通过装载形成一个系统的总的目录层次结构。正是这种装载功能,Linux 上可以支持处于不同分区上的不同格式的文件系统,并且使这些装载好的系统成为一个整体,使用非常方便。

4. 虚拟文件系统

装载后多种文件系统的兼容是由 Linux 内核内部的虚拟文件系统(Virtual File System,VFS)实现的。真实的文件系统通过 VFS 从操作系统和系统服务中分离出来。VFS 允许 Linux 支持许多不同的文件系统,每一个都向 VFS 表现一个通用的软件接口。Linux 文件系统的所有细节都通过软件进行转换,所以所有的文件系统对于 Linux 核心的其余部分和系统中运行的程序显得一样。Linux 的虚拟文件系统层允许用户同时透明地安装许多不同的文件系统。

VFS 采用了一组可由其他文件管理系统使用的基本数据结构。这些数据结构是超级块、索引节点、目录文件和数据块。每个分区都包含一个超级块,用于维护分区中文件系统上的信息,包括一组在每个超级块中唯一编号的索引节点、空闲索引节点的数目以及索引节点总数、数据块总数、空闲数据块数和文件系统的状态。

Linux 虚拟文件系统使其能尽可能快速和有效地访问文件。它也必须保证文件和文件数据正确地存放。Linux VFS 在安装和使用每一个文件系统的时候都在内存中高速缓存信息。这些高速缓存中最重要的是 buffer cache,在文件系统访问它们底层的块设备的时候结合进来。当块被访问的时候它们被放到 buffer cache，根据它们的状态放在不同的队列中。buffer cache 不仅可用于缓存数据缓冲区，也可帮助管理块设备驱动程序的异步接口。

7.5.6 Linux 特性

Linux 具有以下主要特性。

1. 开放性

Linux 遵守可移植性操作系统界面 PSOIX 标准，因此它与所有遵守该标准的系统相互兼容，可方便地实现互连。

2. 多用户

Linux 和 UNIX 都具有多用户的特性。

3. 多任务

Linux 系统采用静态和动态优先级结合的方式调度每一个进程竞争 CPU 时间片，使多用户逻辑上并行。

4. 良好的用户界面

Linux 向用户提供了两种界面：用户界面和系统调用。

Linux 的传统用户界面是基于文本的命令行界面 shell，它对用户输入的命令解释后运行。还可以将多条命令组合在一起，形成一个 shell 程序，实现批处理功能。

系统调用是给用户提供编程时使用的界面。用户可以在编程时直接使用系统提供的系统调用命令。系统通过这个界面为用户程序提供高效率的服务。

Linux 还为用户提供了图形用户界面。它利用鼠标、菜单、窗口、滚动条等控件，给用户呈现一个直观、易操作、交互性强的友好的图形化界面。

5. 设备独立性

Linux 把每个外围设备看作一个特殊文件，对设备的操作通过文件系统转入对应的设备驱动程序，因此对设备底层的操作与控制完全向用户屏蔽。Linux 的内核具有高度适应能力，新的硬件设备要加入系统只需要装入相应的设备驱动程序即可。

6. 提供了丰富的网络功能

完善的内置网络功能是 Linux 的一大特点。Linux 在通信和网络功能方面优于其他操作系统。其他操作系统不包含如此紧密地和内核结合在一起的连接网络的能力，也没有内置这些联网特性的灵活性。而 Linux 为用户提供了完善的、强大的网络功能。

7. 可靠的系统安全

Linux 采取了许多安全技术措施，包括对读、写进行权限控制、带保护的子系统、审计跟踪、核心授权等，这为网络多用户环境中的用户提供了必要的安全保障。

8. 良好的可移植性

Linux 是一种可移植的操作系统，能够在从微型计算机到大型计算机的任何环境和任何平台上运行。可移植性为运行 Linux 的不同计算机平台与其他任何机器进行准确而有效的通信提供了手段，不需要另外增加特殊的和昂贵的通信接口。

7.6 科技前沿——麒麟芯片

2019年9月6日,华为在德国柏林和北京同时发布最新一代旗舰芯片——麒麟990系列。该系列基于7nm工艺制程,采用A76架构,包括麒麟990和麒麟990 5G两款芯片。

麒麟990芯片对主要工艺进行改进,使制程更先进,性能更强大。

此前,市场上发售的5G芯片大多以传统4G芯片加5G基带外挂为主,直到麒麟990 5G芯片的出现,才标志着真正5G芯片(5G SoC)的到来。麒麟990 5G芯片集成了巴龙5000 5G调制解调器芯片,是第一代可以称为5G手机SoC的标杆型产品,对控制手机功耗、提升手机性能有巨大帮助。

随着技术的不断迭代优化,2020年10月22日,华为公司发布基于5nm工艺制程的手机SoC麒麟9000芯片,该芯片基于5nm工艺制程打造,集成多达153亿个晶体管,包括一个3.13GHz A77大核心、3个2.54GHz A77中核心和4个2.04GHz A55小核心。

第 2 部分　实战演练

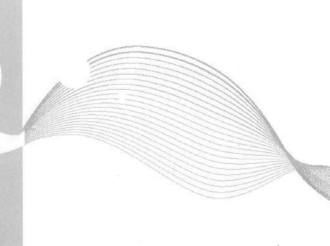

第 8 章　实验

第8章

实验

实验1　vi 编辑器使用
实验2　Linux 基本操作命令
实验3　Linux 进程基本管理
实验4　Windows 基本进程管理
实验5　Linux 进程控制
实验6　Windows 进程的控制
实验7　Linux 进程通信一
实验8　Linux 内存基本管理
实验9　Windows 内存的基本信息
实验10　Linux 环境下几种内存调度算法模拟
实验11　Windows 虚拟内存实验
实验12　Linux 设备管理
实验13　Windows 设备管理
实验14　Windows 文件管理
实验15　Linux 文件管理
实验16　Linux 进程通信二(有名管道进程通信)
实验17　shell 及 shell 编程

上述实验详见下方二维码。

参 考 文 献

[1] 郁红英,王磊,王宁宁,等.计算机操作系统(微课视频版)[M].4版.北京:清华大学出版社,2022.
[2] 杨云,王春身,魏尧.Linux 系统管理(RHEL 8/CentOS 8)(微课版)[M].北京:清华大学出版社,2022.
[3] 汤小丹 梁红兵 哲凤屏,等.计算机操作系统[M].4版.西安:西安电子科技大学出版社,2014.
[4] 韩骏.Visual Studio Code 权威指南[M].北京:电子工业出版社,2020.
[5] 王红玲,褚晓敏.计算机操作系统实验指导[M].北京:人民邮电出版社,2021.
[6] 博韦,西斯特.深入理解 LINUX 内核[M].3版.陈莉君,张琼声,张宏伟译.北京:中国电力出版社,2008.
[7] 王爱英.计算机组成与结构[M].5版.北京:清华大学出版社,2013.